Deepen Your Mind

前言 Foreword

為什麼要寫網路通訊協定

寫一本通俗地說明網路通訊協定的書，一直是我的夢想。

在我十多年的職業生涯中，對網路通訊協定愛恨交加，學習過程大致分為以下三個階段。

第一階段：難且無從下手。雖然我們在大學都學過網路通訊協定，但是感覺網路通訊協定的基礎知識非常多、非常複雜。學的時候就渾渾噩噩，真正到了實作中更是糊裡糊塗，一旦工作中遇到了網路問題，除了會簡單地 ping 幾下，基本沒有什麼解決問題的想法。然而當我想拿起書來學習，或看一些官方文件的時候，各種生僻的專業詞彙馬上撲面而來。每了解其中的詞彙，都要看 n 篇文章，讀 n 本書，導致一篇即使很短的有關網路技術的文章也要幾個星期才能看完。這嚴重打擊著我的自信心，並且很容易讓人在技術的海洋中迷失自我，進一步產生「從入門到放棄」的衝動。

第二階段：苦且繞不過去。經過多次放棄之後，我發現在我的職業生涯中，網路這一關無論如何也繞不過去。本來覺得寫 Java 程式時可以依賴別人的函數庫，所以就不用關心這麼多底層的技術了，但是到後來才發現，服務數量一多，傳輸量一大，我們關心的不再僅是某個 Java 應用，而是要提升整個叢集的效能，這時網路問題就會出現。而且大規模的微服務架構必定要上雲端、使用 VPC 網路，這時就必定要考慮主備同時上線和高可用性，必定要做各個層次的負載平衡，這些都需要網路方面的技術。既然繞不過去，那就必須「啃」下它，於是我就進入了暗無天日的網路通訊協定學習的過程。逢山開路、遇水搭橋，遇到一個基礎知識攻克一個，再將其寫到部落格或筆記裡面。有時候要看很多文章和書才能攻克一個基礎知識，但我還是每天下班抱著網路技術相關的文章和書看，直到將各個零散

的基礎知識串連了起來。後來在定位網路問題的時候，我開始有了自己的想法，這時才感覺算是暫時渡過了這條河。

第三階段：有趣且受益匪淺。網路通訊協定和變化萬千的前端技術不同，它的變化比較小，一旦掌握到某種程度，就會一直受益。技術變化很快，這幾年 OpenStack、Docker、Mesos、Kubernetes、微服務、Serverless、AIOps 等技術層出不窮，讓大多數技術人員應接不暇，但是掌握了基礎知識以後，我反而發現很多技術看起來「轟轟烈烈」，扒下外衣，其實本質還是作業系統、電腦網路、演算法與資料結構、編譯原理、電腦組成與系統結構。如果基礎打得好，最大的收益就是，在最新的技術出來以後，只要經過短時間的學習，就很容易上手，就能在新技術的滾滾浪潮中保持快速學習的能力。這點讓我受益匪淺。

既然網路通訊協定是基礎，又繞不過去，還這麼難，但是跨過去之後又不怎麼變，收益越來越大，那為什麼不寫一本書，給大家一點可參考的經驗，幫助大家儘快透過第一和第二階段呢？

為什麼要趣談

決定寫網路通訊協定，但是怎樣寫呢？其實網路通訊協定相關的文章已經非常多了，但是我自己學習網路通訊協定的時候，還是遇到了很多的困難。

網路通訊協定基礎知識太多，學完記不住。大部分讀者應該都學過電腦網路課程，學的時候感覺並不難，尤其這門課沒有公式，更像是文科的東西。學了一大堆東西，也背了一大堆東西，但是最後應付完考試之後，都「還給了老師」。

網上有很多關於網路通訊協定的文章，看的時候感覺別人說得很有道理，自己好像了解了，但是經不住問，一問就會發現，大概的流程明白了，可是很多細節還是不知道。從能看懂到能真正明白，中間還有很長一段路要走。

每次都感覺自己好像學會了，但實際應用的時候依舊無從下手。雖然很多細節都摸索得差不多了，但是當自己去應用和偵錯時，才發現還是沒有任何想法。舉例來說，當建立出來的虛擬機器不能上網時，還是無從下手，學過的很多東西，似乎都用不上。

我把這種現象歸納為：一看覺得懂，一問就打鼓，一用就糊塗。

所以本書使用了「趣談」這種方式，它可以解決從「入門到放棄」的問題，把晦澀的基礎知識和一些有趣的故事透過比喻的方式結合起來，這樣更容易幫助讀者系統、深入地了解網路技術的基礎知識和大致的工作流程。

當然用來做比喻的實例和真實的基礎知識以及工作流程會有一定的差別，但是沒有關係，我們的大腦應該是一個快取，而非一個硬碟，透過通俗容易的方式記住知識系統和大致流程，真正到解決問題的時候，再去查閱更加準確的資料，就可以了。

這本書的特點

本書有以下幾個特點。

第一，會從身邊經常見到的事情出發，用講故事的方式來說明各種協定，然後慢慢擴大到不熟悉的領域。

舉例來說，每個人都會使用檢視 IP 位址的指令，我們就從這個指令開始，說明一些相關概念。每個人都在大學宿舍組過簡單的網路來打電動，我們

就從宿舍網路有關的最簡單的網路概念開始講，然後說到辦公室網路，再說到日常常用的與上網、購物、視訊下載等活動相關的網路通訊協定，最後才說到最陌生的資料中心。說到這裡的時候，很多概念已經在前面的「宿舍」和「辦公室」的實例中都出現過，因此更容易接受和了解。

第二，說明網路通訊協定時會更加接近使用場景，將各個層次的關係串連起來，而非孤立地說明某個概念。

常見的電腦網路課程常常會按照網路分層，一層一層地講，卻很少講層與層之間的關係。舉例來說，我們在學習路由式通訊協定的時候，在真實場景中，這麼多的演算法和二層是什麼關係呢？和四層又是什麼關係呢？再舉例來說，我們在真實的網路通訊中造訪一個網站、進行一次支付，那麼在 TCP 三次驗證的時候，IP 層在做什麼？ MAC 層在做什麼？這些內容本書都會逐一說明。

第三，在說明完各個層次的協定之後，會說明如何在目前熱門領域（例如雲端運算、容器和微服務）中使用這些協定。

透過學習本書，讀者一方面可以了解這些網路通訊協定的真實應用場景，另一方面也可以透過上手使用雲端運算、容器、微服務來進一步加深對於網路通訊協定的了解。

目錄 Contents

03 最重要的傳輸層

04 最常用的應用層

05 陌生的資料中心

06 雲端運算中的網路

07 容器技術中的網路

08 微服務相關協定

09 網路通訊協定知識串講

通訊協定概述

1.1 為什麼要學習網路通訊協定

相信大家都聽過通天塔的故事，上帝為了阻止人類聯合起來，讓人類說不同的語言，人類沒法溝通，達不成「協定」，通天塔的計畫就失敗了。

但是千年以後，有一種叫「程式設計師」的物種，「敲」著一種這個群眾通用的語言，打造著網際網路世界的「通天塔」。如今的世界，正是因為網際網路，才連接在一起。

還記得當 "Hello World!" 在顯示器上出現的時候，你激動的心情嗎？

```
public class HelloWorld {
  public static void main(String[] args){
    System.out.println("Hello World!");
  }
}
```

如果你是程式設計師，一定看得懂上面這一段文字。這是每一個程式設計師向電腦世界說「你好，世界」的方式。但是，你不一定知道，這段文字也是一種協定，是人類和電腦溝通的協定，只有透過這種協定，電腦才知道我們想讓它做什麼。

協定三要素

上面的程式碼片段所表示的協定更接近人類語言,機器不能直接讀懂,需要進行翻譯,翻譯的工作會交給編譯器,也就是程式設計師常說的 compile,如圖 1-1 所示。

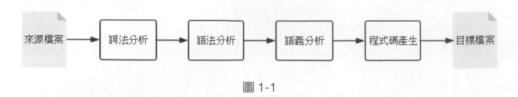

來源檔案 → 詞法分析 → 語法分析 → 語義分析 → 程式碼產生 → 目標檔案

圖 1-1

作為程式設計師控制一台電腦工作的協定,電腦語言具備了協定的以下三要素。

- 語法,這一段內容要符合一定的規則和格式。舉例來說,括號要成對,結束要使用分號等。
- 語義,這一段內容要代表某種意義。舉例來說,數字減去數字是有意義的,數字減去文字一般來說就沒有意義。
- 順序,先做什麼,後做什麼。舉例來說,可以先加上某個數值,然後再減去某個數值。

學會電腦語言,你就能教會一台電腦如何幫你完成工作。恭喜你,入門了!

但是,要想打造網際網路世界的「通天塔」,只教會一台機器是不夠的,你需要教會一群機器。這時就需要網路通訊協定。只有透過網路通訊協定,才能使一群機器互相協作、共同完成一件事。

這個時候,你可能會問,既然網路通訊協定這麼神奇,那麼它長什麼樣,能做到什麼事?我先舉一個簡單的實例。

當你想要買一件商品時,正常的做法就是開啟瀏覽器,輸入購物網站的位址。瀏覽器就會給你顯示一個五彩繽紛的頁面。

你有沒有深入思考過，瀏覽器是如何做到這件事情的？瀏覽器之所以能夠顯示五彩繽紛的頁面，是因為它收到了一段來自 HTTP（Hyper Text Transfer Protocol，超文字傳輸協定）的「東西」。以某網站為例，格式如下。

```
HTTP/1.1200 OK
Date: Tue, 27 Mar 201816:50:26 GMT
Content-Type: text/html;charset=UTF-8
Content-Language: zh-CN


<!DOCTYPE html>
<html>
<head>
<base href="https://pages.***.com/" />
<meta charset="utf-8"/> <title>*** 網 3 周年主會場 </title>
```

這符合協定的三要素嗎？我帶你來看一下。

- 符合語法，也就是説，只有符合上面的格式，瀏覽器才能識別。舉例來說，首先是狀態，然後是表頭，最後是內容。
- 符合語義，就是要按照約定的意思來。舉例來説，狀態 200 表示網頁成功傳回。如果不成功，就傳回我們常見的 "404"。
- 符合順序，在瀏覽器輸入網址後按下確認鍵，就會發送一個 HTTP 請求，然後才有上面那一串 HTTP 傳回的「東西」。

如果瀏覽器按照協定的規則執行，那麼一個五彩繽紛的頁面就出現在你面前了。

網際網路中都使用了哪些協定

接下來揭秘我要說的大事情，「雙 11」。這和我們要講的網路通訊協定有什麼關係呢？

Leonard E. Read 曾寫過一篇文章《鉛筆的故事》。這個故事透過一個鉛筆的誕生過程，說明了複雜的經濟學理論。這裡，我也透過描述一個下單的過程，展示一下網際網路世界在執行過程中都使用了哪些網路通訊協定。

先在瀏覽器裡面輸入 https://www.***.com，這是一個 URL（Uniform Resource Locator，統一資源定位器）。瀏覽器只知道名字是 "www.***.com"，但是不知道實際的地址，所以不知道應該如何造訪。於是，它開啟位址簿去尋找。可以使用一般的位址簿協定 DNS 協定（Domain Name System Protocol，域名解析協定）去尋找，也可以使用另一種更加精準的 HTTPDNS 協定去尋找。

無論用哪一種方法尋找，最後都會獲得這個位址：106.114.138.24。這是一個 IP 位址，是網際網路世界的「門牌號碼」。

知道了目標位址，瀏覽器就開始包裝它的請求。普通的瀏覽請求，會使用 HTTP，但是對於購物的請求，常常需要進行加密傳輸，因而會使用 HTTPS（Hyper Text Transfer Protocol Secure，超文字傳輸安全協定）。無論是什麼協定，裡面都會寫明「我要買什麼」和「買多少」，如圖 1-2 所示。

圖 1-2

DNS、HTTP、HTTPS 所在的層被稱為應用層。瀏覽器會將經過應用層封裝後的網路封包交給下一層傳輸層，透過 socket 程式設計來實現。傳輸層常用的是兩種協定，一種是不需連線的 UDP（User Datagram Protocol，使用者資料封包通訊協定），一種是連線導向的 TCP（Transmission Control Protocol 傳輸控制協定）。支付常常使用 TCP。所謂的連線導向就是，TCP

會保障這個網路封包能夠到達目的地。如果不能到達,就會重新發送,直到到達。

TCP 裡面會有兩個通訊埠,一個是瀏覽器監聽的通訊埠,一個是電子商務伺服器監聽的通訊埠。作業系統常常透過通訊埠來判斷它收到的網路封包應該發給哪個處理程序,如圖 1-3 所示。

TCP 表頭　瀏覽器通訊埠:12345
　　　　　電商伺服器通訊埠:443

HTTP 表頭　POST、URL、HTTP 1.1
　　　　　正文格式:json,正文長度:1234

　　　　　我要買什麼、買多少

圖 1-3

傳輸層封裝完畢後,瀏覽器會將網路封包交給作業系統的網路層。網路層的協定是 IP(Internet Protocol,網際網路協定或網際協定)。在 IP 表頭裡面會有來源 IP 位址,即用戶端的 IP 位址,以及目標 IP 位址,也就是電子商務伺服器的 IP 位址,如圖 1-4 所示。

IP 表頭　客戶端IP位址:192.168.1.101
　　　　　電商伺服器IP位址:106.11.4.138.24

TCP 表頭　瀏覽器通訊埠:12345
　　　　　電商伺服器通訊埠:443

HTTP 表頭　POST、URL、HTTP 1.1
　　　　　正文格式:json,正文長度:1234

　　　　　我要買什麼、買多少

圖 1-4

作業系統既然知道了目標 IP 位址,就開始想如何根據這個門牌號碼找到目的機器。作業系統常常會判斷這個目標 IP 位址是在本機還是在外地。如果是在本機,從 IP 位址就能看出來,顯然電子商務伺服器不在本機,而在遙遠的外地。

作業系統知道要離開本機去遠方。雖然不知道遠方在何處。可以這樣類比一下：我們出國要先去海關，那麼網路封包去外地就要先去閘道。而作業系統啟動時，就會被 DHCP（Dynamic Host Configuration Protocol，動態主機設定協定）設定 IP 位址，以及預設閘道器的 IP 位址 192.168.1.1。

作業系統如何將 IP 位址發給閘道呢？在本機通訊基本靠「吼」，於是作業系統大「吼」一聲：「誰是 192.168.1.1 啊？」閘道會回答它：「我就是，我的本機地址在村東頭。」這個本機位址就是 MAC 位址，而大吼那一聲用的是 ARP（Address Resolution Protocol，位址解析通訊協定）。封裝好的網路封包如圖 1-5 所示。

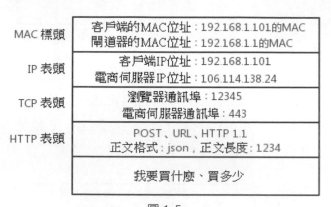

圖 1-5

於是作業系統將 IP 封包交給下一層，也就是 MAC 層。網路卡再將網路封包發出去。由於這個網路封包裡面是有 MAC 位址的，因此它能夠到達閘道。

閘道收到網路封包之後，會根據自己的知識，判斷下一步應該怎麼走。閘道常常是一個路由器，而路由表會告訴你去某個 IP 位址應該怎麼走。

路由器像玄奘西行路過的各個國家的各個城關一樣。每個城關都連著兩個國家，每個國家相當於一個區域網，在每個國家內部，都可以使用本機位址——MAC 位址進行通訊。

一旦跨越城關（閘道），就需要拿出通關文牒（IP 表頭）來，裡面寫著：
貧僧來自東土大唐（來源 IP 位址），欲往西天拜佛求經（目標 IP 位址）。
路過寶地，借宿一晚，明日啟行，請問接下來該怎麼走？閘道和城關裡的
「知識」類比如圖 1-6 所示。

去IP段1，走網路通訊埠1，下一轉發為路由器A	去女兒國，走左面的路，下一站為女兒國東門
去IP段2，走網路通訊埠2，下一轉發為路由器B	去車遲國，走中間的路，下一站為車遲國南門
去IP段3，走網路通訊埠3，下一轉發為路由器C	去天竺國，走右面的路，下一站為天竺國西門

圖 1-6

城關常常是知道這些「知識」的，因為城關和臨近的城關也會經常溝通。
到哪裡應該怎麼走，這種溝通的協定在網路中稱為路由式通訊協定，常用
的有 OSPF（Open Shortest Path First，開放式最短路徑優先）協定和 BGP
（Border Gateway Protocol，邊界閘道協定）。圖 1-7 具體地展示了路由式通
訊協定的工作方式。

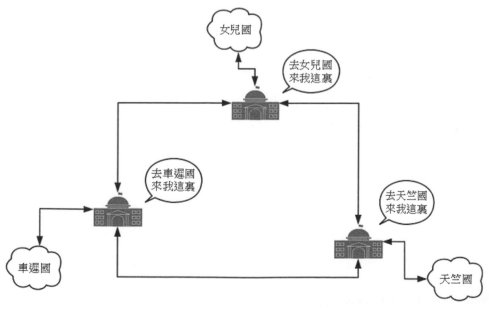

圖 1-7

城關與城關之間是一個國家，當網路封包知道了下一步去哪個城關時，就要使用國家內部的 MAC 位址。透過下一個城關的 MAC 位址，找到下一個城關，再問下一步的路怎麼走，一直到走出最後一個城關。

最後一個城關知道網路封包要去的地方。於是，對著這個國家吼一聲，誰是目標 IP 位址？目標伺服器就會回覆一個 MAC 位址。網路封包過關後，透過這個 MAC 位址就能找到目標伺服器。

目標伺服器發現 MAC 位址對上了，取下 MAC 標頭，發送給作業系統的網路層。發現 IP 位址也對上了，就取下 IP 表頭。IP 表頭裡會寫上一層封裝的是 TCP，然後將其交給傳輸層，即 TCP 層。

在 TCP 層裡，每收到一個網路封包，都會傳回一個回覆的網路封包。這個回覆的網路封包絕非這次下單請求的結果，例如購物是否成功，扣了多少錢等，而是 TCP 層的說明，即收到之後的回覆。當然這個回覆會按照來的方式傳回，報個平安。

一旦出了國門，西行路上千難萬險，如果在這個過程中，網路封包走丟了，例如誤入大沙漠，或被強盜搶劫，祖國很難知道，所以到了要報個平安。

如果過一段時間用戶端還是沒有收到回覆，那麼用戶端的 TCP 層會重新發送這個網路封包，還是上面的過程，直到有一天收到平安到達的回覆。這個重試絕非瀏覽器將下單這個動作重新請求一次。對於瀏覽器來講，只發送了一次下單請求，是 TCP 層自己在不斷悶頭重試。除非 TCP 這一層出了問題，例如網路連接中斷了，才會輪到瀏覽器的應用層重新發送下單請求。

當網路封包平安到達 TCP 層之後，TCP 標頭中有目標通訊埠編號，透過這個通訊埠編號，可以知道電子商務網站的處理程序正在監聽這個通訊埠編號，這裡假設一個 Tomcat 將這個網路封包發送給了電子商務網站。

圖 1-8 為網路封包的接收與請求後端的過程，圖中向上的空心箭頭表示上面描述的接收一個網路封包的過程。

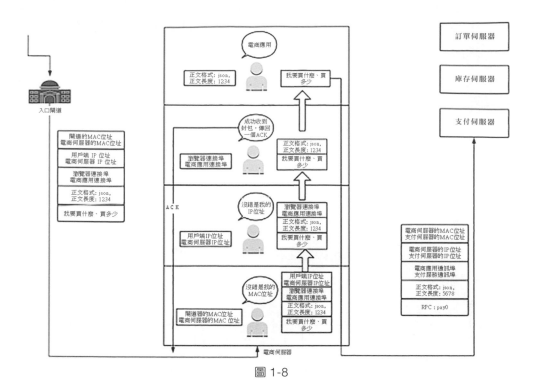

圖 1-8

電子商務網站的處理程序獲得 HTTP 請求的內容，就知道了要買什麼東西、買多少。常常一個電子商務網站最初接待請求的這個 Tomcat 只是一個接待員，負責統籌處理這個請求，而非所有的事情都自己做。舉例來說，這個接待員要告訴專門管理訂單的處理程序，要買哪個商品、買多少；要告訴管理庫存的處理程序，庫存要減少多少；要告訴支付的處理程序，應該付多少錢；等等。

接待員如何告訴相關的處理程序要做什麼呢？常常透過 RPC（Remote Procedure Call，遠端程序呼叫）的方式來實現。接待員管理訂單處理程序時，中間的網路互連問題會由 RPC 架構統一處理。RPC 架構有很多種，有基於 HTTP、放在 HTTP 封包裡面的，也有直接封裝在 TCP 封包裡面的。這個請求後端的過程如圖 1-8 中間向下的箭頭所示。

當接待員發現對應的部門都已經處理完畢時，就回覆一個 HTTPS 的封

包，告知下單成功。這個 HTTPS 的封包會像來的時候一樣，經過千難萬
險到達用戶端，最後進入瀏覽器，顯示支付成功。

小結

看到了吧，一個簡簡單單的下單過程，中間牽扯到這麼多的協定。而管理
一群機器，更是一件特別有技術水準的事情。除此之外，像最近比較紅的
雲端運算、容器、微服務等技術，也都需要借助各種協定來達成大規模機
器間的合作。

接下來要講的網路通訊協定如圖 1-9 所示。之後會按照從底層到上層的順
序逐一說明。

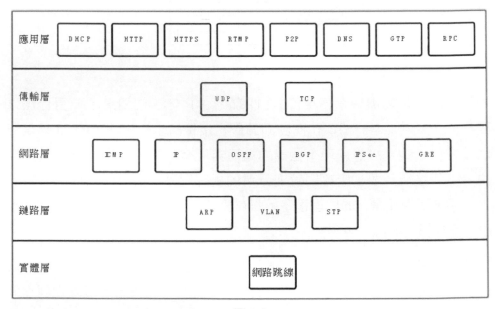

圖 1-9

上面「雙 11」的故事只是提供了一個大致的架構，圖 1-9 中的有些協定在
上文裡已經提到了，有些還沒有提到。在本書最後一節，當所有的協定都
講過之後，我會再重新講一遍這個故事，到時候你就能明白更多的細節。

> **思考題**

當網路封包到達一個閘道的時候，可以透過路由表獲得下一個閘道的 IP 位址。為什麼不直接透過 IP 位址去尋找，而是要透過本機 MAC 位址去尋找下一個閘道呢？

1.2 網路分層的真實含義

由於長時間從事電腦網路相關的工作，我發現電腦網路有一個顯著的特點，就是這是一個不僅需要背誦，而且特別需要將原理爛熟於胸的學科。很多問題看起來懂了，但是就怕細問，一問就發現你懂得沒有那麼透徹。

我們上一節羅列了本書要講的網路通訊協定。這些協定本來沒什麼稀奇，每一本教科書都會講，並且都要求你背下來。因為考試會考，面試會問。可以這麼説，畢業了去找工作還答不出這種題目的同學，你的筆試基本上也就「掛」了。

但是即使你學習過了這些課程、背會了這些協定，當你聽到什麼二層裝置、三層裝置、四層負載平衡和七層負載平衡中層的時候，是否仍舊一頭霧水，不知道這些所謂的層，對應的各種協定實際要做什麼「工作」？

這四個問題你真的懂了嗎

教科書或老師常常會打一個不太恰當的比喻：為什麼網路要分層呢？因為不同的層次之間有不同的溝通方式，這個叫作協定。舉例來說，一家公司也是分「層次」的，分總經理、經理、組長、員工。總經理之間有他們的溝通方式，經理和經理之間也有溝通方式，同理組長和員工也有各自的溝通方式。你有沒有聽過類似的比喻？

那麼第一個問題來了。請問經理在驗證的時候，員工在做什麼？很多人聽過 TCP 建立連接的三次驗證協定，也會把它當基礎知識背誦。同理問你，TCP 在進行三次驗證的時候，IP 層和 MAC 層對應都有什麼操作呢？

除了上面這個不恰當的比喻，教科書還會列出每層所包含的協定，然後開始逐層地去講這些協定。但是這些協定之間的關係卻很少有教科書會講。

學習第三層的時候會提到，IP 表頭裡面包含目標位址和來源位址。第三層裡常常還會學習路由式通訊協定。路由器就像中繼站，網路封包從來源位址 A 到目標位址 D，中間經過 B、C 兩個中繼站（A → B → C → D），網路封包就是透過路由轉發的。

第二個問題來了。A 知道自己的下一個中繼站是 B，那從 A 發出來的網路封包，應該把 B 的 IP 位址放在哪裡呢？B 知道自己的下一個中繼站是 C，從 B 發出來的網路封包，應該把 C 的 IP 位址放在哪裡呢？如果將 C 的 IP 位址作為目標位址放在 IP 表頭中，那網路封包到了中繼站，怎麼知道最後的目的地是 D 呢？

教科書不會透過場景化的實例，將網路封包的生命週期講出來，所以你就會很困惑，不知道這些協定實際的應用場景是什麼。

接著是第三個問題。你一定經常聽説二層裝置、三層裝置。二層裝置處理的通常是 MAC 層的處理邏輯。如果發送一個在第七層工作的 HTTP 的封包，是不是不需要經過二層裝置？或即使經過了，二層裝置也不處理呢？或換一種問法，二層裝置處理的網路封包中，有沒有 HTTP 層的內容呢？

最後，第四個問題是一個綜合題。你的電腦透過 SSH（Struts、Spring、Hibernate）登入到公有雲端主機上，都需要經歷哪些過程？或説你開啟一個電子商務網站，都需要經歷哪些過程？説得越詳細越好。

實際情況可能是，上述問題很多人都答不上來。儘管對每一層都很熟悉，但是基礎知識卻串不起來。

上面的這些問題，有的在這一節會有一個解釋，有的則會貫穿我們整本書。第 1.3 節中我會舉一個實例，說明很多層的細節，這樣，你很容易就能把這些基礎知識串連起來。

網路為什麼要分層

這裡我們先探討一個問題，網路為什麼要分層？因為，每個複雜的程式都要分層。

了解電腦網路中的概念，一個很好的角度是，想像網路封包就是一段 Buffer（快取），或一塊記憶體，是有格式的。同時，想像自己是一個處理網路封包的程式，而且這個程式可以跑在電腦上、伺服器上、交換機上，也可以跑在路由器上。你還有很多的網路介面，從某個網路介面拿進一個網路封包來，用自己的程式處理一下，再從另一個網路介面發送出去。

當然網路封包的格式很複雜，這個程式也很複雜。複雜的程式都要分層，這是一個架構設計的通用問題，不僅是網路通訊協定的問題。一旦有關複雜的邏輯，或軟體需求需要經常變動，一般都會通過分層來解決。

例如我們做應用架構時，一般會分為連線層、Controller 層、組合服務層、基礎服務層，基礎服務層之下，才是資料庫、快取、搜尋引擎等。我們常常做這樣的設計要求，將持久化層隱藏到基礎服務層以下，基礎服務層之上的層只能呼叫基礎服務層的 API，不能直接存取資料庫。

為什麼要這樣做呢？如果我們要將 Oracle 切換成 MySQL，MySQL 有一個函數庫，分函數庫分表成為 4 個函數庫。難道所有的程式都要修改嗎？當然不是，只要把基礎服務層隱藏，提供一致的介面就可以了。

網路通訊協定也是這樣。有的想基於 TCP，自己不操心就能夠保障通訊；有為想自己實現可靠通訊，不基於 TCP，而使用 UDP。一旦分了層就好辦了，只要依賴下一層的介面，訂製化實現自己的邏輯就可以了。

程式的運作原理

我們可以簡單地想像「你」這個程式的工作過程，如圖 1-10 所示。

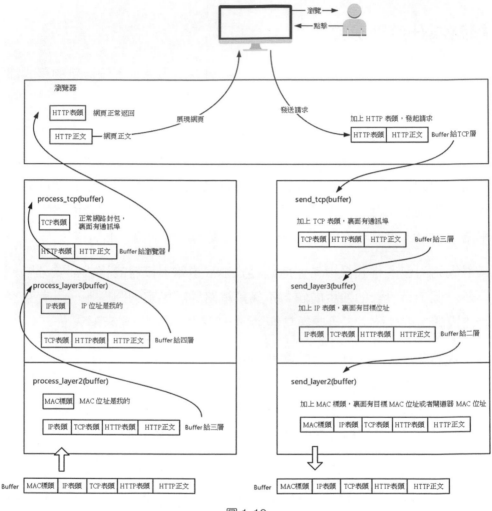

圖 1-10

當你看到一個網路封包從一個網路卡經過時，首先看看要不要請進來，處理一下。有的網路卡設定了混雜模式，凡是經過的，全部拿進來。

拿進來以後，就要交給一段程式來處理。於是呼叫 process_layer2(buffer)。當然，這是一個假的函數。但是你明白其中的意思，知道一定是有這麼一個函數。那這個函數是做什麼的呢？從 Buffer 中摘掉二層的表頭看一看，應該根據頭裡面的內容做什麼操作。

假設你發現這個網路封包的 MAC 位址和你的 MAC 位址相符，那說明這個網路封包就是發給你的，於是需要呼叫 process_layer3(buffer)。這個時候，Buffer 裡面常常就沒有二層的表頭了，因為上一個函數在處理過程中將 Buffer 裡的二層頭拿掉了，或將指向 Buffer 的指標的偏移量移動了一下。在這個函數裡面，摘掉三層的表頭，看看這個網路封包到底是發送給自己的，還是希望自己轉發出去的。

如何判斷呢？如果 IP 位址不是自己的，那就應該轉發出去；如果 IP 位址是自己的，那就是發給自己的。根據 IP 頭裡面的標識，拿掉三層的表頭，進行下一層的處理：到底是呼叫 process_tcp(buffer) 呢，還是呼叫 process_udp(buffer) 呢？

假設這個位址是 TCP 的，則會呼叫 process_tcp(buffer)。這時候，Buffer 裡面沒有三層的表頭，就需要檢視四層的表頭。透過檢視四層的表頭，確定這是一個發起，還是一個回應，又或是一個正常的網路封包，然後分別由不同的邏輯進行處理。如果是發起或回應，接下來可能要發送一個網路封包；如果是一個正常的網路封包，就需要交給上層了。交給誰呢？是不是可以呼叫 process_http(buffer) 呢？

實際上是不需要的。如果你是一個網路封包處理程式，就不需要交給 process_http(buffer)，而應該交給應用去處理。交給哪個應用呢？四層的表頭裡面有通訊埠編號，不同的應用監聽不同的通訊埠編號。如果發現瀏覽器在監聽這個通訊埠，那你發給瀏覽器即可。至於瀏覽器怎麼處理，和你沒有關係。

瀏覽器自然是透過解析 HTML 將頁面顯示出來的。電腦的主人看到頁面很開心，就點擊了滑鼠右鍵。點擊的動作會被瀏覽器捕捉。瀏覽器知道，又要發起另一個 HTTP 請求了，於是根據通訊埠編號將請求發給了你。

你應該呼叫 send_tcp(buffer)。不用說，Buffer 裡面就是 HTTP 表頭和內容。在這個函數裡面加一個 TCP 標頭，記錄來源通訊埠編號。瀏覽器會給你目標通訊埠編號，一般為 80 通訊埠。

然後呼叫 send_layer3(buffer)。Buffer 裡面已經有了 HTTP 表頭和內容，以及 TCP 標頭。在這個函數裡面加一個 IP 表頭，記錄來源 IP 位址和目標 IP 位址。

然後呼叫 send_layer2(buffer)。Buffer 裡面已經有了 HTTP 表頭和內容、TCP 標頭，以及 IP 表頭。這個函數裡面要加一下 MAC 標頭，記錄來源 MAC 位址，獲得的就是本機的 MAC 位址和目標 MAC 位址。不過，這個還要看你目前是否知道。知道就直接加上，不知道的話，就要透過一定的協定處理過程，找到 MAC 位址。反正要填一個，不能空著。

萬事俱備，只要 Buffer 裡面的內容完整，就可以從網路卡發出去了，你作為一個程式的工作就算告一段落了。

揭秘層與層之間的關係

知道這個過程之後，我們再來看一下原來困惑的問題。

首先是分層的比喻。所有不能表示出層層封裝含義的比喻，都是不恰當的。總經理驗證，不需要員工在，總經理之間談什麼，不需要員工參與，但是網路世界不是這樣的。如果非得用這個實例，比喻起來就顯得非常荒唐，例如總經理之間需要溝通，總經理要放在經理口袋裏，然後經理放在組長口袋裏，組長放在員工口袋裏。反而如果員工直接溝通，可以不帶上總經理，這樣看來，這個比喻就不太恰當了。

現實生活中，常常是員工說兩句，組長補充兩句，然後經理補充兩句，最後總經理再補充兩句。但在網路世界中，應該是反過來的。

TCP 在三次驗證的時候，IP 層和 MAC 層在做什麼呢？其實 TCP 每發送一個訊息，都會帶著 IP 層和 MAC 層。因為 TCP 每發送一個訊息，IP 層和 MAC 層的所有機制都要執行一遍。你只看到了 TCP 的三次驗證，其實 IP 層和 MAC 層為此也忙活了好久。

這裡要記住一點：只要是在網路上跑的封包，都是完整的。可以有下層沒上層，絕對不可能有上層沒下層。

所以，對 TCP 來說，三次驗證也好，重試也好，只要想把網路封包發出去，就要有 IP 層和 MAC 層，不然是發不出去的。

經常有人會問這樣一個問題，我都知道那台機器的 IP 位址了，直接給它發訊息，要 MAC 位址做什麼？這裡的關鍵就是，沒有 MAC 位址訊息是發不出去的。

所以如果一個 HTTP 的封包跑在網路上，它一定是完整的。無論這個封包經過哪些裝置，它都是完整的。

所謂的二層裝置、三層裝置，只是這些裝置上跑的程式不同而已。一個 HTTP 的封包經過一個二層裝置，二層裝置收進去的是整個網路封包。這裡面 HTTP、TCP、IP 位址、MAC 位址都有。什麼叫二層裝置？就是只把 MAC 標頭摘下來，看看到底是捨棄、轉發，還是自己留著。那什麼叫三層裝置呢？就是把 MAC 標頭摘下來之後，再把 IP 表頭摘下來，看看到底是捨棄、轉發，還是自己留著。

小結

歸納一下本節的內容，了解網路通訊協定的工作模式，有以下兩個小竅門。

- 始終想像自己是一個處理網路封包的程式：如何拿到網路封包，如何根據規則進行處理，如何發出去。
- 始終牢記一個原則：只要是在網路上跑的封包，都是完整的。可以有下層沒上層，絕對不可能有上層沒下層。

思考題

1. 如果你也覺得總經理和員工的比喻不恰當，你有更恰當的比喻嗎？
2. 要想學習網路通訊協定，IP 這個概念是最基本的，那你知道如何檢視 IP 位址嗎？

1.3 ifconfig：熟悉又陌生的命令列

上一節結尾有一個思考題是，你知道如何檢視 IP 位址嗎？

當面試者聽到這個問題的時候，常常會覺得走錯了房間。我面試的是技術職位啊，怎麼問這麼簡單的問題？

的確，即使沒有學過專業電腦技術的人，只要亂玩過電腦，重裝過系統，大多人也會知道這個問題的答案：在 Windows 系統上使用 ipconfig 指令，在 Linux 系統上使用 ifconfig 指令。

那你知道在 Linux 系統上還有什麼其他指令可以檢視 IP 位址嗎？答案是 ip addr 指令。如果回答不上來這個問題，你可能沒怎麼用過 Linux 系統。

那你知道 ifconfig 指令和 ip addr 指令的區別嗎？這是一個關於 net-tools 和 iproute2 的「歷史」故事，1.3 節剛剛開始，我們暫時不用了解這麼詳細，但這也是一個常考的基礎知識。

想像一下，登入一個被修改過的非常小的 Linux 系統，發現既沒有 ifconfig 指令，也沒有 ip addr 指令，是不是感覺這個系統根本無法使用？這個時

候，你可以自行安裝 net-tools 和 iproute2 這兩個工具。當然，大多數時候這兩個指令是系統附帶的。

安裝好後，我們來執行一下 **ip addr** 指令。如果不出意外，應該會輸出下面的內容。

```
root@test:~# ip addr
1: lo: <LOOPBACK,UP,LOWER_UP> mtu 65536 qdisc noqueue state UNKNOWN group
default
    link/loopback 00:00:00:00:00:00 brd 00:00:00:00:00:00
    inet 127.0.0.1/8 scope host lo
       valid_lft forever preferred_lft forever
    inet6 ::1/128 scope host
       valid_lft forever preferred_lft forever
2: eth0: <BROADCAST,MULTICAST,UP,LOWER_UP> mtu 1500 qdisc pfifo_fast state UP
group default qlen 1000
    link/ether fa:16:3e:c7:79:75 brd ff:ff:ff:ff:ff:ff
    inet 10.100.122.2/24 brd 10.100.122.255 scope global eth0
       valid_lft forever preferred_lft forever
    inet6 fe80::f816:3eff:fec7:7975/64 scope link
       valid_lft forever preferred_lft forever
```

這個指令顯示了這台機器上所有的網路卡。大部分的網路卡都會有一個 IP 位址，當然，這不是必需的。在後面的章節中，我們會遇到網路卡沒有 IP 位址的情況。

IP 位址是網路卡在網路世界的通訊地址，相當於現實世界的門牌號碼。既然是門牌號碼，不能大家都一樣，不然就會起衝突。假如大家都叫 6 單元 1001 號，那快遞就找不到地方了。所以，有時電腦出現網路位址衝突對話方塊，出現無法上網的情況，多半是 IP 位址衝突了。

如上輸出結果中的 10.100.122.2 就是一個 IP 位址。這個位址被點分隔為 4 個部分，每個部分 8 位元（bit），所以 IP 位址總共是 32 位元。這樣產生的 IP 位址很快就不夠用了。因為當時設計 IP 位址的時候，哪知道今天會有這麼多電腦啊！因為 IP 位址不夠用，於是就有了 IPv6，也就是上面輸

出結果裡面的 inet6 fe80::f816:3eff:fec7:7975/64 這一部分。這部分有 128
位元，現在看來是夠了，但是未來的事情誰知道呢？

本來 32 位元的 IP 位址就不夠，還被分成了 5 大類，如圖 1-11 所示。現在
想想，當時分配位址的時候，真是太奢侈了。

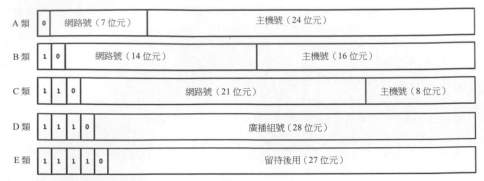

圖 1-11

在網路位址中，至少在當時設計的時候，A、B、C 類別主要分兩部分，
前面一部分是網路號碼，後面一部分是主機號碼。這很好了解，大家都是
6 單元 1001 號，我是社區 A 的 6 單元 1001 號，而你是社區 B 的 6 單元
1001 號。

表 1-1 詳細地展示了 A、B、C 三種位址所能包含的主機的數量。在後文
中，我也會多次借助這個表格來說明。

表 1-1

類	IP 位址範圍	最大主機數	私網 IP 位址範圍
A	0.0.0.0~127.255.255.255	16777214	10.0.0.0~10.255.255.255
B	128.0.0.0~191.255.255.255	65534	172.16.0.0~172.31.255.255
C	192.0.0.0~223.255.255.255	254	192.168.0.0~192.168.255.255

當然表 1-1 中的 IP 位址範圍不都是有效的，例如 A 類的 IP 位址第一個欄
位範圍是 0 ～ 127，但是由於全 0 和全 1 的位址有特殊用途，實際可指派
的第一個欄位範圍是 1 ～ 126。

這裡有個尷尬的事情，就是 C 類位址能包含的最大主機數量實在太少了，只有 254 個。當年設計的時候恐怕沒有想到，這個數量現在估計一個網咖都不夠用。而 B 類位址能包含的最大主機數量又太多，6 萬多台機器放在一個網路下面，一般的企業基本達不到這個規模，閑著的位址就是浪費。

CIDR

於是有了一個折衷的方式，叫作無類型域間選路（Classless Inter-Domain Routing），簡稱 CIDR。這種方式打破了原來位址的分類方法，將 32 位元的 IP 位址一分為二，前面是網路號碼，後面是主機號碼。從哪裡分呢？你如果注意觀察的話就可以看到，10.100.122.2/24 這個 IP 位址中間有一個斜線，斜線後面有個數字 24。這種位址表示形式就是 CIDR。後面 24 的意思是，32 位元中，前 24 位元是網路號碼，後 8 位元是主機號碼。

伴隨著 CIDR 存在的，一個是廣播位址 10.100.122.255，如果將資訊發送到這種位址，所有 10.100.122 網路裡面的機器都可以收到；另一個是子網路遮罩 255.255.255.0。

將子網路遮罩和 IP 位址進行 AND 計算。前面 3 個 255，轉換成二進位都是 1。1 和任何數值取 AND，結果都是原來的數值，因而前 3 個數不變，為 10.100.122。後面一個 0，轉換成二進位是 0，0 和任何數值取 AND，都是 0，因而最後一個數變為 0，合起來就是 10.100.122.0。這就是網路號。將子網路遮罩和 IP 位址逐位元計算 AND，就能獲得網路號碼。

公網 IP 位址和私網 IP 位址

日常工作中 IP 位址幾乎不用劃分 A 類、B 類或 C 類，時間長了，很多人就忘記了這個分類，而只記得 CIDR。但是有一點還是需要注意，就是公網 IP 位址和私網 IP 位址範圍，如表 1-2 所示。

表 1-2

類別	IP位址範圍	最大主機數	私網IP位址範圍
A	0.0.0.0~127.255.255.255	16 777 214	10.0.0.0~10.255.255.255
B	128.0.0.0~191.255.255.255	65 534	172.16.0.0~172.31.255.255
C	192.0.0.0~223.255.255.255	254	192.168.0.0~192.168.255.255

表 1-2 最右列是私網 IP 位址範圍。平時我們看到的資料中心、辦公室、家裡或學校的 IP 位址，一般都是私網 IP 位址。因為這些位址允許組織內部的 IT 人員自己管理、自己分配，而且可以重複。因此，不同學校的某個私網 IP 位址段可以是一樣的。

這就像每個社區有自己的樓編號和門牌號碼，你們社區可以有 6 棟，我們社區也有 6 棟，沒有任何問題。但是一旦出了社區，就需要使用公網 IP 位址。就像人民路 888 號，是國家統一分配的，不能兩個社區都叫人民路 888 號。

公網 IP 位址由組織統一分配，需要購買。如果你架設一個網站，給自己學校的人使用，讓你們學校的 IT 人員給你一個 IP 位址就行。但是假如你要做一個類似網易 163 這樣的網站，就需要公網 IP 位址，這樣全世界的人才能造訪。

表 1-2 中的 192.168.0.x 是最常用的私網 IP 位址。你家裡有 Wi-Fi，就會有一個對應的 IP 位址。一般家裡的上網裝置不會超過 256 個，所以 /24 的 CIDR 基本就夠用了。有時候我們也能見到 /16 的 CIDR，這兩種是最常見的，也是最容易了解的。

不需要將十進位轉為二進位 32 位元，就能明顯看出 192.168.0 是網路號碼，後面是主機號碼。而整個網路裡面的第一個位址 192.168.0.1，常常就是你這個私網的出口位址。舉例來說，你家裡的電腦連接 Wi-Fi，Wi-Fi 路由器的位址就是 192.168.0.1，而 192.168.0.255 就是廣播地址。一旦將資訊發送到這種位址，整個 192.168.0 網路裡面的所有機器都能收到。

但是也不總都是這樣的情況。因此，其他情況常常就會很難了解，還容易出錯。

舉例：一個容易「犯錯」的 CIDR

我們來看 16.158.165.91/22 這個 CIDR。求一下這個網路的第一個位址、子網路遮罩和廣播位址。

你要是上來就寫 16.158.165.1，那就大錯特錯了。

22 不是 8 的整數倍，不好辦，只能先變成二進位來看。16.158 的部分不會動，它佔了前 16 位元。中間的 165 轉換成二進位為 10100101 。除了前面的 16 位元，還剩 6 位元。所以，這 8 位元中前 6 位元是網路號碼，16.158.<101001>，而 <01>.91 是機器號碼。

第一個位址是 16.158.<101001><00>.1，即 16.158.164.1。子網路遮罩是 255.255.<111111><00>.0，即 255.255.252.0。廣播地址為 16.158.<101001><11>.255，即 16.158.167.255。

圖 1-11 的 5 大類地址中，D 類別是多點傳輸地址。將資訊發送到這種地址時，屬於某個組的機器都能收到。這就像大家都加入了一個郵件組，給組內某個成員發送郵件時，整個組都能收到。多點傳輸位址在後面說明 VXLAN（Virtual Extensible LAN，虛擬擴充區域網）協定的時候會提到。

講了這麼多，才講了上面的輸出結果中很小的一部分，是不是覺得自己原來並沒有真正了解 ip addr 指令呢？我們接著來分析。

在 IP 位址的後面有個 scope，對於 eth0 網路卡來講，是 global，說明這張網路卡是可以對外的，可以接收來自各個地方的封包；對於 lo 網路卡來講，是 host，說明這張網路卡僅可以供本機內部相互通訊。

lo 的全稱是 loopback，又稱迴路介面，常常會被分配到 127.0.0.1 這個位址。這個位址用於本機內部通訊，經過核心處理後直接傳回，不會在任何網路中出現。

MAC 位址

IP 位址的上一行是 link/ether fa:16:3e:c7:79:75 brd ff:ff:ff:ff:ff:ff，這個位址被稱為 MAC 位址，是一個網路卡的實體位址，用十六進位、6 位元組（Byte）表示。

MAC 位址是一個很容易讓人「誤解」的位址。因為 MAC 位址號稱全域唯一，不會有兩個網路卡的 MAC 位址是相同的，而且網路卡自生產出來，就帶著這個位址。很多人看到這裡就會想，既然這樣，整個網際網路的通訊，全部用 MAC 位址只要知道了對方的 MAC 位址，就可以把資訊傳過去。

這樣當然是不行的。一個網路封包要從一個地方傳到另一個地方，除了要有確定的位址，還需要有定位功能。而有門牌號碼屬性的 IP 位址，才是有遠端定位功能的。

舉例來說，你去杭州市網商路 599 號 B 棟 6 樓找劉超，你在路上問路，可能被問的人不知道 B 棟是哪棟，但是可以給你指網商路怎麼去。但是如果你問一個人，你知道身份證字號是這個的人在哪裡嗎？可想而知，沒有人知道。

MAC 位址更像是身份證字號，是一個唯一的標識。它的唯一性設計是為了網路拓樸時可以不用擔心不同的網路卡在一個網路裡會產生衝突，從硬體角度保障不同的網路卡有不同的標識。

MAC 位址是有一定定位功能的，只不過範圍非常有限。你可以根據 IP 位址，找到杭州市網商路 599 號 B 棟 6 樓，但是依然找不到我，這時就可以

靠「吼」了，大聲喊：「身份證字號是 xxx 的是哪位？」我聽到了，我就會站起來說：「是我啊。」但是如果你在上海到處喊：「身份證字號是 xxx 的是哪位？」我聽不到，當然不會回答，因為我在杭州不在上海。

所以，MAC 位址的通訊範圍比較小，侷限在一個子網裡面。舉例來說，從 192.168.0.2/24 造訪 192.168.0.3/24 可以用 MAC 位址。一旦跨子網，例如從 192.168.0.2/24 到 192.168.1.2/24，這時就不能使用 MAC 位址，而要使用 IP 位址。

網路裝置的狀態標識

解析完 MAC 位址，再來看 <BROADCAST,MULTICAST,UP,LOWER_UP> 是做什麼的。

這個叫作 net_device flags，是網路裝置的狀態標識。

UP 表示網路卡處於啟動的狀態。BROADCAST 表示這個網路卡有廣播位址，可以發送廣播封包。MULTICAST 表示網路卡可以發送廣播封包。LOWER_UP 表示 L1 是啟動的，也就是網線插著呢。MTU 1500 是指 MTU（Maximum Transmission Unit，最大傳輸單元）為 1500 位元組，這是乙太網路的預設值。

上一節講過網路封包是層層封裝的。MTU 是二層 MAC 層的概念。MAC 層有 MAC 標頭，乙太網路規定 MAC 標頭及正文合起來不允許超過 1500 位元組。正文裡面有 IP 表頭、TCP 標頭、HTTP 表頭。如果放不下，就需要分片來傳輸。

qdisc pfifo_fast 是什麼意思呢？ qdisc 全稱是 queueing discipline，即排隊規則。核心如果需要透過某個網路介面發送資料封包，都需要按照為這個介面設定的 qdisc 把資料封包加入佇列。

最簡單的 qdisc 是 pfifo，它不對進入的資料封包做任何的處理，資料封包採用先入先出的方式透過佇列。pfifo_fast 稍微複雜一些，它的佇列包含 3 個波段（band）。在每個波段裡面，使用先進先出規則。

3 個波段的優先順序也不相同。band 0 的優先順序最高，band 2 的最低。如果 band 0 裡面有資料封包，系統就不會處理 band 1 裡面的資料封包，band 1 和 band 2 之間也是一樣。

資料封包是按照 TOS（Type of Service，服務類型）被分配到 3 個波段裡面的。TOS 是 IP 表頭裡面的欄位，代表了目前的資料封包是高優先順序的，還是低優先順序的。

佇列是個好東西，第 6 章説明雲端運算中的網路時，會有很多使用者共用一個網路出口的情況，那時如何排隊、每個佇列有多粗、佇列處理速度應該怎麼提升，都會詳細為你説明。

小結

怎麼樣，看起來很簡單的指令，裡面學問很大吧？透過本節的學習希望你能記住以下的基礎知識，後面都能用得上：

- IP 位址有定位功能，MAC 網址類似身份證字號，無定位功能。
- CIDR 可以用來判斷是不是本機位址。
- IP 位址分公網 IP 位址和私網 IP 位址。後面的章節中會談到「出國門」，就與此有關。

思考題

1. 你知道 net-tools 和 iproute2 的「歷史」故事嗎？
2. 這一節講的是如何檢視 IP 位址，那你知道 IP 位址是怎麼來的嗎？

1.4 DHCP 與 PXE：IP 位址是怎麼來的，又是怎麼沒的

上一節，我們講了 IP 位址的一些基本概念。如果需要和其他機器通訊，就需要一個通訊地址，我們需要給網路卡設定一個 IP 位址。

如何設定 IP 位址

如何設定 IP 位址呢？如果有相關的知識和累積，你可以用命令列自己設定一個位址。可以使用 ifconfig 指令，也可以使用 ip addr 指令。設定好了以後，使用其中一個指令，網路卡就可以開始工作了。

ifconfig 指令來自 net-tools 工具，使用這個工具：

```
$ sudo ifconfig eth110.0.0.1/24
$ sudo ifconfig eth1 up
```

ip addr 指令來自使用 iproute2 工具，使用這個工具：

```
$ sudo ip addr add 10.0.0.1/24 dev eth1
$ sudo ip link set up eth1
```

你可能會問，自己設定這個自由度太大了，我是不是設定什麼位址都可以？如果設定一個和誰都不相關的位址呢？舉例來說，旁邊機器的 IP 位址都是 192.168.1.x，我偏要將 IP 位址設定為 16.158.23.6，會出現什麼現象呢？

封包會發不出去。為什麼發不出去呢？我來舉例說明。

IP 位址為 192.168.1.6 的機器就在你這台機器的旁邊，而且是在同一個交換機上，但你把機器的 IP 位址設定成了 16.158.23.6。在這台機器上，你企圖去 ping IP 位址為 192.168.1.6 的機器，你覺得只要將封包發出去，同一個交換機的另一台機器馬上就能收到，對不對？

可是 Linux 系統不是這樣的，它沒你想得那麼聰明。你能用肉眼看到那台機器就在旁邊，系統則需要根據自己的邏輯進行處理。

還記得我們在 1.2 節講過的原則嗎？只要是在網路上跑的封包，都是完整的，可以有下層沒上層，絕對不可能有上層沒下層。

封包的來源 IP 位址為 16.158.23.6，目標 IP 位址為 192.168.1.6，但是封包發不出去，這是因為 MAC 層位址資訊還沒填。

自己的 MAC 位址自己知道，但是目標 MAC 位址填什麼呢？是不是填 IP 位址為 192.168.1.6 的這台機器的 MAC 位址呢？

當然不是。Linux 系統首先會判斷，要去的這個位址和我是一個網段的嗎？或和我的某個網路卡是同一網段的嗎？只有系統確認是同屬一個網段的位址以後，它才會發送 ARP 請求，取得 MAC 位址。如果發現不是呢？Linux 系統預設的邏輯是，如果這是一個跨網段的呼叫，它便不會直接將封包發送到網路上，而會試圖將封包發送到閘道。

如果你設定了閘道，Linux 系統會取得閘道的 MAC 位址，然後將封包發出去。對於 IP 位址為 192.168.1.6 的這台機器來講，雖然路過自己家門的這個封包的目標 IP 位址是它的，但是無奈目標 MAC 位址不是，所以網路卡不會把封包收進來。

如果沒有設定閘道呢？那封包根本就發不出去。

如果將閘道的 IP 位址設定為 192.168.1.6 呢？不可能，Linux 系統不會讓你設定成功的，因為閘道要和目前網路中的至少一個網路卡是同一個網段的，IP 位址為 16.158.23.6 的機器的閘道的 IP 位址不可能是 192.168.1.6。

所以，當你需要手動設定一台機器的網路 IP 位址時，一定要好好問問你的網路系統管理員。如果在機房裡面，要去網路系統管理員那裡申請，讓他給你分配一段正確的 IP 位址。當然，真正設定時，一定不是直接用指令設

定的，而是放在一個設定檔裡。不同系統的設定檔格式不同，但是無非就是 CIDR、子網路遮罩、廣播位址和閘道位址。

DHCP

原來設定 IP 位址有這麼多門道。你可能會問，設定了 IP 位址之後一般就不能再改變，給一個服務端的機器設定 IP 位址還可以，但是如果是給用戶端的機器設定呢？我抱著一台筆記型電腦仕公司裡走來走去，或白天來晚上走，每次使用都要設定 IP 位址，那可怎麼辦？還有人事、行政等非技術人員，如果公司所有的電腦都需要 IT 人員設定 IP 位址，一定忙不過來啊。

因此，我們需要有一個自動設定的協定，也就是動態主機設定通訊協定（Dynamic Host Configuration Protocol），簡稱 DHCP。

有了這個協定，網路系統管理員就輕鬆多了。他只需要設定一段共用的 IP 位址，每一台新連線的機器都透過 DHCP 來這個共用的 IP 位址裡面申請 IP 位址，就可以自動設定。等人走了，或用完了，還回去其他的機器也能用。

所以說，對於資料中心裡面的伺服器，IP 位址一旦設定好，基本不會再變，這就相當於買房自己裝潢。DHCP 的方式就相當於租房：你不用裝潢，都是幫你設定好的，你暫時用一下，用完退租就可以了。

解析 DHCP 的工作方式

當一台機器新加入一個網路時，一定「一臉茫然」，什麼情況都不知道，只知道自己的 MAC 位址。怎麼辦？先「吼」一句，我來啦，有人嗎？這時候的溝通基本靠「吼」。這一步，我們稱為 DHCP Discover。

新來的機器使用 IP 位址 0.0.0.0 發送了一個廣播封包，目標 IP 位址為 255.255.255.255。廣播封包封裝了 UDP，UDP 封裝了 BOOTP（Bootstrap

Protocol，啟動程式協定）。其實 DHCP 是 BOOTP 的增強版，但是如果你去封包截取的話，很可能看到的名稱還是 BOOTP。

在這個廣播封包裡面，「新人」大聲喊：「我是新來的（Boot request），我的 MAC 位址是這個，我還沒有 IP 位址，誰能租給我一個 IP 位址？」格式如圖 1-12 所示。

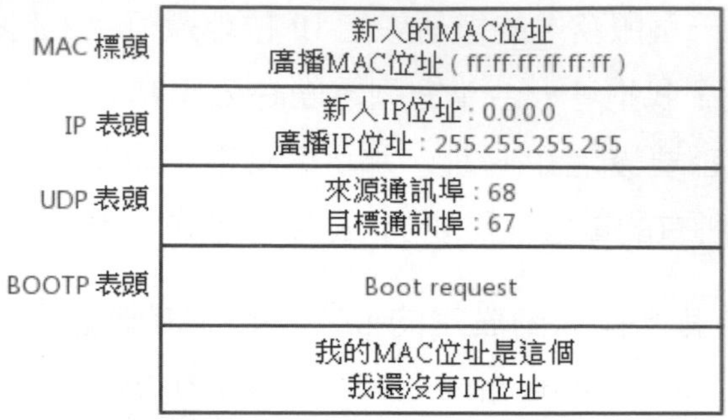

MAC 標頭	新人的MAC位址 廣播MAC位址（ff:ff:ff:ff:ff:ff）
IP 表頭	新人IP位址：0.0.0.0 廣播IP位址：255.255.255.255
UDP 表頭	來源通訊埠：68 目標通訊埠：67
BOOTP 表頭	Boot request
	我的MAC位址是這個 我還沒有IP位址

圖 1-12

如果一個網路系統管理員在網路裡面設定了 DHCP 伺服器，它就相當於這些 IP 位址的管理員。它立刻能知道來了一個「新人」。這個時候，我們就可以體會到 MAC 位址唯一性的重要性了。當一台機器帶著自己的 MAC 位址加入一個網路的時候，MAC 位址是它唯一的身份證明，如果連這個都重複，就沒辦法進行設定了。

只有 MAC 位址唯一，IP 位址管理員才能知道這是一個「新人」，需要租給它一個 IP 位址，這個過程我們稱為 DHCP Offer。同時，DHCP 伺服器為此客戶保留一個 IP 位址，並且不會為其他 DHCP 客戶分配這個 IP 位址。

DHCP Offer 的格式如圖 1-13 所示，裡面有給「新人」分配的地址。

DHCP 伺服器仍然使用廣播位址作為目標位址，因為此時請求分配 IP 位址的新機器還沒有自己的 IP 位址。DHCP 伺服器回覆說，我分配了一個可用的 IP 位址給你，你看如何？除此之外，伺服器還發送了子網路遮罩、閘道和 IP 位址租用期等資訊給它。

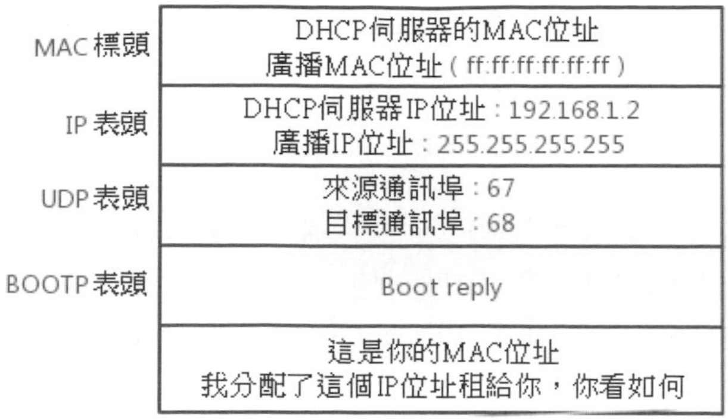

MAC 標頭	DHCP伺服器的MAC位址 廣播MAC位址（ff:ff:ff:ff:ff:ff）
IP 表頭	DHCP伺服器IP位址：192.168.1.2 廣播IP位址：255.255.255.255
UDP 表頭	來源通訊埠：67 目標通訊埠：68
BOOTP 表頭	Boot reply
	這是你的MAC位址 我分配了這個IP位址租給你，你看如何

圖 1-13

新來的機器很開心，它的「吼」獲得了回覆，並且有人願意租給它一個 IP
位址，這表示它可以在網路上立足了。當然更令人開心的是，如果有多個
DHCP 伺服器，這台新機器會收到多個 IP 位址，簡直受寵若驚。

這台機器會選擇其中一個 DHCP Offer，一般是最先到達的那個，並且會向
網路廣播發送一個 DHCP request 訊息封包，封包中包含用戶端的 MAC 位
址、接受的租約中的 IP 位址、提供此租約的 DHCP 伺服器地址等資訊，
並告訴所有 DHCP 伺服器它將接受哪個伺服器提供的 IP 位址，告訴其他
DHCP 伺服器，謝謝它們的接納，並請求取消它們提供的 IP 位址，以便提
供給下一個 IP 位址租用請求者，格式如圖 1-14 所示。

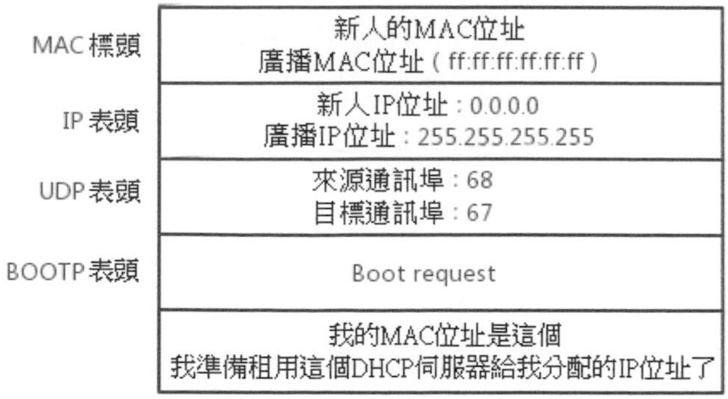

MAC 標頭	新人的MAC位址 廣播MAC位址（ff:ff:ff:ff:ff:ff）
IP 表頭	新人IP位址：0.0.0.0 廣播IP位址：255.255.255.255
UDP 表頭	來源通訊埠：68 目標通訊埠：67
BOOTP 表頭	Boot request
	我的MAC位址是這個 我準備租用這個DHCP伺服器給我分配的IP位址了

圖 1-14

此時，由於還沒有獲得 DHCP 伺服器的最後確認，用戶端仍然使用 0.0.0.0 為來源 IP 位址、255.255.255.255 為目標位址進行廣播。在 BOOTP 裡面，這台機器會接受某個 DHCP 伺服器分配的 IP 位址。

當 DHCP 伺服器接收到用戶端的 DHCP request 訊息封包之後，會廣播給用戶端傳回一個 DHCP ACK 訊息封包，表明已經接受用戶端的選擇，並將這一 IP 位址的合法租用資訊和其他的設定資訊都放入這個封包，發給用戶端，歡迎它加入網路大家庭。

最後租約達成時，還是需要廣播一下，讓大家都知道。格式如圖 1-15 所示。

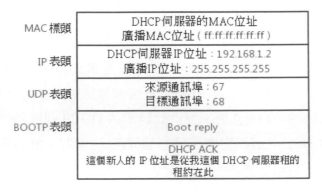

圖 1-15

有的讀者可能會有這樣的疑問，在發送 DHCP Offer 和 DHCP ACK 的階段，我們已經知道了用戶端的 MAC 位址和 IP 位址，為什麼還要使用廣播呢？

正常情況下，一旦有了 IP 位址，DHCP 伺服器還是希望透過單一傳播的方式發送 DHCP Offer 和 DHCP ACK。但是不幸的是，發送 DHCP Offer 和 DHCP ACK 時，IP 位址還沒有被設定到新機器的網路卡上，而對於某些用戶端協定層的實現，如果還沒有設定 IP 位址就使用單一傳播，協定層是不接收這個封包的。

所以，這些都取決於用戶端協定層的能力。如果新機器沒設定好 IP 位址，用戶端的協定層就不能接收單一傳播的封包，那就將 BROADCAST 設為1，以廣播的形式進行互動；如果新機器即使沒有設定好 IP 位址，用戶端的協定層仍然能夠接受單一傳播的封包，那就將 BROADCAST 設為 0，以單一傳播的形式進行互動。

IP 位址的收回和續租

既然和租房子類似，那麼 IP 位址也是有租期的。租期到了，管理員就要將IP 位址收回。

如果 IP 位址不再繼續使用的話，收回就收回了。如果你租的房子還要續租的話，不能到了時間再續租，而是要提前一段時間和房東商量，IP 位址的續租也是這樣。用戶端會在租期過去 50% 的時候，直接向為其提供 IP 位址的 DHCP 伺服器發送 DHCP request 訊息封包。用戶端接收到該伺服器回應的 DHCP ACK 訊息封包後，會根據訊息封包中提供的新的租期以及其他已經更新的 TCP/IP 參數更新自己的設定。這樣，IP 位址租用更新就完成了。

IP 位址的衝突問題

IP 位址被 DHCP 伺服器統一管理、統一分配，這樣用戶端方便了很多。但是在一個 DHCP 伺服器的管理範圍內，如果有的同學覺得自己的技術好，非得自己透過命令列設定一個 IP 位址，這就有可能和 DHCP 伺服器分配的 IP 位址衝突。因為 DHCP 伺服器不知道有人手動設定了某個 IP 位址，所以還是會將這個 IP 位址分配給其他機器，一旦分配，發送 ARP 請求的時候，就會收到兩個回應，IP 位址就衝突了。

發生這種情況該怎麼辦呢？DHCP 雖然沒有明確的處理方式，但是 DHCP 的用戶端和伺服器都可以增加對應的機制來檢測衝突。如果由用戶端來檢測衝突，一般情況是，用戶端在接受分配的 IP 位址之前，先發送一個 ARP 請求，看是否有回應，有回應就說明 IP 位址衝突了，於是再發送一個 DHCPDECLINE，放棄這個 IP 位址。如果由伺服器來檢測衝突，DHCP 伺服器會發送 ping，看某個 IP 位址是否已經被使用。如果被使用了，它就不再將這個 IP 位址分配給其他的用戶端了。

一切看起來很完美。DHCP 大部分人都知道，但是有一個細節，很多人可能不會去注意：網路系統管理員不僅能自動分配 IP 位址，還能幫你自動安裝作業系統！

PXE

普通的筆記型電腦，一般不會有安裝作業系統這種需求。因為你拿到電腦時，就已經有作業系統了，即使你自己重裝作業系統，也不是件很麻煩的事情。但是，在資料中心裡就不一樣了。資料中心裡面的管理員可能一下子就拿到幾百台空的機器，一個個安裝作業系統，會累死的。

所以管理員希望的不僅是自動分配 IP 位址，還要自動安裝系統。裝好系統之後自動分配 IP 位址，直接啟動就能用了，這樣當然最好了！

這件事其實還挺有難度的。安裝作業系統，應該有個光碟吧？但資料中心裡不能用光碟，所以需要將要安裝的作業系統放在一個伺服器上，讓用戶端去下載。但是用戶端放在哪裡呢？它怎麼知道去哪個伺服器上下載呢？用戶端總得安裝在一個作業系統上，可是這個用戶端本來就是用來安裝作業系統的。

其實，這個過程和作業系統啟動的過程有點像。首先，啟動 BIOS（Basic Input Output System，基本輸入輸出系統）。這是一個特別小的系統，只能

做特別小的一件事情，也就是讀取硬碟的 MBR（Master Boot Record，主啟動記錄）開機磁區，將 GRUB（GRand Unified Bootloader，多重作業系統啟動管理員）啟動起來，然後將權力交給 GRUB，GRUB 載入核心、載入作為 root 檔案系統的 initramfs 檔案，接著將權力交給核心，最後核心啟動，初始化整個作業系統。

我們安裝作業系統的過程，只能插在 BIOS 啟動之後了。因為沒安裝系統之前，連開機磁區都沒有。因而這個過程叫作預啟動執行環境（Preboot Execution Environment），簡稱 PXE。

PXE 有關用戶端和服務端，由於還沒有作業系統，只能先把用戶端放在 BIOS 裡。當電腦啟動時，BIOS 把 PXE 用戶端調入記憶體中，就可以將用戶端連接到服務端來做一些操作了。

首先，PXE 用戶端自己也需要有個 IP 位址。PXE 的用戶端啟動後就可以發送一個 DHCP 的請求，讓 DHCP 伺服器給它分配一個 IP 位址。PXE 用戶端有了自己的 IP 位址後，它怎麼知道 PXE 服務端在哪裡呢？對其他的協定，都比較好辦，要麼人工告訴它，舉例來説，告訴瀏覽器要造訪的 IP 位址；或在設定中告訴它，舉例來説，微服務之間的相互呼叫。

但是 PXE 用戶端啟動時，什麼都沒有。好在 DHCP 伺服器除了分配 IP 位址，還可以做一些其他的事情。以下是一個 DHCP 伺服器的範例設定：

```
ddns-update-style interim;
ignore client-updates;
allow booting;
allow bootp;
subnet 192.168.1.0 netmask 255.255.255.0
{
option routers 192.168.1.1;
option subnet-mask 255.255.255.0;
option time-offset -18000;
default-lease-time 21600;
```

```
max-lease-time 43200;
range dynamic-bootp 192.168.1.240192.168.1.250;
filename "pxelinux.0";
next-server 192.168.1.180;
}
```

按照上面的原理，預設的 DHCP 伺服器是需要設定的，設定內容無非是我們設定 IP 位址的時候所需要的 IP 位址段、子網路遮罩、閘道位址、租期等。如果想使用 PXE，則需要設定 next-server，指向 PXE 服務端的位址，另外要設定初始開機檔案 filename。

這樣 PXE 用戶端啟動、發送 DHCP 請求之後，除了能獲得一個 IP 位址，還可以知道 PXE 服務端在哪裡，也可以知道如何從 PXE 服務端下載某個檔案去初始化作業系統。

解析 PXE 的工作過程

接下來我們來詳細看一下 PXE 的工作過程，如圖 1-16 所示。

首先，啟動 PXE 用戶端。透過 DHCP 告訴 DHCP 伺服器，我剛來，一窮二白什麼都沒有。DHCP 伺服器便租給它一個 IP 位址，同時也交給它 PXE 服務端的位址、開機檔案 pxelinux.0。

接著，PXE 用戶端知道要去 PXE 服務端下載檔案 pxelinux.0 後，就可以初始化機器。然後開始下載檔案，下載的時候使用的是 TFTP（Trivial File Transfer Protocol，簡單檔案傳輸通訊協定）。所以 PXE 服務端上，常常還需要有一個 TFTP 伺服器。PXE 用戶端向 TFTP 伺服器請求下載這個檔案，TFTP 伺服器說好啊，於是就將這個檔案傳給它。

然後，PXE 用戶端收到檔案 pxelinux.0 後，就開始執行這個檔案。這個檔案會指示 PXE 用戶端，向 TFTP 伺服器請求電腦的設定資訊 pxelinux.

cfg。TFTP 伺服器會給 PXE 用戶端一個設定檔，説明核心在哪裡、initramfs 在哪裡。PXE 用戶端會請求這些檔案。

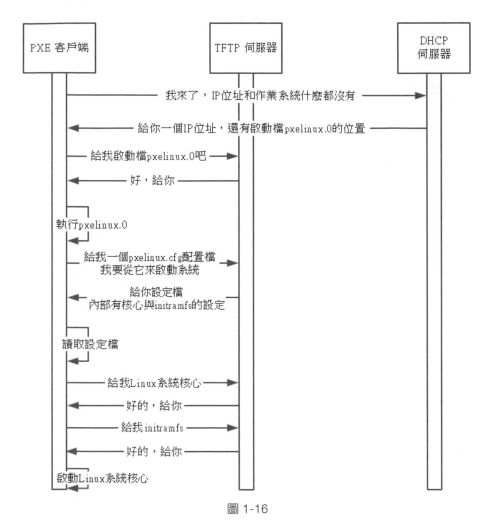

圖 1-16

最後，啟動 Linux 系統核心。一旦啟動了作業系統，以後就都好辦了。

小結

本節內容歸納如下：

- DHCP 主要租給用戶端 IP 位址，這個過程和租房很像，要商談、簽約、續租，廣播還不能「搶單」。
- DHCP 會給用戶端推薦「裝潢工人」PXE 來安裝作業系統，這在雲端運算領域大有用處。

思考題

1. PXE 可以用來安裝作業系統，但是如果每次重新啟動都安裝作業系統，就會很麻煩。你知道如何做到只安裝一次作業系統，後面就可以正常啟動嗎？

2. 現在上網很簡單，買個家用路由器，連上 Wi-Fi，由 DHCP 伺服器分配一個 IP 位址，就可以上網了。你是否用過更原始的方法自己組過簡單的網呢？

從二層到三層

2.1 從實體層到 MAC 層：如何在宿舍裡自己網路拓樸玩連線遊戲

上一章我們見證了 IP 位址的誕生，或說是整個作業系統的誕生。一旦機器有了 IP 位址，就可以在網路環境裡和其他的機器展開溝通了。

故事就從我的大學宿舍開始講起。作為一個「80 後」，我要曝露年齡了。

我們宿舍四個人，大一的時候學校不讓上網，不給開通網路。但是，宿舍有一個人比較有錢，率先買了一台電腦，那買了電腦做什麼呢？

首先，有單機遊戲可以打，比如說《格鬥天王》。兩個人用一個鍵盤，照樣打得火熱。後來有第二個人買了電腦，那兩台電腦能不能連接起來呢？你會說，當然能啊，買個路由器不就行了。

現在一台家用路由器非常便宜，幾百塊而已。但那時候路由器絕對是奢侈品。一直到大四，我們宿舍都沒有買路由器。可能是因為那時候技術沒有現在這麼發達，所以我對網路技術的認知是逐漸深入，而且對網路的每一層都是實實在在接觸過的。

第一層：實體層

路由器的使用發生在第三層上。我們先從第一層實體層開始說。

實體層能做什麼？現在的同學可能想不到，我們當時去學校配電腦的地方買網路線，賣網路線的店家都會問，你的網路線是要電腦連電腦啊，還是電腦連網路介面啊？

我們要的是電腦連電腦的網路線。就是將一條網路線的一頭插在一台電腦的網路卡上，另一頭插在另一台電腦的網路卡上。但是在當時，用普通的網路線這樣連接是通不了的，所以水晶頭要做交換線，用的就是所謂的 1 − 3、2 − 6 交換接法。

水晶頭的第 1、2 腳和第 3、6 腳，分別具有收、發訊號的作用。將一端的 1 號線和 3 號線、2 號線和 6 號線互換一下位置，就能夠在實體層實現兩端通訊。

當然電腦連電腦，除了網路線要交換，還需要設定這兩台電腦的 IP 位址、子網路遮罩和預設閘道器。這 3 個概念前文已經詳細描述過了。要想兩台電腦能夠通訊，兩台電腦的這 3 項必須屬於一個網路，否則是行不通的。

這裡我想問你一個問題，兩台電腦之間發送的網路封包，包含 MAC 層嗎？當然包含。IP 層要封裝了 MAC 層才能將網路封包放入實體層。

到此為止，兩台電腦已經組成了一個最小的區域網（Local Area Network，LAN）。可以玩連線區域網遊戲啦！

等到第 3 個室友也買了一台電腦，怎麼把 3 台電腦連在一起呢？

先別說交換機，交換機也貴。當時有種叫作 Hub 的東西，即集線器。這種裝置有多個介面，可以將宿舍裡的多台電腦連接起來。但是，與交換機不同，集線器沒有大腦，它完全在實體層工作。它會將自己收到的每一位元組，都複製到其他通訊埠上去。這是第一層實體層連接的方案。

第二層：MAC 層

你可能已經發現問題了。Hub 採取的是廣播的模式，如果每一台電腦發出的網路封包，宿舍裡的每台電腦都能收到，那就麻煩了。這時就需要解決以下幾個問題：

- 這個網路封包是發給誰的？誰應該接收？
- 大家都在發，會不會產生混亂？有沒有誰先發、誰後發的規則？
- 如果發送的時候出現了錯誤，怎麼辦？

這幾個問題，都發生在第二層鏈路層，即 MAC 層要解決的問題。MAC 的全稱是 Medium Access Control，即媒體存取控制。控制什麼呢？其實就是給媒體發送資料時，控制誰先發、誰後發，防止發生混亂。MAC 層解決的是第二個問題，這個問題學名叫多路存取。有很多演算法可以解決。就像車管所管理車輛一樣，會想出很多辦法，例如以下 3 種方式。

- 方式一：分多個車道。每個車一個車道，你走你的，我走我的。這在電腦網路裡叫作通道劃分協定。
- 方式二：今天單號出行，明天雙號出行，輪著來。這在電腦網路裡叫作輪流協定。
- 方式三：不管三七二十一，有事先出門，發現特別塞車，就回去，避開高峰再出門。這在電腦網路裡叫作隨機連線協定。著名的乙太網，用的就是這個協定。

解決了第二個問題，就解決了媒體連線控制的問題，MAC 層的問題也就解決了。這和 MAC 位址沒什麼關係。

接下來要解決第一個問題：網路封包發給誰，誰接收？這裡要用到一個實體位址，叫作鏈路層位址。但是因為第二層主要解決媒體連線控制的問題，所以鏈路層位址常被稱為 MAC 位址。

解決第一個問題就會牽扯到第二層的網路封包格式，如圖 2-1 所示。對乙太網來説，第二層網路封包的最開始，就是目標 MAC 位址和來源 MAC 位址。

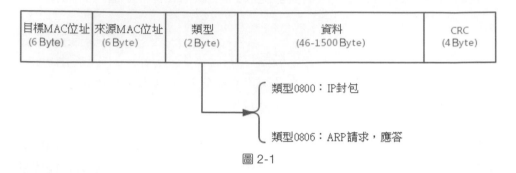

圖 2-1

接下來是網路封包類型，大部分是 IP 資料封包，IP 資料封包裡面包含 TCP、UDP，以及 HTTP 等，這都是裡層封裝的事情。

有了這個目標 MAC 位址，IP 資料封包在鏈路上廣播，MAC 層的網路卡才能知道這個封包是給它的。MAC 層的網路卡把封包收進來，然後開啟 IP 資料封包，發現 IP 位址也是自己的，再開啟 TCP 資料封包，發現通訊埠編號是自己的，也就是 80，而監聽 80 的是 nginx。

於是將請求提交給 nginx，nginx 傳回一個網頁。然後將網頁傳回給請求的機器，接著層層封裝，最後到 MAC 層。傳回時，來時的來源 MAC 位址就變成了目標 MAC 位址。

對於乙太網路而言，在第二層的最後要進行 CRC（Cyclic Redundancy Check，循環容錯檢測）。透過 XOR（Exclusive OR，互斥）的演算法，來計算網路封包是否在發送的過程中出現了錯誤，主要解決第三個問題。

這裡還有一個沒有解決的問題：當來源機器知道目的機器時，可以將目標位址放入網路封包中，但如果不知道呢？一個廣播的網路裡面連線了 n 台

機器，我怎麼知道每個 MAC 位址是誰的呢？這時就要用到 ARP，也就是已知 IP 位址，求 MAC 位址的協定。

在一個區域網裡面，知道了目的機器的 IP 位址，但不知道 MAC 位址該怎麼辦呢？靠「吼」。「吼」的內容如圖 2-2 所示。

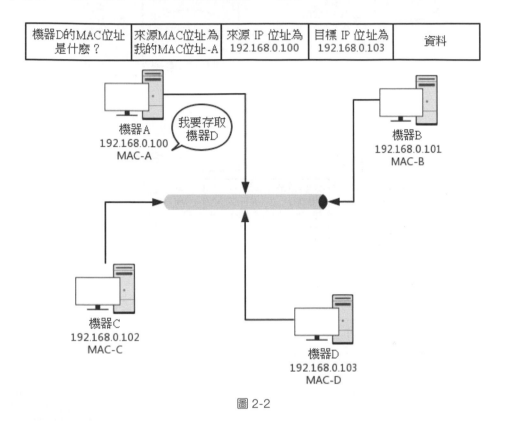

機器D的MAC位址是什麼？	來源MAC位址為我的MAC位址-A	來源 IP 位址為192.168.0.100	目標 IP 位址為192.168.0.103	資料

圖 2-2

發送一個廣播封包，廣而告之，這個 IP 位址的擁有者來回應。廣播和回應的過程如圖 2-3 所示。

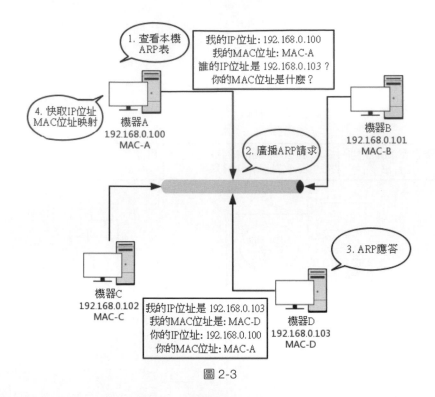

圖 2-3

實際詢問和回答的封包如圖 2-4 所示。

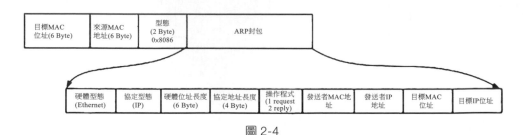

圖 2-4

為了避免每次都用 ARP 請求，機器會在本機進行 ARP 快取。當然機器會不斷地上線下線，IP 位址也可能會變，所以在 ARP 快取的 MAC 位址過一段時間就會過期。

區域網

等到宿舍 4 個人都買了電腦，這 4 台電腦就組成了一個區域網。用 Hub 連接起來，就可以玩區域網版的《魔獸爭霸》了。

如圖 2-5 所示，開啟遊戲，點擊「區域網（L）」按鈕，在快顯視窗中選擇一張地圖並點擊「建立遊戲」按鈕，就可以進入這張地圖的房間中。等同一個區域網裡的其他夥伴加入後，遊戲就可以開始了。

圖 2-5

這種網路拓樸的方法，對一個宿舍來說沒有問題，一旦機器數目增多，問題就出現了。因為 Hub 是廣播的，不管某個介面是否需要，所有的封包都會被發送出去，然後讓主機來判斷是否需要。參考之前舉的車管所的實例，如果路上的車少，使用這種方式就沒問題，車一多，產生衝突的機率就提高了。而且把不需要的封包轉發過去，純屬浪費。Hub 這種不管三七二十一都轉發的裝置不太好用，這時就需要一個更智慧的裝置。因為每個介面只能連接一台電腦，這台電腦又不會經常換 IP 位址和 MAC 位址，所以只需記住這台電腦的 MAC 位址即可，如果目標 MAC 位址不是這台電腦的，這個介面就不用轉發了。

誰能知道目標 MAC 位址是否就是連接某個介面的電腦的 MAC 位址呢？
這時就需要一個能把 MAC 標頭拿下來，檢查一下目標 MAC 位址，然後
根據策略轉發的裝置。按 1.2 節中講過的，這個裝置顯然是個二層裝置，
我們稱為交換機。

交換機怎麼知道每個介面所連電腦的 MAC 位址呢？這需要交換機進行
學習。

一台 MAC 位址為 MAC1 的電腦將一個封包發送給另一台 MAC 位址為
MAC2 的電腦，當這個封包到達交換機時，一開始交換機也不知道位址為
MAC2 的電腦在哪個介面，所以沒辦法，它只能將封包轉發給除來的那個
介面之外的其他所有介面。但是，這個時候，交換機會做一件非常聰明的
事情：它會記住，MAC1 來自一個明確的介面。以後目標位址為 MAC1 的
封包，可以直接發送到這個介面。

交換機就像一個關卡，一段時間之後，它就知道整個網路的大概結構了，
這個時候，基本上不用廣播，就可以全部準確轉發。當然，每台機器的 IP
位址會變，所在的介面也會變，因而交換機學習的結果（我們稱為轉發
表）是會過期的。

有了交換機，一般來說，連接幾十台、上百台機器打電動都沒什麼問題，
你可以組個戰隊。等到能上網，就可以玩網遊了。

小結

本節有 3 個重點需要記住：

- MAC 層用來解決多路存取的「塞車」問題。
- ARP 透過「吼」的方式來尋找目標 MAC 位址，「吼」完之後會記住一
  段時間，這個叫作快取。
- 交換機有 MAC 位址學習能力，學會了它就能知道誰在哪裡，不用廣播
  了。

思考題

1. 在第二層中我們講了 ARP，即已知 IP 位址求 MAC 位址。另外還有一種 RARP（Reverse Address Resolution Protocol，反向位址轉換協定），即已知 MAC 位址求 IP 位址的，你知道它可以用來做什麼嗎？
2. 如果一個區域網裡面有多個交換機，ARP 廣播的模式會出現什麼問題？

2.2 交換機與 VLAN：辦公室太複雜，我要回學校

上一節，我們在宿舍裡組建了一個本機的區域網，大家可以愉快地一起玩遊戲了。宿舍是一個非常簡單的場景。本節讓我們切換到一個稍微複雜一點的場景——辦公室。

拓撲結構是怎麼形成的

我們常見到的辦公室內部結構大多是一排排的桌子，每個桌子上都有一個網路介面，一排十幾個座位就有十幾個網路介面，一個樓層就會有幾十個甚至上百個網路介面。如果算上所有樓層，這個場景自然比宿舍複雜多了。哪裡複雜呢？接下來會實際説明。

首先，這個時候，一個交換機一定不夠用，需要多個交換機，交換機之間連接起來，就形成了一個稍微複雜的拓撲結構。

我們先來看兩個交換機的情形。如圖 2-6 所示，兩個交換機連接著 3 個實體段，每個實體段上都有多台機器。如果機器 1 只知道機器 4 的 IP 位址，當它想要存取機器 4，把封包發出去時，它必須要知道機器 4 的 MAC 位址。

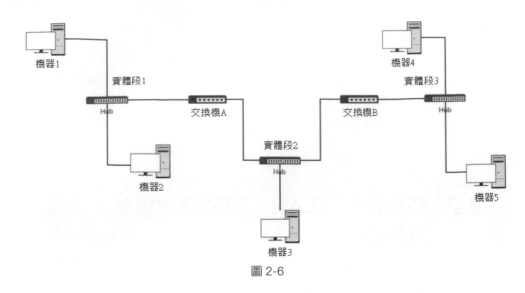

圖 2-6

於是機器 1 發佈廣播，機器 2 收到這個廣播封包，但是這個廣播封包不是找它的，所以沒它什麼事。交換機 A 收到這個廣播封包後，採取的策略是，除了廣播封包來的方向，它還要轉發給其他所有的網路介面。於是機器 3 也收到廣播封包了，但是這個廣播封包和它也沒什麼關係。

當然，交換機 B 也是能夠收到廣播封包的（這也是進行廣播的策略），交換機 B 將廣播封包轉發到實體段 3。這個時候，機器 4 和機器 5 都收到了廣播封包。機器 4 主動回應説，這是找我的，這是我的 MAC 位址。於是一個 ARP 請求就成功完成了。

在上述過程中，交換機 A 和交換機 B 都能學習到這樣的資訊：機器 1 是在左邊這個網路介面的。

了解到這些拓撲資訊之後，接下來的單一傳播情況就好辦了。

機器 2 發送一個單一傳播封包給機器 1，當單一傳播封包到達交換機 A 時，交換機 A 已經知道機器 1 不可能在右邊的網路介面，所以這個單一傳播封包就不會轉發到實體段 2 和實體段 3。

當機器 3 發送一個單一傳播封包給機器 1 時，交換機 A 和交換機 B 都能夠收到這個單一傳播封包。交換機 A 當然知道機器 1 在左邊這個網路介面，所以會把這個單一傳播封包轉發到實體段 1。同時，交換機 B 收到這個單一傳播封包之後，由於它知道機器 1 不在右邊這個網路介面，所以不會將單一傳播封包轉發到實體段 3。

當然對於廣播封包，無論是交換機 A 還是交換機 B，都會將廣播封包轉發到來的網路介面之外的其他所有網路介面。

如何解決常見的環路問題

這樣看起來，兩個交換機工作得非常好。隨著辦公室越來越大，交換機數目一定越來越多。整個拓撲結構就會變得複雜，這麼多網路線，繞來繞去，不可避免地會出現一些意料之外的情況，比較常見的就是環路問題。

如圖 2-7 所示，當兩個交換機將兩個實體段同時連接起來時，你可能會覺得，這樣確保了拓撲結構的高可用性，但是卻不幸地出現了環路。出現了環路會有什麼結果呢？

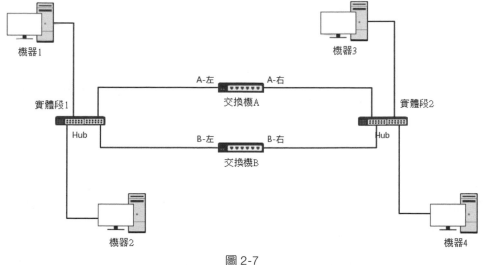

圖 2-7

我們來想像一下機器 1 存取機器 2 的過程：一開始，機器 1 並不知道機器 2 的 MAC 位址，所以它需要發佈一個 ARP 的廣播。廣播封包到達機器 2，機器 2 會把 MAC 位址傳回來，看起來沒有這兩個交換機什麼事情。

但是問題來了，這兩個交換機都能收到廣播封包。交換機 A 會把廣播封包轉發到實體段 2，在實體段 2 廣播的時候，交換機 B 右邊這個網路介面也是能夠收到廣播封包的。交換機 B 會將這個廣播封包轉發到實體段 1。實體段 1 的這個廣播封包，又會到達交換機 A 左邊的這個介面。交換機 A 這個時候將廣播封包又轉發到實體段 2。這樣順時針轉，好像是個圈哦。

這個圈對於交換機的位址學習也是一個災難。機器 1 的廣播封包到達交換機 A 和交換機 B 的時候，本來兩個交換機都記住了機器 1 是在實體段 1 的，但是當交換機 A 將封包廣播到實體段 2 之後，交換機 B 右邊的網路介面就會收到來自交換機 A 的廣播封包。根據學習機制，交換機 B 就會困惑：剛才機器 1 還在左邊的網路介面呢，怎麼又出現在右邊的網路介面呢？哦，那一定是機器 1 換位置了。於是交換機 B 就產生了誤會，認為機器 1 是從右邊這個網路介面來的，就會把剛才學習的那一條清理掉。同理，交換機 A 右邊的網路介面，也能收到交換機 B 轉發過來的廣播封包，同樣也發生了誤會，認為機器 1 是從右邊的網路介面來，不是從左邊的網路介面來的。

然而當廣播封包從左邊的實體段 1 進行廣播的時候，兩個交換機再次更新學習到的內容，原來機器 1 是在左邊的，過一會兒，又發現不對，是在右邊的，過一會，又發現不對，是在左邊的……。

這還只是一個廣播封包傳來傳去，每台機器都會發廣播封包，交換機轉發並且複製廣播封包，當廣播封包越來越多時，按照 2.1 節講過的共用道路的演算法，路就會越來越堵，最後誰也別想走。所以，必須有一個方法解決環路的問題，怎麼破除環路呢？

STP 中那些難以了解的概念

在資料結構中，有一個方法叫作最小產生樹。有環的我們常稱為圖。將圖中的環破壞掉，就產生了樹。在電腦網路中，產生樹狀協定簡稱 STP（Spanning Tree Protocol）。

如圖 2-8 所示，很多資料中心的網路架構示意圖都需要透過 STP 形成一棵樹。

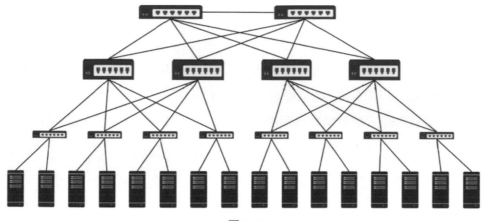

圖 2-8

在 STP 裡面有很多概念，譯名非常繞口，但是我做一些比喻，你就能很容易明白了。

- Root Bridge：根交換機。這個比較容易了解，可以比喻為「掌門」交換機，位於樹的最頂端。

- Designated Bridge：指定交換機。這個比較難了解，可以把它想像成一個「小弟子」，所謂「指定」的意思是——我拜哪個根交換機為「掌門」，其他交換機透過我到達這個根交換機時，就相當於拜這個根交換機為「掌門」。這裡注意，對樹來說，指定交換機是樹枝，不是葉子，因為葉子常常是主機。

- **Bridge Protocol Data Units（BPDUs）**：橋接器協定資料單元。可以比喻為「相互比較實力」的協定。行走江湖，比的就是武功，拼的就是實力。當兩個交換機碰面（即相連）時，就需要互相比一比「實力」了。BPDUs 只有作為「掌門」的根交換機能發，已經隸屬於某個「掌門」的交換機只能傳達「掌門」的指示。

- **Priority Vector**：優先順序向量。可以比喻為實力（值越小越厲害）。實力是什麼？就是一組 ID 數目，即 [Root Bridge ID, Root Path Cost, Bridge ID, Port ID]。

橋接器的 ID 位址是由橋接器優先順序和橋接器 MAC 位址組成的，ID 位址最小的橋接器將成為網路中的根橋接器。所有橋接器的預設優先順序都是 32768。這個時候 MAC 位址最小的橋接器會成為根橋接器。但是如果你是網管，想設定某台電腦為根橋接器，給它設定更小的優先順序即可。

在優先順序向量裡面，Root Bridge ID 就是根橋接器的 ID 地址，Bridge ID 是橋接器的 ID 位址，Port ID 就是一個橋接器上多個通訊埠的 ID 位址。

為什麼這樣設計呢？這是因為這樣可以有效比較實力。首先比較兩個橋接器的 Root Bridge ID，即拿出「掌門」的 ID 地址看看，發現「掌門」一樣，那這兩個橋接器就是「師兄弟」；再比 Root Path Cost（根路徑負擔），也就是兩個橋接器和「掌門」的距離，看同一個門派內誰和「掌門」關係「好」；最後比 Bridge ID，比自己的 ID 地址，自己和自己比。

那 Root Path Cost 是怎麼來的呢？按照 RFC（Request For Comments，請求評論）的定義，STP 協定中，交換機之間的 STPCost 是和頻寬相關的，實際的資料如表 2-1 所示。某個交換機的 Root Path Cost 就是這個交換機和「掌門」交換機之間路徑上所有的 STPCost 之和。

表 2-1

頻寬	STPCost (802.1D-1998)	STPCost (802.1t-2001)
4 Mbit/s	250	5 000 000
10 Mbit/s	100	2 000 000
16 Mbit/s	62	1 250 000
100 Mbit/s	19	200 000
1 Gbit/s	4	20 000
2 Gbit/s	3	10 000
10 Gbit/s	2	2 000

STP 的工作過程是怎樣的

接下來，我們來看 STP 的工作過程。

一開始，江湖紛爭，異常混亂。大家都覺得自己是「掌門」，誰也不服誰。所有的交換機都認為自己是「掌門」，每個橋接器都被分配了一個 ID 位址。這個 ID 位址裡有管理員分配的優先順序。網路系統管理員會給貴的、好的交換機分配高的優先順序。這種交換機生下來武功就很高，起步就是喬峰。

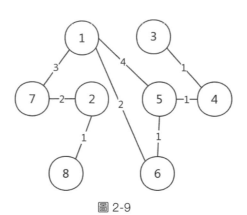

圖 2-9

如圖 2-9 所示，既然都是「掌門」，互相都連著網路線，就會互相發送
BPDUs 來比功夫。這一比就會發現，有人是嶽不群，有人是封不平，贏
的接著當「掌門」，輸的就只好做「小弟子」了。當「掌門」的人還會
繼續發 BPDUs，而輸的人就沒有機會了。它們只能在收到「掌門」發的
BPDUs 時，轉發一下，表示服從指令。

圖 2-10 中的數字表示優先順序。5 和 6 碰見了，6 的優先順序低，所以乖
乖做「小弟子」。於是一個小門派形成，5 是「掌門」，6 是「小弟子」。其
他諸如 1-7、2-8、3-4 這樣的小門派，也誕生了。於是江湖上出現了很多
小的門派，小的門派之間接著合併。

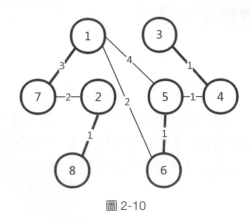

圖 2-10

合併的過程會出現以下 4 種情形。

情形一：「掌門」遇到「掌門」

如圖 2-11 所示，當 5 碰到 1 時，「掌門」遇見「掌門」，1 覺得自己是「掌
門」，5 也剛剛跟別人比試完，成為「掌門」。這倆「掌門」比較功夫，最
後 1 勝出。於是輸掉的「掌門」5 就會率領所有的「小弟子」歸順。結果
就是 1 成為了「大掌門」。

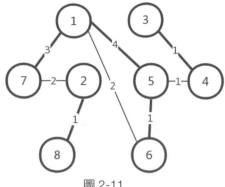

圖 2-11

情形二：同門相遇

同門相遇可以是「掌門」與自己的「小弟子」相遇，這說明有「環」存在。這個「小弟子」已經透過其他門路拜在你門下，結果你還不認識，就比試了一把。結果「掌門」發現這個小弟功夫不錯，不應該等級這麼低，就把他招到門下親自帶，那這個「小弟子」就相當於升職了。

如圖 2-12 所示，假如 1 和 6 相遇。6 原來就拜在 1 的門下，只不過 6 的「師傅」是 5，5 的「師傅」是 1。1 發現，6 距離 1 只有 2，比經過 5 再到 1 的 5（4+1）近多了，那 6 就直接匯報給 1 吧。於是，5 和 6 分別匯報給 1。

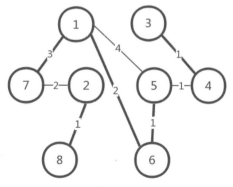

圖 2-12

同門相遇還可以是「小弟子」之間的相遇。這時就要比較誰和「掌門」的關係近，近的當「師傅」。剛才 5 和 6 同時匯報給 1 了，後來 5 和 6 比較

功夫的時候發現，5 直接匯報給 1 距離是 4，如果 5 匯報給 6 再匯報給 1，距離只有 3（2+1），所以 5 乾脆拜 6 為「師傅」。

情形三：「小弟子」與另一個門派的「掌門」相遇

「小弟子」和另一個門派的「掌門」相遇時，「小弟子」拿本派「掌門」和另一個門派的「掌門」比較，贏了，另一個門派「掌門」拜入門來；輸了，「小弟子」就拜入另一個門派門下，並且逐漸拉攏和自己連接的「小弟子」一起棄暗投明。

如圖 2-13 所示，2 和 7 相遇，雖然 7 是「小弟子」，2 是「掌門」。就個人武功而言，2 比 7 強，但是 7 的「掌門」是 1，比 2 厲害，所以沒辦法，2 要拜入 7 的門下，並且連同自己的「小弟子」都要一起拜入。

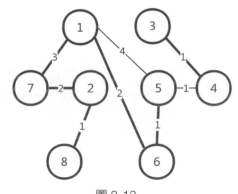

圖 2-13

情形四：不同門派的「小弟子」相遇

不同門派的「小弟子」相遇時，拿各自的「掌門」進行比較，輸了的「小弟子」拜入贏的門派，和自己連接的「師兄弟」也一起棄暗投明。

如圖 2-14 所示，5 和 4 相遇，雖然 4 的武功比 5 好，但是 5 的「掌門」是 1，比 4 厲害，於是 4 拜入 1 的門派。後來當 3 和 4 相遇的時候，3 發現 4 已經叛變了，4 說我現在的「掌門」是 1，比你厲害，要不你也來，於是 3 也拜入了 1 的門派。

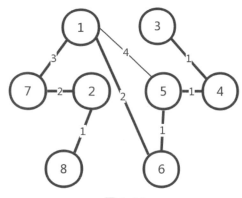

圖 2-14

最後所有的「小弟子」產生一棵樹，武林一統，天下太平。但是天下大勢，分久必合，合久必分，天下統一久了，也會有對應的問題。

如何解決廣播問題和安全問題

機器多了，交換機也會變多，雖然交換機比 Hub 聰明一些，但還是難免有廣播的問題，一大群機器，發送和接收的廣播封包一大堆，就會影響效能。就像一家公司，剛創立的時候，一二十個人，坐在一間會議室裡，有事情大家討論一下，非常方便。但是如果變成了 50 個人，相關的部門、不相關的部門，全在一間會議室裡面吵，就會亂得不得了。

由於許多機器在同一個廣播域裡面，很多廣播封包都會在一個區域網裡面飄啊飄，碰到了一個會封包截取的程式設計師，就能抓到這些封包，如果沒有加密，就能看到這些敏感資訊了。還是上面的實例，一個公司有不同的部門，有的部門資訊需要保密，例如人事部門，要討論升職加薪的事。如果全公司 50 個人都在一間會議室裡面討論各自的事情，其中有兩個 HR，那他們討論的問題，一定被其他人偷偷聽走了。

那怎麼辦？可以分部門、分會議室。下面我們就來看看怎麼劃分。

有兩種劃分的方法，一種方法是實體隔離。每個部門設一間單獨的會議室，對應到網路方面，就是每個部門有單獨的交換機，設定單獨的子網，這樣部門之間的溝通就需要路由器了。路由器還沒講到，以後再說。這樣的問題在於，有的部門人多，有的部門人少。人少的部門可能慢慢人會變多，人多的部門也可能人會越變越少。如果每個部門都有單獨的交換機，網路介面多了浪費，少了又不夠用。

另外一種方法是虛擬隔離，就是用我們常說的 VLAN，或叫虛擬區域網路。使用 VLAN，一個交換機上會連接多個屬於不同區域網的機器，那麼交換機怎樣區分哪個機器屬於哪個區域網呢？帶有 VLAN 標頭的封包的格式如圖 2-15 所示。

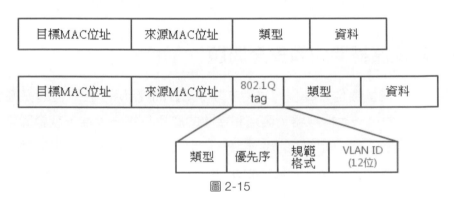

圖 2-15

我們只需要在原來的二層的表頭上加一個 tag，裡面有一個 VLAN ID，一共 12 位元。為什麼是 12 位元呢？因為 12 位元可以劃分成 4096 個 VLAN。這樣是不是還不夠啊？目前的雲端運算廠商絕對不只有 4096 個使用者。當然每個使用者都需要一個 VLAN，怎麼辦呢，這個我們在後面的章節再說。

如果我們買的交換機有支援 VLAN，當這個交換機把二層的表頭取下來的時候，就能夠識別這個 VLAN ID。這樣只有 VLAN ID 相同的封包，才會互相轉發，VLAN ID 不同的封包，互相是看不到的。這樣廣播問題和安全問題就都能夠解決了。

我們可以設定交換機每個網路介面所屬的 VLAN。如果某個網路介面坐的是程式設計師,他們屬於 VLAN 1;如果某個網路介面坐的是人事,他們屬於 VLAN 2;如果某個網路介面坐的是財務,他們屬於 VLAN 3。這樣,財務發的封包,交換機只會轉發到 VLAN 3 的網路介面上。程式設計師啊,你就監聽 VLAN 1,裡面除了程式,什麼都沒有,如圖 2-16 所示。

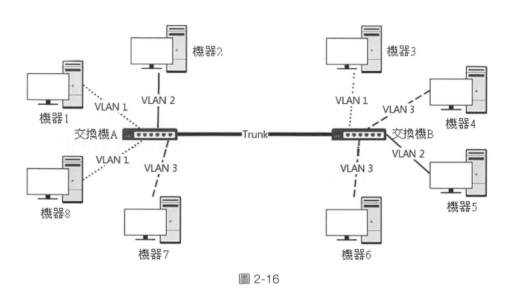

圖 2-16

而且對於交換機來講,每個 VLAN 的網路介面都是可以重新設定的。一個財務走了,就可以把他所在的網路介面從 VLAN 3 上移除掉。如果來了一個程式設計師,坐在之前財務的位置上,就可以把這個網路介面設定為 VLAN 1,十分靈活。

有人會問交換機之間怎樣連接呢?將兩個交換機連接起來的網路介面應該設定成哪個 VLAN 呢?對於支援 VLAN 的交換機,有一種網路介面叫作 Trunk 口。它可以將封包轉發給屬於任何 VLAN 的網路介面。交換機之間可以透過這種網路介面相互連接。

解決了這麼多如何將交換機連接在一起的問題,辦公室的問題似乎搞定了。然而這只是一般的場景,因為不管你用的是桌上型電腦還是筆記型電

腦，到目前為止你能接觸到的網路對於頻寬、高可用性等效能的要求都不高。就算出了問題，暫時上不了網，也不會有什麼大事。

我們在宿舍、學校或辦公室，經常會造訪一些網站，這些網站似乎永遠不會「掛掉」。那是因為這些網站都「生活」在一個叫作資料中心的地方，那裡的網路世界更加複雜。在後面的章節中，我會詳細說明。

小結

本節歸納如下：

- 當交換機的數目越來越多時，會遭遇環路問題，讓廣播封包迷路。這時就需要使用 STP 透過「比武論劍」的方式，將有環路的圖變成沒有環路的樹，進一步解決環路問題。
- 交換機數目過多會導致隔離問題。可以透過 VLAN 形成虛擬區域網路，進一步解決廣播問題和安全問題。

思考題

1. STP 能夠極佳地解決環路問題，但是也有它的缺點，你能舉幾個實例嗎？
2. 在一個比較大的網路中，如果兩台機器不能通訊，你知道應該用什麼方式偵錯嗎？

2.3 ICMP 與 ping：投石問路的偵察兵

無論是在宿舍，還是在辦公室，或運行維護一個資料中心，我們常常會遇到網路不通的問題。那台機器明明就在那裡，你甚至都可以透過機器的終端連上去看。它看著好好的，可是就是連不上網，究竟是哪裡出了問題呢？

ICMP 的格式

一般情況下，你會想到 ping 一下。那你知道 ping 的運作原理嗎？

ping 是以 ICMP 為基礎運作。ICMP 全稱 Internet Control Message Protocol，也就是網際網路控制封包協定。這裡面的關鍵字是「控制」，那實際是怎麼控制的呢？

網路封包在例外複雜的網路環境中傳輸時，常常會遇到各種各樣的問題。當遇到問題時，總不能「死的不明不白」，要傳遞訊息出來，要報告情況，這樣 IP 主機才可以調整傳輸策略，這時就要用 ICMP 在 IP 主機、路由器之間傳遞控制訊息。古代行軍時，為將為帥者需要透過偵察兵等方式來掌握前方情況，控制整個戰局，ICMP 就相當於主機派出的「偵察兵」。

ICMP 封包是封裝在 IP 封包裡面的。因為傳輸指令時，需要來源位址和目標位址。它本身非常簡單，因為偵察兵要輕裝上陣，不能攜帶大量的包袱。如圖 2-17 所示。

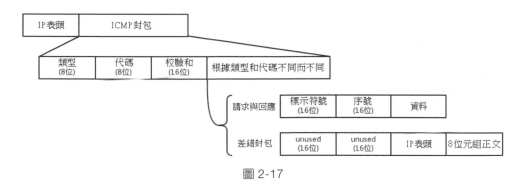

圖 2-17

ICMP 封包有很多的類型，不同的類型有不同的程式。最常用的封包類型是主動請求和主動請求的回應，主動請求的程式為 8，主動請求回應的程式為 0。

查詢封包類型

我們經常在電視劇裡聽到這樣的對話：

主公：「來人哪！前方戰事如何，快去派人打探，一有情況，立即通報！」

這種指令是主公發起的，要求主動檢視敵情，對應 ICMP 的查詢封包類型。舉例來說，常用的 ping 就是查詢封包，是一種主動請求並且獲得主動回應的 ICMP 查詢封包。所以，ping 發的封包也是符合 ICMP 格式的，只不過增加了一些自己的格式。

對 ping 的主動請求進行網路封包截取，稱為 ICMP ECHO REQUEST。同理主動請求的回覆，稱為 ICMP ECHO REPLY。比起原生的 ICMP 查詢封包，它多了兩個欄位：一個是識別符號——你派出去兩隊偵察兵，一隊是偵查戰況的，一隊是去尋找水源的，要有個標識才能區分。另一個是序號——你派出去的偵察兵，都要進行編號。如果派出去 10 個，回來 10 個，就說明前方戰況不錯；如果派出去 10 個，回來 2 個，說明情況可能不妙。

在選項資料中，ping 還會儲存發送請求的時間值，來計算往返時間和路程的長短。

差錯封包類型

ICMP 封包還有另一種類型：ECMP 差錯封包。這種封包是由例外情況發起的，來報告發生了不好的事情。

主公騎馬走著走著，突然來了一匹快馬，上面的小兵氣喘吁吁的：「報告主公，不好啦！張將軍遭遇埋伏，全軍覆沒啦！」

我舉幾個 ICMP 差錯封包的實例：終點不可達為 3，來源站抑制為 4，逾時為 11，路由重新導向為 5。這些都是什麼意思呢？下面實際解釋一下。

第一種是終點不可達。

小兵：「報告主公，您讓我把糧草送到張將軍那裡，結果沒有送到。」

如果你是主公，你一定會問，為什麼沒有送到？實際的原因在程式中表示就是，網路不可達程式為 0，主機不可達程式為 1，協定不可達程式為 2，通訊埠不可達程式為 3，需要進行分片位元但設定了不分片位元程式為 4。

實際的場景如下。

- 網路不可達：主公，找不到地方呀？
- 主機不可達：主公，找到地方沒這個人呀？
- 協定不可達：主公，找到地方，找到人，口令沒對上，人家説天王蓋地虎，我説 12345 ！
- 通訊埠不可達：主公，找到地方，找到人，對了口令，事沒對上，我去送糧草，人家説他們在等救兵。
- 需要分片位元但設定了不分片位元：主公，走到一半，山路狹窄，想換小車，但是您的將令，嚴禁換小車，就沒辦法送到了。

第二種是來源站抑制，也就是讓來源站放慢發送速度。

小兵：「報告主公，您糧草送的太多了吃不完。」

第三種是逾時，也就是傳送時間超過封包的存活時間還沒有送到。

小兵：「報告主公，送糧草的人，自己把糧草吃完了還沒找到地方，已經餓死啦。」

第四種是路由重新導向，也就是要求下次發給另一個路由器。

小兵：「報告主公，上次送糧草的人本來只要坐一站捷運就可到，但他非得繞遠路，下次最好別走這條路線了。」

差錯封包的結構相對複雜一些。除了前面還是 IP 位址，ICMP 的前 8 位元組不變，後面則是出錯的那個 IP 封包的 IP 表頭和 IP 正文的前 8 位元組。

這種偵察兵特別恪盡職守，不但自己傳回來報信，還把一部分遺物也帶回來。

小兵：報告主公，張將軍已經戰死沙場，這是張將軍的印信和佩劍。

主公：什麼？張將軍是怎麼死的？（可以檢視 ICMP 的前 8 位元組）沒錯，這是張將軍的印信，是他的劍（IP 表頭及 IP 正文前 8 位元組）。

接下來，我們重點來看 ping 的發送和接收過程，如圖 2-18 所示。

假設主機 A 的 IP 位址是 192.168.1.1，主機 B 的 IP 位址是 192.168.1.2，它們都在同一個子網。那當你在主機 A 上執行 ping 192.168.1.2 後，會發生什麼呢？

ping 指令執行的時候，來源主機首先會建置一個 ICMP 請求資料封包，ICMP 請求資料封包內包含多個欄位。最重要的是兩個欄位：第一個是類型欄位，對於請求資料封包而言該欄位為 8；另外一個欄位是順序號，主要用於區分連續 ping 時發出的多個請求資料封包。每發出一個請求資料封包，順序號會自動加 1。為了能夠計算 RTT（Round-Trip Time，往返時間），它會在封包的資料部分插入發送時間。

然後，由 ICMP 將這個請求資料封包連同 IP 位址 192.168.1.2 一起交給 IP 層。IP 層將以 192.168.1.2 作為目標 IP 位址，以本機 IP 位址作為來源 IP 位址，加上一些其他控制資訊，建置一個 IP 資料封包。

接下來，需要加入 MAC 標頭。如果在本機 ARP 對映表中可以尋找出 IP 位址 192.168.1.2 所對應的 MAC 位址，則可以直接使用；如果查不到，則需要發送 ARP 查詢 MAC 位址。獲得 MAC 位址後，由鏈路層建置一個資料訊框，目標 MAC 位址是 IP 層傳過來的 MAC 位址，來源 MAC 位址則是本機的 MAC 位址。另外還要附加一些控制資訊，依據乙太網路的媒體存取規則，將它們傳送出去。

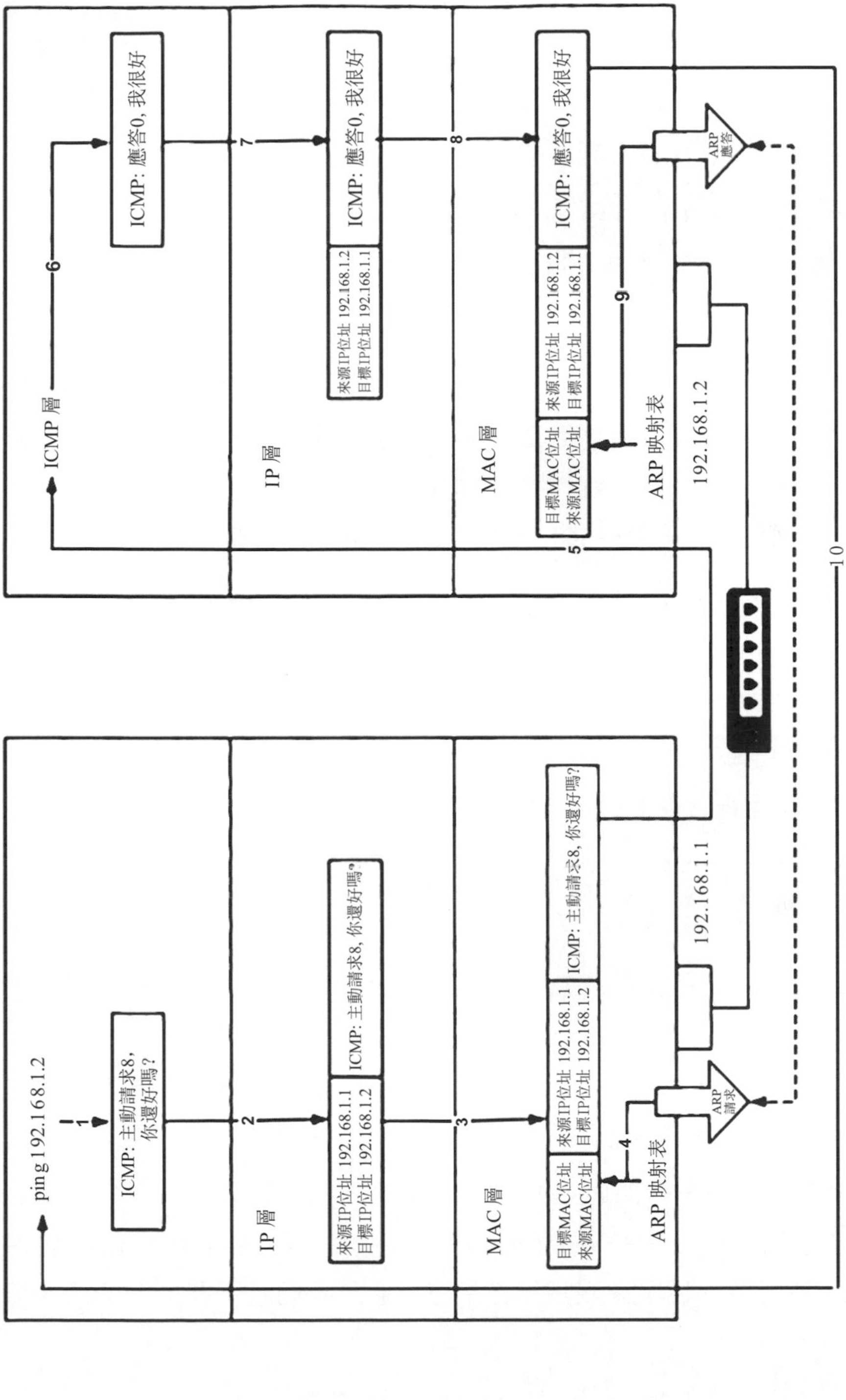

ping 192.168.1.2

ICMP: 主動請求8,
你還好嗎?

ICMP 層

ICMP: 應答0, 我很好

IP 層

來源IP位址 192.168.1.1
目標IP位址 192.168.1.2

ICMP: 主動請求8, 你還好嗎?

IP 層

來源IP位址 192.168.1.2
目標IP位址 192.168.1.1

ICMP: 應答0, 我很好

MAC 層

目標MAC位址
來源MAC位址

來源IP位址 192.168.1.1
目標IP位址 192.168.1.2

ICMP: 主動請求8, 你還好嗎?

MAC 層

目標MAC位址 192.168.1.2
來源MAC位址 192.168.1.1

來源IP位址 192.168.1.2
目標IP位址 192.168.1.1

ICMP: 應答0, 我很好

ARP 映射表

ARP
請求

192.168.1.1

ARP 映射表

ARP
應答

192.168.1.2

圖 2-18

2-27

主機 B 收到這個資料訊框後，先檢查它的目標 MAC 位址，並和本機的 MAC 位址比較，符合則接收，否則就捨棄。接收後檢查該資料訊框，將 IP 封包從訊框中分析出來，交給本機的 IP 層。同樣，IP 層檢查後，將有用的資訊分析後交給 ICMP。

主機 B 會建置一個 ICMP 回應資料封包，回應資料封包的類型欄位為 0，順序號為接收到的請求資料封包中的順序號，然後再發送出去交給主機 A。

在規定的時間內，來源主機如果沒有收到 ICMP 回應資料封包，則說明目標主機不可達；如果接收到了 ICMP 回應資料封包，則說明目標主機可達。此時，來源主機會用目前時刻減去該 ICMP 回應資料封包從來源主機上發出的時刻，最後獲得 ICMP 回應資料封包的時間延遲。

當然這只是最簡單的、同一個區域網裡面的情況。如果跨網段的話，還會有關閘道的轉發、路由器的轉發等情況。但是對 ICMP 的表頭是沒什麼影響的。跨網段的轉發會根據目標 IP 位址選擇路由的下一次轉發，而且每經過一個路由器或到達一個新的區域網，都需要更換 MAC 標頭裡面的 MAC 位址。這個過程後面幾節會詳細描述，這裡暫時不多說。

如果在自己的可控範圍之內，遇到網路不通的問題時，除了直接 ping 目標 IP 位址，頭腦中還應該有一個清晰的網路拓撲圖。並且從理論上來講，應該要清楚地知道一個封包從來源位址傳送到目標位址都需要經過哪些裝置，然後一個一個 ping 中間的這些裝置或機器。如果可能的話，在這些關鍵點，透過 tcpdump -i eth0 icmp，檢視發出的封包有沒有到達某個點，以及回覆的封包到達了哪個點，這樣可以更加容易地推斷出錯的位置。

我們經常會遇到一個問題，如果不在我們的控制範圍內，很多中繼裝置都是禁止 ping 的，但是 ping 不通不代表網路不通。這個時候就要使用 Telnet，透過其他協定來測試網路是否暢通，這個就不在本節的說明範圍了。

說了這麼多，應該可以看得出 ping 這個程式使用了 ICMP 裡面的 ECHO REQUEST 和 ECHO REPLY 類型。

Traceroute：差錯封包類型的使用

是不是只有真正遇到錯誤的時候，才能收到差錯封包呢？那也不是，有一個程式叫 Traceroute，它是一個「大騙子」，會使用 ICMP 的規則，故意製造一些能夠產生錯誤的場景。

所以，Traceroute 的第一個作用就是故意設定特殊的 TTL（Time To Live，存活時間）來追蹤去往目的地時沿途經過的路由器。Traceroute 的參數指向某個目標 IP 位址時，它會發送一個 UDP（User Datagram Protocol，使用者資料封包通訊協定）資料封包。將 TTL 設定成 1，一旦遇到一個路由器，它就會「犧牲」了。接著傳回一個 ICMP 封包，也就是網路差錯封包，類型是時間逾時。這樣就能知道第一個路由器有多遠。

接下來，將 TTL 設定為 2。UDP 資料封包透過第一個路由器，到第二個路由器就「犧牲」了，傳回 ICMP 封包後就能知道第二個路由器有多遠。如此反覆，直到到達目標主機。這樣，Traceroute 就拿到了所有路由器的 IP 位址。當然，有的路由器壓根不會傳回這個 ICMP 封包。這也是 Traceroute 尋找一個公網的位址時可能看不到中間路由器的原因。

怎麼知道 UDP 資料封包有沒有到達目的主機呢？ Traceroute 程式會發送一份 UDP 資料封包給目標主機，但它會選擇一個不可能的值作為 UDP 通訊埠編號（大於 30000）。當該 UDP 資料封包到達時，目標主機的 UDP 模組將產生一份「通訊埠不可達」的 ICMP 錯誤封包。如果 UDP 資料封包沒有到達，則可能是因為逾時。

這就相當於故意派人去西天如來那裡取一本《道德經》，結果人家信佛不通道，訊息就會被打出來。被打回的訊息傳回來，你就知道西天是能夠到

達的。為什麼不去取《心經》呢？因為 UDP 是不需連線的。也就是說這人一派出去，你就得不到任何音信。你無法區別到底是半路走丟了，還是真的信佛遁入空門了，只有讓人家打回來，你才能獲得訊息。

Traceroute 還有一個作用是故意設定不分片位元，進一步確定路徑的 MTU（Maximum Transmission Unit，最大傳輸單元）。要做的工作首先是發送分組，並設定「不分片位元」標示。發送的第一個分組的長度正好與出口 MTU 相等。如果中間遇到窄的關口就會被卡住，然後傳回 ICMP 網路差錯封包，類型為「需要進行分片位元但設定了不分片位元」。其實，這是 Traceroute 故意為之，每次收到 ICMP「不分片位元」的網路差錯封包時就減小分組的長度，直到到達目標主機。

小結

本節內容歸納如下：

- ICMP 相當於網路世界的偵察兵。本節說明了兩種類型的 ICMP 封包，一種是主動探查的查詢封包，一種例外報告的差錯封包。
- ping 使用查詢封包，Traceroute 使用差錯封包。

思考題

1. 當發送的封包出現問題時，會發送一個 ICMP 網路差錯封包來報告錯誤，但是如果 ICMP 網路差錯封包也出問題了呢？
2. 本節只說明了一個區域網互相 ping 的情況。如果跨路由器、跨閘道，那麼轉發過程會是什麼樣的呢？

2.4 世界這麼大，我想出閘道：歐洲十國游 與玄奘西行

前幾節主要講了宿舍裡和辦公室裡用到的網路通訊協定。你已經有了一些基礎，是時候去外網逛逛了！

怎樣在宿舍上網

這前我們已經用幾台機器組了一個區域網打電動，但是只能打區域網的遊戲，不能上網啊！盼啊盼啊，終於盼到大二，允許宿舍開通網路了。學校給每個宿舍的網路介面分配了一個 IP 位址。這個 IP 位址是校園網的 IP 位址，完全由網管部門控制。宿舍網的 IP 位址多為 192.168.1.x。校園網的 IP 位址，假設是 10.10.x.x。

這個時候，你要在宿舍上網，有兩個辦法：

第一個辦法，讓舍監再買一個網路卡。這個時候，你們舍監的電腦裡就有兩張網路卡。一張網路卡的線插到你們宿舍的交換機上，另一張網路卡的線插到校園網的網路介面。而且，這張新的網路卡的 IP 位址要按照學校網管部門分配的設定，不然上不了網。這種情況下，如果你們宿舍的其他人要上網，就需要一直開著舍監的電腦。

第二個辦法，你們共同出錢買個家庭路由器（反正當時我們買不起）。家庭路由器會有內網網路介面和外網網路介面。把外網網路介面的線插到校園網的網路介面上，外網網路介面使用和網管部門一樣的設定。內網網路介面連上你們宿舍所有的電腦。這種情況下，如果你們宿舍的人要上網，就需要一直開著路由器。

這兩種方法其實是一樣的。第一種方式讓舍監的電腦變成了一個有多個網路介面的路由器，而家庭路由器裡面也跑著程式，功能和舍監的電腦一樣，只不過是一個嵌入式的系統。

當舍監能夠上網之後，接下來就是其他人的電腦怎麼上網的問題。這時就需要設定其他人的網路卡。當然，DHCP 是可以預設設定的。在進行網路卡設定時，除了 IP 位址，還需要設定一個 Gateway，也就是閘道。

你了解 MAC 標頭和 IP 表頭的細節嗎

一旦設定了 IP 位址和閘道，常常就能指定目標位址進行存取了。由於跨閘道存取時，牽扯到 MAC 位址和 IP 位址的變化，所以有必要詳細描述一下 MAC 標頭和 IP 表頭的細節，如圖 2-19 所示。

在 MAC 標頭裡面，首先是目標 MAC 位址，再是來源 MAC 位址，然後有一個協定類型，用來說明裡面是 IP。IP 表頭裡面的版本編號，目前主流的還是 IPv4，服務類型 TOS 在 1.3 節講 ip addr 指令時講過，TTL 在 2.3 節講 ICMP 的時候講過。另外，還有 8 位元來說明下一層的協定是 TCP 還是 UDP。最重要的就是來源 IP 位址和目標 IP 位址。先是來源 IP 位址，然後是目標 IP 位址。

在任何一台機器上，要存取另一個 IP 位址，都要先判斷這個目標 IP 位址和目前機器的 IP 位址是否在同一個網段上。怎麼判斷它們是否屬於同一個網段呢？這就需要 CIDR 和子網路遮罩，這在 1.3 節已經講過了。

如果來源 IP 位址和目標 IP 位址屬於同一個網段，舉例來說，你存取旁邊兄弟的電腦，那就沒閘道什麼事情，直接將來源 IP 位址和目標 IP 位址放入 IP 表頭中，然後透過 ARP 獲得 MAC 位址，將來源 MAC 位址和目標 MAC 位址放入 MAC 標頭中，發出去就可以了。

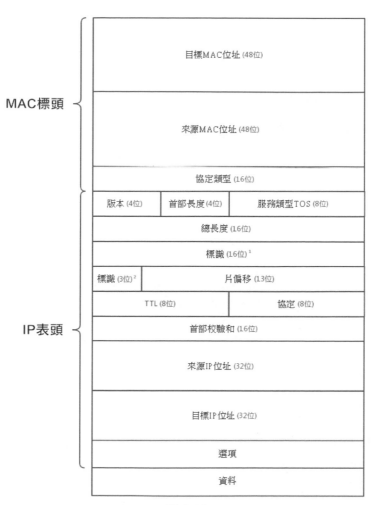

圖 2-19

如果不屬於同一網段,舉例來說,你要造訪你們校園網裡面的 BBS,該怎麼辦?這時就需要將請求封包發往預設閘道器。預設閘道的 IP 位址和來源 IP 位址一定是同屬一個網段的。預設閘道器的 IP 位址常常不是網段上的第一個地址,就是第二個位址。例如在 192.168.1.0/24 這個網段,預設閘道器的 IP 位址常常會是 192.168.1.1/24 或 192.168.1.2/24。

如何將請求封包發往預設閘道器呢?閘道不是和來源 IP 位址屬於同一個網段的嗎?這個過程就和將請求封包發往同一個網段的其他機器上是一樣

的：將來源 IP 位址和目標 IP 位址放入 IP 表頭中，透過 ARP 獲得閘道的 MAC 位址，將來源 MAC 位址和閘道的 MAC 位址放入 MAC 標頭中，發送出去。閘道所在的通訊埠（例如 192.168.1.1/24）將封包收進來，接下來怎麼做，就完全看閘道的了。

閘道常常是一個路由器，是一個三層轉發的裝置。什麼是三層裝置？就是把 MAC 標頭和 IP 表頭都取下來，然後根據裡面的內容，看看接下來把封包往哪裡轉發的裝置。

在你的宿舍裡面，閘道就是舍監的電腦。一個路由器常常有多個網路介面，如果是伺服器充當路由器的角色，就需要有多個網路卡，其中一個網路卡和來源 IP 位址的網段相同。

很多情況下，人們把閘道叫作路由器。這其實不完全準確，而另一種比喻更加恰當：路由器是一台裝置，它有 5 個網路介面或網路卡，相當於有 5 隻手，分別連著 5 個區域網。每隻手的 IP 位址的網段都和區域網的 IP 位址的網段相同，每隻手都是它握住的那個區域網的閘道。

任何一個想發往其他區域網的封包，都會到達其中一隻手，被拿進來，拿下 MAC 標頭和 IP 表頭，根據自己的路由演算法，選擇另一隻手，加上 IP 表頭和 MAC 標頭，然後發出去。

靜態路由是什麼

這個時候，問題來了，該選擇哪一隻手？ IP 表頭和 MAC 標頭加什麼內容，哪些變、哪些不變呢？這個問題比較複雜，解決方案大致可以分為兩種，一種是使用靜態路由，一種是使用動態路由。本節先講靜態路由，動態路由將在下一節細講。

靜態路由，其實就是在路由器上，設定一筆一條的規則。這些規則包含：想造訪 BBS 站（它一定有一個網段），從 2 號口出去，下一次轉發是 IP2；

想造訪教學視訊站（它也有一個自己的網段），從 3 號口出去，下一次轉發是 IP3，然後儲存在路由器裡。

每當要選擇將封包從哪隻手發出去時，就一筆一條地比對規則，找到符合的規則，按規則中設定的那樣，將封包從某個網路介面或網路卡發出去，找下一次轉發 IP*x*。

IP 表頭和 MAC 標頭什麼時候變、什麼時候不變

對於伺服器發送封包時 IP 表頭和 MAC 標頭什麼時候變、什麼時候不變這個問題，可以分兩種類型進行討論。我把它們稱為「歐洲十國遊」和「玄奘西行」。

之前我說過，MAC 位址是一個在區域網內才有效的位址。因而，MAC 位址只要過閘道，就必定會改變，因為已經換了區域網。「歐洲十國遊」和「玄奘西行」兩者主要的區別在於封包的 IP 位址是否改變。不改變 IP 位址的閘道，我們稱為轉發閘道；改變 IP 位址的閘道，我們稱為 NAT（Network Address Translation）閘道。

「歐洲十國遊」

我們先來看「歐洲十國遊」，如圖 2-20 所示。

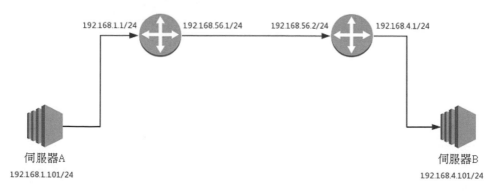

圖 2-20

伺服器 A 要存取伺服器 B。首先，伺服器 A 會思考，192.168.4.101 和我不是同一個網段，所以需要先發給閘道。閘道是什麼呢？已經靜態設定伺服器 A 的閘道的 IP 位址是閘道 A 左邊的網路介面的地址 192.168.1.1。閘道的 MAC 位址是多少呢？發送 ARP 取得閘道的 MAC 位址，然後發送封包。封包的內容如下。

- 來源 MAC 位址：伺服器 A 的 MAC 位址。
- 目標 MAC 位址：192.168.1.1 的 MAC 位址。
- 來源 IP 位址：192.168.1.101。
- 目標 IP 位址：192.168.4.101。

封包到達閘道 A 左邊的網路介面 192.168.1.1 時，閘道 A 發現 MAC 位址一致，將封包收進來，思考往哪裡轉發。

在閘道 A 中設定了靜態路由之後，想要存取 192.168.4.0/24，就要從 192.168.56.1 這個網路介面出去，下一次轉發為 192.168.56.2。

於是，閘道 A 思考時比對上了這條路由，於是要從 192.168.56.1 這個網路介面發出去，發給 192.168.56.2，那 192.168.56.2 的 MAC 位址是多少呢？閘道 A 發送 ARP 取得 192.168.56.2 的 MAC 位址，然後發送封包。封包的內容如下。

- 來源 MAC 位址：192.168.56.1 的 MAC 位址。
- 目標 MAC 位址：192.168.56.2 的 MAC 位址。
- 來源 IP 位址：192.168.1.101。
- 目標 IP 位址：192.168.4.101。

封包到達閘道 B 左邊的網路介面 192.168.56.2 時，閘道 B 發現 MAC 位址一致，將封包收進來，開始思考往哪裡轉發。

在閘道 B 中設定了靜態路由，要想存取 192.168.4.0/24，就要從 192.168.4.1 這個網路介面出去，沒有下一次轉發了。因為右邊這個網路介面，就是屬於 192.168.4.0/24 這個網段的，是最後一次轉發了。

閘道 B 思考時比對上了這條路由，於是要從 192.168.4.1 這個網路介面發出去，發給 192.168.4.101。那 192.168.4.101 的 MAC 位址是多少呢？閘道 B 發送 ARP 取得 192.168.4.101 的 MAC 位址，然後發送封包。封包的內容如下。

- 來源 MAC 位址：192.168.4.1 的 MAC 位址。
- 目標 MAC 位址：192.168.4.101 的 MAC 位址。
- 來源 IP 位址：192.168.1.101。
- 目標 IP 位址：192.168.4.101。

封包到達伺服器 B，MAC 位址比對，將封包收進來。

透過這個過程可以看出，每到一個新的區域網，封包的 MAC 位址都是要變的，但是 IP 位址都不變。在 IP 表頭裡面，不會儲存任何閘道的 IP 位址。所謂的下一次轉發是某個 IP 位址，意思是要將這個 IP 位址轉為 MAC 位址放入 MAC 標頭中。

之所以將這種模式比喻為「歐洲十國遊」，是因為在整個過程中，IP 表頭裡面的位址都是不變的。IP 位址在 3 個區域網都可見，在 3 個區域網之間網段都不會衝突，在 3 個網段之間傳輸封包，IP 表頭都不改變。這就像在歐洲各國之間旅遊，一個簽證就能搞定。

「玄奘西行」

我們再來看「玄奘西行」，如圖 2-21 所示。

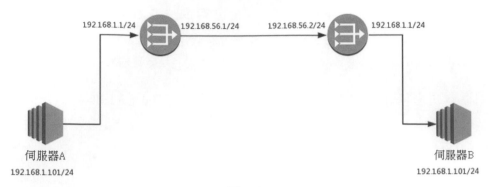

圖 2-21

這裡遇見的第一個問題是，由於區域網之間沒有商量過，是各定各的網段，所以 IP 位址衝突了。大唐（伺服器 A）的地址是 192.168.1.101，天竺國（伺服器 B）的地址也是 192.168.1.101，如果單從 IP 位址上看，就像是自己存取自己，其實是大唐的 192.168.1.101 要存取天竺國的 192.168.1.101。

怎麼解決這個問題呢？既然區域網之間沒有商量過，大家各管各的，那到國際上，即中間的區域網裡面，就需要使用另外的位址。就像我們出國後不能用本國的身份證，而要改用護照一樣，玄奘西遊也要拿著通關文牒，而不能使用自己國家的身份證明。

首先，目標伺服器 B 在國際上要有一個國際的身份，我們給它一個 192.168.56.2。在閘道 B 上，我們記下來，國際身份 192.168.56.2 對應天竺國的國內身份 192.168.1.101。凡是存取 192.168.56.2 的請求，都將目標位址轉換成 192.168.1.101。

同理為了從伺服器 B 傳回的封包能找到 A，伺服器 A 在國際上也要有一個國際身份，我們給它一個 192.168.56.1。在閘道 A 上，我們記下來，國際身份 192.168.56.1 對應的大唐的國內身份 192.168.1.101。凡是存取 192.168.56.1 的請求，都將目標位址轉換成 192.168.1.101。

原始伺服器 A 要存取目標伺服器 B，由於是跨國存取，只能透過它們的國際身份進行存取，存取指定的目標位址為 192.168.56.2。伺服器 A 想，192.168.56.2 和我不是同一個網段，因而需要發給閘道，閘道已經靜態設定是 192.168.1.1，發送 ARP 取得閘道的 MAC 位址，然後發送封包。封包的內容如下。

- 來源 MAC 位址：伺服器 A 的 MAC 位址。
- 目標 MAC 位址：192.168.1.1 這個網路介面的 MAC 位址。
- 來源 IP 位址：192.168.1.101。
- 目標 IP 位址：192.168.56.2。

封包到達 192.168.1.1 這個網路介面，閘道 A 發現 MAC 位址一致，將封包收進來，開始思考往哪裡轉發。

閘道 A 是一個 NAT 閘道，在閘道 A 中設定了靜態路由：要想存取192.168.56.2/24，要從 192.168.56.1 這個網路介面出去，沒有下一次轉發了，因為右邊這個網路介面，就是屬於 192.168.56.2/24 這個網段，是最後一次轉發了。

閘道 A 思考時比對上了這條路由，於是要從 192.168.56.1 這個網路介面發出去，發給 192.168.56.2。那 192.168.56.2 的 MAC 位址是多少呢？閘道 A 發送 ARP 取得 192.168.56.2 的 MAC 位址。

當封包發送到中間的區域網時，伺服器 A 也有個國際身份，在國際上，來源 IP 位址也不能用 192.168.1.101，需要改成國際身份 192.168.56.1，由於這個過程改變的是來源 IP 位址，所以稱為 SNAT（Source Network Address Translation，來源位址轉換）。發送封包的內容是這樣的：

- 來源 MAC 位址：192.168.56.1 的 MAC 位址。
- 目標 MAC 位址：192.168.56.2 的 MAC 位址。
- 來源 IP 位址：192.168.56.1。
- 目標 IP 位址：192.168.56.2。

封包到達 192.168.56.2 這個網路介面，閘道 B 發現 MAC 位址一致，將封包收進來，開始思考往哪裡轉發。

閘道 B 是也一個 NAT 閘道，它上面設定了國際身份 192.168.56.2 對應國內身份 192.168.1.101，於是改為存取 192.168.1.101，由於這個過程改變的是目標 IP 位址，所以稱為 DNAT（Destination Network Address Translation，目標位址轉換）。

在閘道 B 中設定了靜態路由：要想存取 192.168.1.0/24，要從 192.168.1.1 這個網路介面出去，沒有下一次轉發了，因為右邊這個網路卡，就是屬於 192.168.1.0/24 這個網段，是最後一次轉發了。

閘道 B 思考時比對上了這條路由，於是要從 192.168.1.1 這個網路介面發出去，發給 192.168.1.101。

那 192.168.1.101 的 MAC 位址是多少呢？閘道 B 發送 ARP 取得 192.168.1.101 的 MAC 位址，然後發送封包。封包的內容如下。

- 來源 MAC 位址：192.168.1.1 的 MAC 位址。
- 目標 MAC 位址：192.168.1.101 的 MAC 位址。
- 來源 IP 位址：192.168.56.1。
- 目標 IP 位址：192.168.1.101。

封包到達伺服器 B，MAC 位址比對，將封包收進來。

從伺服器 B 接收的封包可以看出，來源 IP 位址為伺服器 A 的國際身份，因而發送傳回封包時，也發給這個國際身份，由閘道 A 做 NAT 轉為國內身份。

第二種方式的國際身份即公網 IP 位址，可能讀者會有疑問，這裡是一台機器存取另一台機器，每台機器都有一個國際身份，沒有問題，但是如果機器數目多了怎麼辦呢，那需要多少公網 IP 位址呀？

假設伺服器 A 是你自己的筆記型電腦，我們稱為用戶端，假設伺服器 B 是電子商務伺服器，我們稱為服務端。一方面對於用戶端，在辦公室裡，很多人都存取這個電子商務服務，也不是每個員工的電腦都有一個公網 IP 位址呀？另一方面對於服務端，我們常常聽說能夠支撐「雙 11」的電子商務伺服器成千上萬，難道每個伺服器都有一個公網 IP 位址嗎？

這兩個問題的解決想法不一樣。

對於服務端來講，當然不可能所有的電子商務伺服器都有公網 IP 位址，電子商務伺服器是分成多個層進行部署的，其中最外面的層稱為連線層，這一層負責將外面用戶端的請求接進來，這些連線的請求透過連線層存取其他層的服務，來完成整個電子商務的業務邏輯，連線層和其他內部服務之間可以透過內網存取。只有連線層的伺服器，才需要公網 IP 位址，這個規模會小很多。

對於用戶端來講，更不可能所有 IP 位址都是公網可見的，因為公網位址實在是太貴了，所以一般就是整個辦公室共用一個到兩個公網 IP 位址。你可以透過 whatismyip 這個網站檢視自己的公網 IP 位址。辦公室裡的所有電腦採取共用公網 IP 位址的模式，所有出去的封包的 IP 位址都會 SNAT 成為同一個公網 IP 位址，這樣傳回的封包又如何能夠找到對應的那台電腦呢？這就需要在 NAT 閘道上儲存這個連結，這個過程比較複雜，等後面講完了 iptables 之後，再詳細解析。

小結

本節歸納如下：

- 如果離開區域網，就需要經過閘道。
- 路由器是一個三層裝置，裡面有如何尋找下一次轉發的規則。
- 經過路由器之後 MAC 標頭要變，如果 IP 位址不變，相當於不換護照的「歐洲十國遊」，如果 IP 位址改變，相當於換護照的「玄奘西行」。

思考題

1. 當你在家裡要造訪 163 網站時，發出的封包的 IP 位址需要 NAT 成為公網 IP 位址，傳回的封包的 IP 位址又要 NAT 成你的私網 IP 位址，傳回封包怎麼找到你呢？它怎麼就這麼聰明地將公網 IP 位址 NAT 成為你的 IP 位址而非別人的 IP 位址呢？

2. 對於路由規則，本節説明了靜態路由，需要手動設定，如果要自動設定，你覺得應該怎麼做呢？

2.5 路由式通訊協定：「西出閘道無故人」「敢問路在何方」

俗話説得好，在家千日好，出門一日難。封包一旦出了閘道，就像玄奘西行一樣踏上了江湖漂泊的路。

上一節我們描述的是一個相對簡單的情形。封包出了閘道之後，只有一條路可以走。但是，網路世界複雜得多，一旦出了閘道，會面臨很多路由器，有很多條道路可以選。如何選擇一個最便捷的道路去求取真經呢？這裡面還有很多門道可以講。

如何設定靜態路由

透過 2.4 節的內容，你應該已經知道，路由器就是一台網路裝置，它有多張網路卡。當一個封包發送到路由器時，它會根據一個本機的轉發資訊函數庫來決定如何正確地轉發流量。這個轉發資訊函數庫通常被稱為路由表。

一張路由表中會有多條路由規則。每一筆規則至少包含以下 3 項資訊。

- 目標網路：這個封包想去哪裡？
- 出口裝置：將封包從哪個通訊埠送出去？
- 下一次轉發閘道：下一個路由器的位址。

透過 route 指令和 ip route 指令可以對以上資訊進行查詢或設定。

舉例來說，我們設定 ip route add 10.176.48.0/20 via 10.173.32.1 dev eth0，就說明我們想要去 10.176.48.0/20 這個目標網路，而且要從 eth0 通訊埠出去，經過 10.173.32.1 這個位址。

在 2.4 節的實例中，閘道上的路由策略就是按照這 3 項設定資訊進行設定的。這種設定方式的核心思想是：根據目標 IP 位址來設定路由。

如何設定靜態策略路由

當然，在真實的複雜網路環境中，除了可以根據目標 IP 位址設定路由，還可以根據多個參數來設定路由，這就稱為策略路由。

設定多個路由表時，可以根據來源 IP 位址、入口裝置、TOS 等選擇路由表，然後在路由表中尋找路由。這樣可以使不同來源的封包走不同的路由。

舉例來說，我們進行以下設定：

```
ip rule add from 192.168.1.0/24 table 10
ip rule add from 192.168.2.0/24 table 20
```

以上程式表示從 192.168.1.10/24 這個網段來的封包，使用路由表 10 中的路由策略，而從 192.168.2.0/24 這個網段來的封包，則使用路由表 20 中的路由策略。

在一條路由中也可以走多條路徑。舉例來說，在下面的路由中：

```
ip route add default scope global nexthop via 100.100.100.1 weight 1 nexthop
via 200.200.200.1 weight 2
```

下一次轉發的 IP 位址為 100.100.100.1 或 200.200.200.1，加權分別為 1 比 2。

在什麼情況下會用到如此複雜的設定呢？我來舉一個現實中的實例。

我是房東，家裡從電信業者那裏拉了兩條網路線。這兩條網路線分別屬於兩個電信業者。一條網路線頻寬大一些，一條網路線頻寬小一些。這時，就不能買普通的家用路由器了，要買比較進階、可以接兩個外網的路由器。

家裡的網路使用普通的家用網段 192.168.1.x/24。家裡有兩個租戶，分別把網線連到路由器上。IP 位址為 192.168.1.101/24 和 192.168.1.102/24，閘道都是 192.168.1.1/24，閘道在路由器上。

就像 2.4 節中說的一樣，家裡的網段是私有網段，從家裡發送出去的封包的 IP 位址需要被 NAT 成公網的 IP 位址，因而路由器是一個 NAT 閘道。

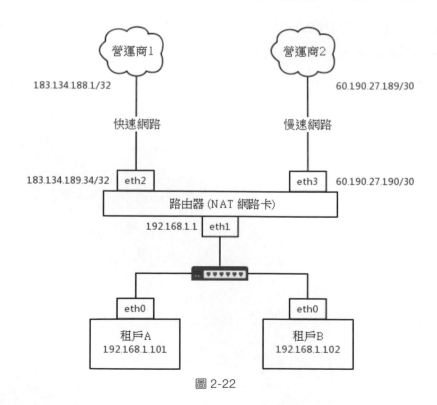

圖 2-22

兩個電信業者都要為這個閘道設定一個公網的 IP 位址。如果檢視自家路由器裡的網段，基本就是圖 2-22 中的樣子。

每個電信業者也擁有一個 IP 位址，即電信業者網路中的閘道。不同的電信業者分配 IP 位址的方法不同。有的 CIDR 是 /32，即一對一連接。如圖 2-22 所示，電信業者 1 給路由器分配的 IP 位址是 183.134.189.34/32，而電信業者網路中的閘道是 183.134.188.1/32。有的 CIDR 是 /30，也就是分了一個特別小的網段。電信業者 2 給路由器分配的 IP 位址是 60.190.27.190/30，電信業者網路中的閘道是 60.190.27.189/30。

根據這個網路拓撲圖，可以將路由進行以下設定：

```
$ ip route list table main
60.190.27.189/30 dev eth3  proto kernel  scope link  src 60.190.27.190
183.134.188.1 dev eth2  proto kernel  scope link  src 183.134.189.34
192.168.1.0/24 dev eth1  proto kernel  scope link  src 192.168.1.1
127.0.0.0/8 dev lo  scope link
default via 183.134.188.1 dev eth2
```

這樣設定路由，即告訴這個路由器以下規則。

- 如果去電信業者 2，就走 eth3。
- 如果去電信業者 1，就走 eth2。
- 如果存取內網，就走 eth1。
- 如果所有的規則都比對不上，預設走電信業者 1，即走快的網路。

但是問題來了，租戶 A 不想多付錢，他説我就看看網頁，從不看電影，憑什麼收我同樣貴的上網費？沒關係，我們有技術可以解決。

下面增加一個路由表，名字叫 chao。

```
# echo 200 chao >> /etc/iproute2/rt_tables
```

增加一筆規則：

```
# ip rule add from 192.168.1.101 table chao
# ip rule ls
0: from all lookup local
32765: from 10.0.0.10 lookup chao
32766: from all lookup main
32767: from all lookup default
```

設定規則為：從 192.168.1.101 來的封包都檢視 chao 這個新的路由表。

在 chao 路由表中增加規則：

```
# ip route add default via 60.190.27.189 dev eth3 table chao
# ip route flush cache
```

如果不願意支付多餘的費用，就可以使用比較慢的預設路由。

上面說的都是靜態路由，一般來說如果網路環境比較簡單，並且在自己的可控範圍之內，就可以自己處理。但是有時候網路環境複雜並且多變，如果總是用靜態路由，一旦網路結構發生變化，網路系統管理員手動修改路由就會變得十分複雜，因而需要動態路由。

動態路由的兩種分類

使用動態路由的路由器，可以根據路由式通訊協定產生動態路由表，路由表隨網路執行環境的變化而變化。那動態路由是什麼樣的呢？

我們可以想像唐僧西天取經，需要解決兩大問題，一個是在每個國家如何找到正確的路，去換通關文牒、去吃飯、去住宿，等等；另一個是在國家之間，野外行走時，如何找到正確的、通往目的地國家的路，如圖 2-23 所示。

無論是一個國家內部，還是國家之間，我們都可以將複雜的路徑，抽象為一種叫作「圖」的資料結構。唐僧西行取經，一定希望走的路程越短越好，因而這就轉化成為「如何找到最短路徑」的問題。

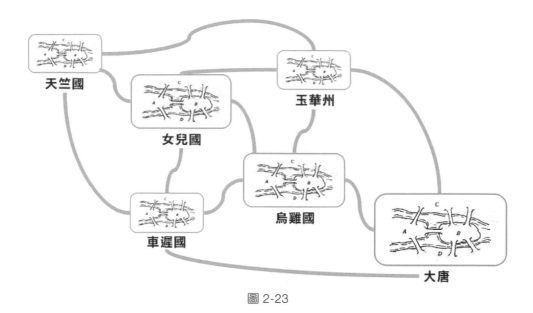

圖 2-23

大學學習「演算法和資料結構」這門課程時老師講過，求最短路徑常用的
有兩種演算法，Bellman-Ford 演算法和 Dijkstra 演算法。在電腦網路中，
基本上也是用這兩種演算法來計算最短路徑的，二者分別對應距離向量路
由式通訊協定和鏈路狀態路由式通訊協定。

距離向量路由式通訊協定

距離向量路由（Distance Vector Routing）協定以 Bellman-Ford 演算法為基
礎。這種協定的基本想法是：每個路由器都儲存一個路由表，路由表包含
多行，每行對應網路中的路由器，每一行包含兩部分資訊，一部分是「到
目標路由器，從哪條路出去」，另一部分是「到目標路由器的距離」。

由此可見，每個路由器都知道全域資訊。那麼這個資訊如何更新呢？每個
路由器都知道自己和鄰居之間的距離，每過幾秒，每個路由器都將自己知
道的與其他所有路由器的距離告知鄰居，每個路由器也能從鄰居那裡獲得
相似的資訊。

每個路由器根據新收集的資訊，計算自己與其他路由器之間的距離，例如自己的鄰居與目標路由器之間的距離是 m，而自己與鄰居之間的距離是 x，則自己與目標路由器的距離為 $x+m$。

這個協定比較簡單，但還是有問題。

第一個問題是好消息傳得快，壞消息傳得慢。如果有個路由器加入了這個網路，它的鄰居很快就能發現它，然後將訊息廣播出去。要不了多久，整個網路就都知道了。但是如果一個路由器「掛」（當機）了，這個訊息不會被廣播。就算每個路由器都發現透過原來的路徑到不了這個路由器，也無法確定它已經「掛」了。這些路由器會試圖透過其他的路徑存取它，直到試過了所有的路徑，才能確定這個路由器是真的「掛」了。

我再舉個實例，如圖 2-24 所示。

原來的網路中有 B 和 C 兩個路由器，二者距離為 1。後來 A 加入了網路，它的鄰居 B 很快就發現了 A。於是它將自己和 A 的距離設為 1，同樣 C 也發現了 A，將自己和 A 的距離設定為 2。但是如果 A 忽然「掛」掉，情況就不妙了。B 本來和 A 是鄰居，突然連不上 A 了，但是發現 C 和 A 的距離是 2，於是 B 將自己與 A 的距離設定為 3。殊不知 C 與 A 的距離為 2 其實是以 C 與自己為基礎的距離為 1 計算出來的。接著 C 發現自己也連不上 A，並且發現 B 與 A 的距離是 3，於是將自己與 A 的距離改為 4。依此類推，數越來越大，直到超過一個設定值，大家才能判斷 A 是真的「掛」了。

這個道理有點像有人走丟了。當你突然發現找不到某個人時，你會去學校問，學校說，是不是在阿姨家呀？找到阿姨家，阿姨說，是不是在他舅舅家呀？他舅舅說，是不是在他外婆家呀？他外婆說，是不是在學校呀？總之要問一圈，或超過一定的時間，大家才會認為這個人的確走丟了。如果這個人只是去見一個誰都不認識的網友，當他回來的時候，只要隨便見到

其中某個人，這個人就會拉著他到他的家長那裡，說你趕緊回家，你媽都找你一天了。

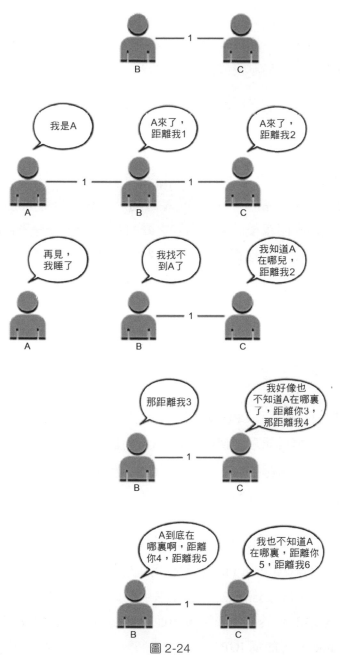

圖 2-24

這種協定的第二個問題是，每次發送時，都要發送整個全域路由表，網路大了，誰也受不了。最早的路由式通訊協定 RIP（Routing Information Protocol，路由資訊通訊協定）就是這種協定。它適用於小型網路（小於 15 轉發）。網路規模小的時候沒有問題，但是現在一個資料中心內部的路由器數目就很多，因而不再適用了。

上面的兩個問題，限制了距離向量路由式通訊協定適用的網路。

鏈路狀態路由式通訊協定

鏈路狀態路由（Link State Routing）協定以 Dijkstra 演算法為基礎。這種協定的基本想法是：當一個路由器 A 啟動時，首先會發現鄰居，向鄰居 "Say Hello"，鄰居回覆後計算和鄰居之間的距離：發送一個 echo，要求馬上傳回，除以 2 就可以獲得距離。然後將自己和鄰居之間的鏈路狀態封包廣播出去，發送給整個網路中的每個路由器。這樣每個路由器都能收到路由器 A 和鄰居之間的關係資訊。因此，每個路由器都能在本機建置一個完整的圖，然後針對這個圖使用 Dijkstra 演算法，找到兩點之間的最短路徑。

鏈路狀態路由式通訊協定不像距離向量路由式通訊協定那樣，更新時發送整個路由表。它只廣播更新的或改變的網路拓撲，這使得更新資訊更小，節省了頻寬並且加強了 CPU 使用率。而且一旦一個路由器「掛」了，它的鄰居都會廣播這個訊息，使壞消息迅速傳播。

動態路由的兩個實現

以鏈路狀態路由式通訊協定為基礎的 OSPF 協定

OSPF（Open Shortest Path First，開放式最短路徑優先）協定就是這樣一個基於鏈路狀態路由式通訊協定、廣泛應用在資料中心內部的協定。由於主要在資料中心內部用於路由決策，因而被稱為內部閘道通訊協定（Interior Gateway Protocol），簡稱 IGP。

內部閘道通訊協定的重點是找到最短路徑。在一個組織內部，路徑最短常常最佳。當然有時候 OSPF 協定可以發現多條最短路徑，在多條路徑中進行負載平衡，這被稱為相等路由。

這一點非常重要。如圖 2-25 所示，有了相等路由，到一個地方去可以有距離相同的兩條路線來分攤流量，當一條路不通時，還可以走另外一條路。後面講資料中心網路時會提到，一般應用的連線層會有負載平衡 LVS（Linux Virtual Server，Linux 虛擬伺服器），它可以和 OSPF 協定一起，實現高傳輸量的連線層設計。

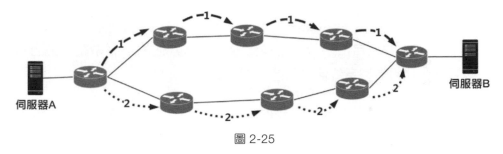

圖 2-25

有了內部閘道通訊協定，在一個國家內，唐僧可以想怎麼走就怎麼走了。

以距離向量路由式通訊協定為基礎的 BGP

外網的路由式通訊協定就像是國家之間的通行協定，又與內部閘道通訊協定有所不同。我們稱為邊界閘道協定（Border Gateway Protocol），簡稱 BGP。

在一個國家內部，當然選近的路走。但是在國家之間通行，不光有遠近的問題，還有政策問題。舉例來說，唐僧去西天取經，有的路近，但是路過的國家不歡迎僧人，見了僧人就抓，例如滅法國，連光頭都要抓。這樣的情況即便路近，也最好繞路走。

對網路世界來說也是同樣的道理，每個資料中心都設定了自己的規則。舉例來說，哪些外部的 IP 位址可以讓內部知曉，哪些內部的 IP 位址可以讓

外部知曉，哪些路可以走，哪些路不能走。這就像是，雖然從我家到目的
地最近，但是不能誰都能從我家走啊！

在網路世界裡，這些國家被稱為自治系統（Autonomous System），簡稱
AS，分為以下 3 種類型。

- Stub AS：末端自治系統，對外只有一個連接。這種自製系統不會傳輸
其他自製系統的封包。舉例來說，個人或小公司的網路。
- Multihomed AS：多介面自治系統，可能有多個連接連到其他的自製系
統，但是大多情況下拒絕幫其他的自製系統傳輸封包。例如一些大公司
的網路。
- Transit AS：轉送自治系統，有多個連接連到其他的自製系統，並且可
以幫助其他的自製系統傳輸封包。例如骨幹。

每個自治系統都有邊界路由器，透過它和外面的世界建立聯繫。

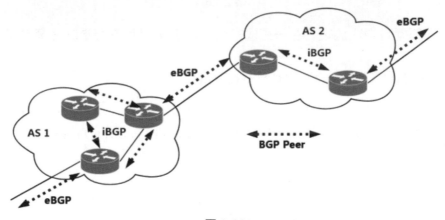

圖 2-26

如 圖 2-26 所 示，BGP 又 分 為 兩 種，eBGP（external Border Gateway
Protocol，外部邊界閘道協定）和 iBGP（internal Border Gateway Protocol，
內部邊界閘道協定）。自治系統之間的邊界路由器使用 eBGP 廣播路由資
訊。同時，內部網路也需要存取其他的自治系統，那麼邊界路由器如何將

BGP 學習到的路由資訊匯入內部網路呢？透過執行 iBGP，就可以使內部的路由器找到到達外網目的地最便捷的邊界路由器。

BGP 使用的是路徑向量路由式通訊協定（Path-Vector Protocol）。它是距離向量路由式通訊協定的升級版。

前文提到了距離向量路由式通訊協定的缺點，其中一個是壞消息傳播慢。在 BGP 中，除下一次轉發之外，還包含了自治系統的路徑，進一步解決了這個問題。例如在之前圖 2-24 的實例中，B 知道 C 透過自己才能到達 A，所以一旦自己都無法到達 A，那麼就不會再去假設 C 還能到達 A 了。

另外，如果路徑中包含經過的每一個路由器，那麼資訊量就太大了。可以將一個自治系統看成一個整體，不區分自治系統內部的路由器。由於自治系統的數目原本就是非常有限的，所以路徑中的資訊就會大量減少。就像通知他人自己去日本旅行時，只要説清先從中國飛到韓國再坐船到日本即可，而不用把每個國家內部途經的每一站的資訊都告訴對方。前面講距離向量路由式通訊協定時提到，必須發送全域路由表是它的缺點。但如果全域路由表是自治系統這個粒度的，資訊量就會很少，並不會出現問題。

小結

本節歸納如下：

- 路由分靜態路由和動態路由，靜態路由可以設定複雜的策略路由，控制轉發策略。
- 動態路由有兩種主流協定，距離向量路由式通訊協定和鏈路狀態路由式通訊協定。分別對應 BGP 和 OSPF 這兩個實現。

思考題

1. 路由式通訊協定的交換如果走路由，不就是自己依賴自己嗎？
2. 路由器之間資訊的交換使用什麼協定？封包的格式是什麼樣的？

▶2.5 路由式通訊協定：「西出閘道無故人」「敢問路在何方」

最重要的傳輸層

3.1 UDP：雖然簡單但是可以訂製化

講完 IP 層以後，接下來我們開始講傳輸層。在 1.1 節中已經講過，傳輸層裡比較重要的兩個協定，一個是 TCP，一個是 UDP。對不從事底層開發或應用程式開發的人來講，最常用的就是這兩個協定。面試時，這兩個協定經常會被放在一起問，因而在本書中也會將兩者結合起來講。

TCP 和 UDP 有哪些區別

一般在面試時，如果面試官問這兩個協定的區別是什麼，大部分面試者會回答，TCP 是連線導向，UDP 是非連線導向。

什麼叫連線導向，什麼叫非連線導向呢？在互通之前，連線導向的協定會先建立連接。舉例來說，TCP 會進行三次驗證來建立連接，而 UDP 不會。為什麼要建立連接呢？ TCP 可以進行三次驗證，UDP 可以發三個封包，難道不都是建立連接嗎？

所謂的建立連接，是為了維護用戶端和服務端的連接而去建立一定的資料結構，進一步維護雙方互動的狀態，並用這樣的資料結構來保障連線導向的特性。

舉例來說，TCP 提供可靠發佈。透過 TCP 連接傳輸的資料能夠無差錯、不遺失、不重複，並且可以按序到達。我們都知道 IP 封包是沒有提供任何可用性保障的，一旦發出去，就像西天取經，走丟了、被妖怪吃了，都只能隨它去。TCP 號稱能做到連接維護程式做的事情，這部分內容在下面兩節中會詳細描述。而 UDP 繼承了 IP 封包的特性，不保證傳輸的資料不遺失，也不保證按序到達。

再者，TCP 是針對位元組流的，發送時發的是一個流，沒頭沒尾。但 TCP 基於的 IP 層發送的可不是一個流，而是一個個的 IP 封包。到 TCP 層後之所以變成流，是因為 TCP 本身的狀態維護做了對應的處理。而 UDP 則不一樣，它繼承了 IP 封包的特性，也是一個一個地發，一個一個地收。在 UDP 層發送的資料封包，還有一個名字叫資料報。

另外，TCP 是可以進行擁塞控制的。它意識到封包已經被捨棄或網路環境變差時，就會根據情況調整自己的行為，看看是不是資料封包發得太快了，要不要發慢點。UDP 就不會，應用讓我發，我就發。

因而 TCP 是有狀態服務，通俗地講就是它「有腦子」，它精確地知道資料封包是否已經被發送出去、是否被接收、發送到哪裡、應該接收哪個資料封包，錯一點都不行。而 UDP 則是無狀態服務，通俗地說就是它「沒腦子」，天真無邪，發出去就發出去，後續就不管了。

如果說 MAC 層定義了本機區域網的傳輸行為，IP 層定義了整個網路點對點的傳輸行為，那麼這兩層就基本定義了這樣的「基因」：網路傳輸以封包為單位（網路封包在不同的層有不同的叫法，鏈路層叫訊框，網路層叫封包，傳輸層叫段，我們可以籠統地稱之為封包），封包單獨傳輸，自行選路，在不同的裝置上進行封裝、解封裝，不保證到達。以這個「基因」

為基礎,生下來的「孩子」UDP 就完全繼承了這些特性,幾乎沒有自己的思想。

UDP 標頭是什麼樣的

接下來,我們看一下 UDP 標頭。

前面的章節已經講過封包的傳輸過程,這裡不再贅述。當發送的 UDP 封包到達目的機器後,發現 MAC 位址比對正確,就把 MAC 標頭取下來,將剩下的封包發送給處理 IP 層的程式,接著把 IP 表頭取下來,發現目標 IP 位址比對正確,接下來呢?裡面的資料封包發給誰?

發送時,我知道發送的是一個 UDP 封包,但收到的那台機器如何知道呢? IP 表頭裡面有 8 位元的資料,該資料用來標記該封包所屬的協定是 TCP 還是 UDP,當然這裡是 UDP。於是,如果我們知道 UDP 標頭的格式,就能從資料裡面將它解析出來。資料解析出來以後交給誰處理呢?

在傳輸層處理完資料以後,核心的工作就基本做完了,接下來資料應該交給應用程式去處理,可是一台機器上執行著那麼多的應用程式,應該交給哪個應用程式呢?

應用程式無論是用 TCP 還是 UDP 傳輸資料,都要監聽一個通訊埠。在同一個服務端上,不同的監聽通訊埠用於區分不同的應用程式,所以兩個不同的應用程式不能同時監聽一個通訊埠,否則系統無法確定封包要發送給誰。所以,無論是使用 TCP 還是使用 UDP,封包的表頭裡都應該有通訊埠編號,根據通訊埠編號就可以將資料交給對應的應用程式了。

如圖 3-1 所示,因為是兩端通訊,所以 UDP 標頭中包含來源通訊埠編號和目標通訊埠編號。經過比較你會發現,UDP 標頭和 3.2、3.3 節要講的 TCP 標頭比起來,簡單太多!

來源通訊埠編號（16 位元）	目標通訊埠編號（16 位元）
UDP 長度（16 位元）	UDP 校驗和（16 位元）
資料	

圖 3-1

UDP 的三大特點

UDP 就像小孩子一樣，有以下這些特點：

- 溝通簡單，不需要繁文縟節（大量的資料結構、處理邏輯、封包表頭欄位）。前提是它相信網路世界是美好的，相信網路封包預設都是很容易被送達、不容易被捨棄的。
- 輕信「他人」。它雖然在監聽某個通訊埠編號，但是不會在通訊埠之間建立連接，在 UDP 下，誰都可以給這個通訊埠傳輸資料，這個通訊埠也可以給其他通訊埠傳輸資料，甚至可以同時給多個通訊埠傳輸資料。
- 做事不懂變通。不知道什麼時候該堅持，什麼時候該退讓。它不會根據網路的情況進行發送封包的擁塞控制，無論網路封包遺失成什麼樣了，它該怎麼發就怎麼發。

UDP 的三大使用場景

以 UDP 這種「小孩子」的特點，我們可以考慮在以下場景中使用。

第一，需要資源少、網路情況比較好的內網，或對於封包遺失不敏感的應用。這很好了解，就像如果你是主管，你會讓你們團隊裡剛畢業的小朋友去做一些沒有那麼難的專案，爭取一些沒有那麼難爭取的客戶，或做一些即使失敗了也能忍受的實驗性專案。

我們在 1.4 節講的 DHCP 就是以 UDP 為基礎的。一般要取得 IP 位址的都是內網請求，如果第一次無法取得 IP 位址也沒關係，過一會兒還有機會。我們講過，PXE 可以在啟動時自動安裝作業系統，作業系統映像檔下載使用的 TFTP 也是以 UDP 為基礎的。在還沒有作業系統時，用戶端擁有的資源很少，不適合維護一個複雜的狀態機，但是因為在內網，所以一般也不會出現什麼問題。

第二，不需要一對一溝通來建立連接、可以廣播的應用。小時候大家都很簡單，在班級裡面，誰成績好、應該表揚誰 / 懲罰誰、誰得幾個獎章都是當著全班的面講的，公平、公正、公開。長大後出了社會，人心變複雜了，薪水、獎金不能公開，要和員工一對一溝通。

UDP 不連線導向的功能，使得 UDP 可以承載廣播或廣播的協定。DHCP 就是一種用於廣播的協定，是以 UDP 為基礎的。

關於廣播，我們在 1.3 節講 IP 位址時，講過一個 D 類別位址，即多點傳輸位址，使用這個位址，可以將封包多點傳輸給一批機器。當一台機器上的某個處理程序想監聽某個多點傳輸位址時，需要發送 IGMP（Internet Group Management Protocol，網際網路組管理協定）封包，這時所在網路的路由器就能收到這個封包，並且知道某台機器上有個處理程序在監聽這個多點傳輸位址。當路由器收到這個多點傳輸地址時，會將封包轉發給這台機器，這樣就實現了跨路由器的多點傳輸。

在 6.5 節中有一個 VXLAN（Virtual Extensible LAN，虛擬擴充區域網）協定，也需要用到多點傳輸，並且也是以 UDP 為基礎的。

第三，要求處理速度快、延遲低、可以容忍少量封包遺失，但是要求即使網路擁塞，也毫不退縮、一往無前的應用。

當初曾國藩建立湘軍時，專門招「初生之犢不畏虎」的新兵，而不用那些「老油條」八旗兵，因為八旗兵小心思太多、怕死、怕出事，遇到敵軍

不會捨生忘死。UDP 相當於招募的新兵，簡單、處理速度快，不像八旗兵 TCP 那樣，要操心各種重傳、保障順序，前面的封包收不到，後面的就沒辦法處理。等 TCP 把這些事情做完，早就大幅延遲了。而 TCP 在網路不好、出現封包遺失時，擁塞控制策略會主動降低發送速度，這就相當於本來環境就差，還自斷臂膀，使用者介面本來就卡，這下更卡了。

目前很多應用都是要求低延遲的，它們可不想用 TCP 如此複雜的機制，而是想根據自己的場景，實現可靠的連接。舉例來說，如果應用自己覺得，有的封包丟了就丟了，沒必要重傳。有的封包比較重要，則應用自己重傳，不依賴 TCP。有的前面的封包沒到，後面的封包到了，那就先給客戶展示後面的。如果網路不好，丟了封包，也不要退縮啊，要盡快重傳，擠佔頻寬，搶在客戶失去耐心之前到達。

由於 UDP 十分簡單，基本上什麼都沒做，也就給了應用訂製化的機會。就像在和平年代，每個人都應該有獨立的思考和行為，應該可靠並且禮讓；但是如果在戰爭年代，常常就不太需要獨立的思考，士兵（UDP）只需簡單服從指令，曾國藩（應用層）一個人會思考就可以了。

曾國藩說哪支部隊需要誘敵犧牲，這支部隊就犧牲了，相當於封包丟了就丟了。兩軍狹路相逢，曾國藩說上，沒有頻寬也要上。正是因為新兵想法簡單，這才給了曾國藩運籌帷幄的機會。同理，如果你實現的應用需要有自己的連接策略、可靠保障，以及延遲要求，那麼就使用 UDP，然後直接在應用層實現這些即可。

以 UDP 訂製化為基礎的 5 個實例

接下來我列舉 5 種訂製化的實例。

訂製化之一：來自網頁或 App 的存取

來自網頁和手機 App 的存取都是以 HTTP 為基礎的。HTTP 是以 TCP 為基

礎,建立連接都需要多次互動。對於延遲比較久的、目前主流的行動網際網路應用來講,建立一次連接需要的時間會比較長,而且 TCP 可能還會斷了重連,非常耗時。目前,HTTP 常常採取多個資料通道共用一個連接的策略,這樣做本來是為了加快傳送速率,但 TCP 嚴格的順序策略使得哪怕共用通道,前一個封包不來,後一個封包和前一個封包即使沒關係,也要等著,這樣就會使延遲加大。

而 QUIC(Quick UDP Internet Connection,快速 UDP 網際網路連接)協定是 Google 提出的一種以 UDP 改進為基礎的通訊協定,其目的是降低網路通訊的延遲,提供更好的使用者互動體驗。

QUIC 會在應用層上自己快速建立連接、減少重傳延遲、自我調整擁塞控制,是應用層訂製化的代表。這一節主要是講 UDP,QUIC 我們放到應用層去講。

訂製化之二:串流媒體的協定

現在直播比較紅,直播協定多使用 RTMP(Real Time Messaging Protocol,即時訊息傳輸協定),這個協定在後面的章節也會講到,它也是以 TCP 為基礎的。TCP 嚴格的順序策略要保障前一個封包收到了,才能確認下一個封包,如果前一個封包收不到,那麼下一個封包就算已經收到了,也需要在快取裡面等著。對直播來講,這顯然不合適,因為舊的視訊訊框丟了也就丟了,就算再傳過來使用者也不在意了,他們要看新的,如果舊的沒來,新的也要等著,就會卡頓,新的也看不了,那就會遺失客戶。所以對於直播來說即時性比較重要,寧可封包遺失,也不要卡頓。

另外,對於視訊播放來講,有的封包可以丟,有的封包不能丟,因為在視訊的連續訊框裡,有的訊框重要,有的不重要,如果一定要封包遺失,隔幾個訊框丟一個,其實看視訊的人不會發現,但是如果連續丟訊框,就能感覺到了,因而在網路不好的情況下,應用希望選擇性地丟訊框。

當網路不好的時候，TCP 會主動降低發送速度，這對本來就卡的視訊來講非常要命，TCP 應該讓應用層馬上重傳，而非主動讓步。因而，很多直播應用都基於 UDP 實現了自己的視訊傳輸協定。

訂製化之三：即時遊戲

遊戲有一個特點，就是即時性比較高。快一秒你「幹掉」別人，慢一秒你被別人「爆頭」，所以很多職業玩家會買非常專業的滑鼠和鍵盤，分秒必爭。

因而，在即時遊戲中用戶端和服務端要建立長連接來保障即時傳輸。但是遊戲玩家很多，服務端卻很少。維護 TCP 連接需要在核心維護一些資料結構，但是一台機器能夠支撐的 TCP 連接數目是有限的。由於 UDP 是沒有連接的，所以在非同步 I/O 機制引用之前，UDP 常常是應對巨量用戶端連接的策略。

另外還有 TCP 嚴格的順序策略問題，對戰遊戲對網路的要求很簡單，玩家透過用戶端發送給服務端遊戲人物行走的位置，服務端會處理每個用戶端發送過來的所有場景，處理完再傳回給用戶端，用戶端經過解析回應，繪製出最新的場景展示給玩家。

如果一個封包遺失，所有事情都需要停下來等待這個封包重發，那麼用戶端也會停下來等待接收資料，然而玩家並不關心過期的資料，只關心遊戲的流暢程度，如果在激戰中遊戲介面卡頓 1 秒，那麼等恢復時玩家所操作的人物可能就已經死了。

在遊戲對即時要求較為嚴格的情況下，可以採用自訂的可靠 UDP 來傳輸資料封包，透過使用自訂重傳策略，能夠把封包遺失產生的延遲降到最低，儘量減少網路問題對遊戲造成的影響。

訂製化之四：物聯網

一方面，物聯網領域終端的資源比較少，很可能只有一個記憶體非常小的嵌入式系統，對這樣的系統來說，維護 TCP 的代價太大；另一方面，物聯網對即時性要求很高，而使用 TCP 會導致資料傳輸延遲過大。Google 旗下的 Nest 建立了 Thread Group，推出了物聯網通訊協定 Thread，該協定就是以 UDP 為基礎。

訂製化之五：行動通訊領域

在 4G 網路裡，透過行動網路傳輸資料面對的協定 GTP-U 是以 UDP 為基礎。因為行動網路通訊協定比較複雜，而 GTP（GPRS Tunnelling Protocol，GPRS 隧道協定）本身就包含複雜的手機上線下線的通訊協定，如果用 TCP 在行動網路上傳輸資料，那麼 TCP 的機制就顯得非常多餘，所以這裡採用以 UDP 為基礎的 GTP，也就是 GTP-U。TCP 會在後面的章節單獨説明。

小結

本節歸納如下：

- 如果將 TCP 比作成熟的社會人，UDP 則是頭腦簡單的小朋友。TCP 複雜，UDP 簡單。TCP 維護連接，UDP 誰都相信。TCP 知進退，UDP 勇往直前。

- UDP 雖然簡單，但它有簡單的用法。它可以用在環境簡單、需要廣播、應用層自己控制傳輸的地方，例如 DHCP、VXLAN、QUIC 等。

思考題

1. 都説 TCP 是連線導向的，在電腦看來，怎麼樣才算一個連接呢？
2. 你知道 TCP 的連接是如何建立，又是如何關閉的嗎？

3.2 TCP（上）：雖然複雜，使用起來卻輕鬆

3.1 節講了 UDP，UDP 封包中基本上包含了傳輸層必需的通訊埠欄位，就像我們小時候一樣簡單，相信「網」之初，性本善，不封包遺失，不亂數。

後來，我們都慢慢長大，了解到社會的殘酷，變得複雜而成熟，就像 TCP 一樣。TCP 之所以這麼複雜，是因為它秉承的是「性惡論」。它認為網路環境是惡劣的，封包遺失、亂數、重傳、擁塞都是常有的事情，一言不合就可能無法將封包送達，因而要從演算法層面來保障可用性。

TCP 標頭格式

我們先來看 TCP 標頭的格式。從圖 3-2 可以看出，它比 UDP 標頭的格式複雜得多。

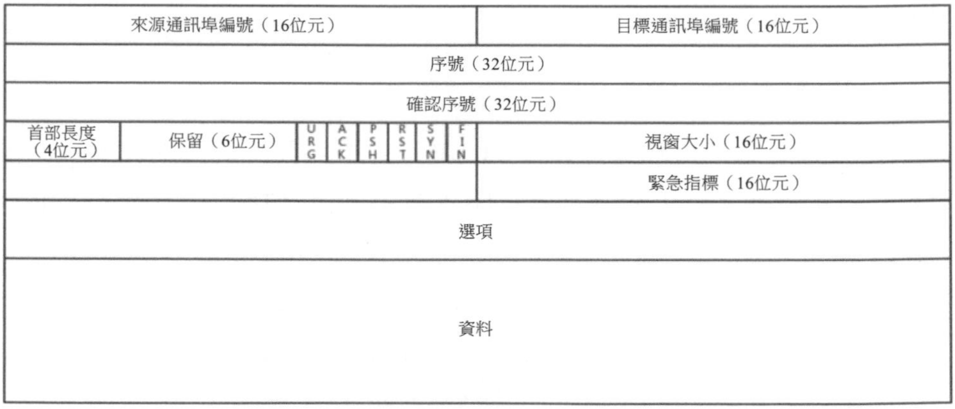

來源通訊埠編號（16位元）									目標通訊埠編號（16位元）
序號（32位元）									
確認序號（32位元）									
首部長度（4位元）	保留（6位元）	U R G	A C K	P S H	R S T	S Y N	F I N	視窗大小（16位元）	
								緊急指標（16位元）	
選項									
資料									

圖 3-2

首先，來源通訊埠編號和目標通訊埠編號必不可少，這一點和 UDP 標頭一樣。如果沒有這兩個通訊埠編號，資料就不知道應該發給哪個應用。

接下來就是封包的序號。為什麼要給封包編號呢？當然是為了解決亂數的問題。不編好號怎麼確認哪個應該先來，哪個應該後到呢？既然是社會「老司機」，做事當然要穩重，一件件來，面臨再複雜的情況，也要臨危不亂。

TCP 標頭中還應該有確認序號。發出去的封包如果已被送達，則接收方應該給發送方傳回確認收到的資訊，不然發送方怎麼知道接收方有沒有收到呢？如果接收方沒有收到封包，發送方就應該重新發送，直到送達，這樣就可以解決封包遺失的問題。作為「老司機」，做事當然要可靠，答應了就要做到，暫時做不到也要有個回覆。

TCP 是可靠的協定，但是這不能説明它面臨的網路環境很好。從 IP 層來講，如果網路狀況的確很差，那麼資料傳輸時是沒有任何可用性保障的，而應用於 IP 層上一層的 TCP 也無能為力，唯一能做的就是更加努力，不斷重傳，透過各種演算法來保障資料傳輸的可用性。也就是説，對於 TCP 來講，IP 層丟不丟封包，我管不著，但是在我所在的層面上，我會努力保障資料傳輸的可用性。

這有點像如果你在北京，和客戶約了十點見面，那麼你應該清楚塞車是常態，你干預不了，也控制不了，你唯一能做的就是提早出發。坐計程車不行就改搭捷運，儘量不失約。

TCP 標頭中還有一些狀態位元。舉例來説，SYN（Synchronize Sequence Number，同步序列編號）用於發起一個連接、ACK（Acknowledgement）用於回覆、RST（Reset）用於重新連接、FIN （Finish）用於結束連接，等等。由於 TCP 是連線導向的，因而雙方要維護連接的狀態。發送這些帶狀態位元的封包會改變雙方的狀態。

這就像小時候，和一個不認識的小朋友都能在一起玩，等到長大了，就會變得禮貌、優雅而警覺，人與人遇到會互相寒暄，離開時會不舍地道別，但是人與人之間的信任要經過多次互動才能建立。

TCP 標頭中還有一個重要的元素是視窗大小。TCP 要做流量控制，通訊雙方需要各宣告一個視窗，表明自己目前能夠處理的能力範圍，告訴發送方別發送得太快，否則自己會撐死，也別發得太慢，否則自己會餓死。

作為「老司機」，做事情要有分寸，待人要把握尺度，既能適當地提出自己的要求，又不強人所難。除了做流量控制，TCP 還會做擁塞控制，對於真正的通道塞車不塞車，它無能為力，唯一能做的就是控制自己，即控制發送的速度——不能改變世界，就改變自己。

作為「老司機」，要會自我控制，知進退，知道什麼時候應該堅持，什麼時候應該讓步。

透過對 TCP 標頭進行解析，我們知道要掌握 TCP 重點應該關注以下幾個方面：

- 順序問題，穩重不亂。
- 封包遺失問題，承諾可靠。
- 連接維護，有始有終。
- 流量控制，把握分寸。
- 擁塞控制，知進知退。

TCP 的三次驗證

要做到以上幾個方面，首先要先建立一個連接，所以我們先來看連接維護。

我們常常稱 TCP 連接的建立過程為 TCP 的三次驗證。

A：您好，我是 A。
B：您好 A，我是 B。
A：您好 B。

我們也常稱該過程為「請求→回應→回應之回應」的三個回合。這個過程看起來簡單，其實裡面有很多的學問，有很多的細節。

首先，為什麼是三次？為什麼不是兩次？如果兩個人打招呼，一來一回就可以了吧？如果為了可靠，為什麼不是四次？

我們先來看一下兩次驗證是否可行。假設這個通道是非常不可靠的，A 要發起一個連接，當第一個請求封包杳無音信時，會有很多的可能性。舉例來說，第一個請求封包丟了；請求封包沒有丟，但是繞了彎路，逾時了；或 B 沒有回應，不想和 A 連接。A 不能確認結果，於是再發、再發。終於，有一個請求封包到了 B，但是請求封包到了 B 這件事情，目前 A 還不知道，所以 A 還有可能再發。

B 收到了請求封包，就知道了 A 的存在，並且知道 A 要和它建立連接，如果 B 不樂意建立連接，則 A 會重試一段時間後放棄，連接建立失敗，沒有問題。如果 B 樂意建立連接，則會發送回應封包給 A。

當然對 B 來說，這個回應封包也是一入網路深似海，不知道能不能到達 A。這個時候 B 自然不能認為連接已建立因為回應封包仍然會丟，會繞彎路，甚至 A 已經「掛」了都有可能。

而且這個時候 B 還會碰到一個詭異的現象，A 和 B 原來建立了連接，做了簡單通訊後，結束了連接，但是之前 A 建立連接時，請求封包重複發了幾次，有的請求封包繞了一大圈才到達 B，如果 B 認為這是一個正常請求的話，就會重新和 A 建立連接。可想而知，這個連接不會進行下去，純屬單相思。所以只執行兩次驗證是不行的。

B 的回應封包可能會發送多次，但是只要有一次到達了 A，A 就認為連接已經建立了，因為對於 A 來講，它的訊息有去有回。A 會給 B 發送回應之回應，而 B 也在等這個訊息，只有等到了這個訊息，對於 B 來講，它的訊息才算是有去有回，才能確認連接已建立。

當然 A 發給 B 的回應之回應也可能會遺失，也可能會繞路，甚至 B 也可能會「掛」掉。按理來說，還應該有個回應之回應之回應，但這樣下去就沒完了。所以四次驗證是可以的，四十次都可以，但就算四百次也不能保障連接就真的可靠了。只要保障雙方的訊息都有去有回，基本上就可以了。

好在大部分情況下，A 和 B 建立連接後，A 會馬上發送資料封包，一旦 A 發送資料封包，很多問題就能獲得解決。舉例來說，A 發給 B 的回應封包丟了，A 後續發送的資料封包到達時，B 可以認為這個連接已經建立；或 B 已經「掛」了，A 發送的資料封包會顯示出錯，說 B 不可達，A 就知道 B 出事了。

當然你可以說 A 比較壞，建立連接後就是不發資料封包。我們在程式設計時，可以要求開啟 keepalive 機制，即使沒有真實的資料封包，也要發送連接探測封包。

另外，作為服務端 B 的程式設計者，對於 A 這種長時間不發送封包的用戶端，可以主動將兩者之間的連接關閉，進一步空出資源給其他用戶端使用。

三次驗證除了可以幫助雙方建立連接，主要還是為了溝通一件事情——TCP 封包序號的問題。

A 要告訴 B，A 發起的封包的序號是從幾號開始的，B 同樣也要告訴 A，B 發起的封包的序號是從幾號開始的。為什麼序號不能都從 1 開始呢？因為這樣常常會起衝突。

舉例來說，A 連上 B 之後，發送了 1、2、3 這 3 個封包，但是 3 在傳輸途中走丟了，或繞路了，導致 A 長時間收不到 B 的回饋，於是 A 重新發送 3，後來 A 掉線了，重新連上 B 後，序號又從 1 開始，然後發送 2，根本沒想發送 3，但是上次繞路的那個 3 又回來了，發給了 B，B 自然認為，這就是下一個封包，於是發生了錯誤。

因而，每個連接都要有不同的序號，這個序號的起始序號是隨著時間變化的，可以看成一個 32 位元的計數器，每 4μs 加 1，計算一下，如果發生重複，需要 4 個多小時，那個繞路的封包早就「死翹翹」了，因為 IP 封包表頭裡有個欄位為 TTL，即存活時間值。

雙方終於建立了信任，建立了連接。前面也說過，為了維護這個連接，雙方都要維護一個狀態機，在連接建立的過程中，雙方的狀態變化時序如圖 3-3 所示。

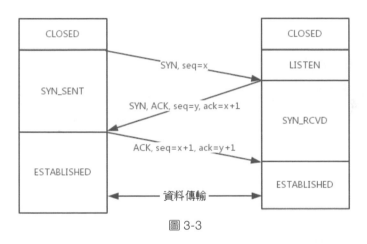

圖 3-3

一開始，用戶端和服務端都處於 CLOSED 狀態。先是服務端主動監聽某個通訊埠，處於 LISTEN 狀態。然後用戶端主動發起連接 SYN，之後處於 SYN_SENT 狀態。服務端收到發起的連接後，傳回 SYN，回覆用戶端的 SYN 之後服務端處於 SYN_RCVD 狀態。用戶端收到服務端發送的 SYN 和 ACK 之後，發送 ACK 的 ACK，之後用戶端處於 ESTABLISHED 狀態，因為用戶端一發一收成功了。服務端收到 ACK 的 ACK 之後，處於 ESTABLISHED 狀態，因為服務端一發一收也成功了。

TCP 四次交握

說完了連接，接下來說一說「拜拜」，通常被稱為四次交握。

A：B 啊，我不想玩了。

B：哦，你不想玩了啊，我知道了。

這個時候，還只是 A 不想玩了，即 A 不會再發送資料了，但是 B 能不能在發送 ACK 後直接關閉呢？當然不可以，因為雖然 A 發完了最後的資料就不玩了，但是 B 很有可能還沒做完自己的事情，還是可以發送資料的，所以 B 是半關閉的狀態。

這時 A 可以選擇不再接收資料，也可以選擇最後再接收一段資料，等待 B 主動關閉。

B：A 啊，好，我也不玩了，拜拜。

A：好的，拜拜。

這樣，整個連接就關閉了。但是這個過程會不會發生例外情況呢？當然會，上面只是和平分手的場面。

A 開始說「不玩了」，B 說「知道了」，這個回合沒什麼問題，因為在此之前，雙方還處於合作的狀態，如果 A 說「不玩了」，沒有收到回覆，則 A 會重新發送「不玩了」。但是 A 發送「不玩了」之後，可能會出現例外情況，因為有一方已經率先「撕破臉」。

一種情況是，A 說完「不玩了」之後，直接跑路，這種情況會引發後續的問題，因為 B 還沒有發起結束，如果 A 跑路，B 就算發起結束，也得不到回答，B 就不知道該怎麼辦了。另一種情況是，A 說「不玩了」之後，B 直接跑路，這樣也會有問題，因為 A 不知道 B 是不是還有事情要處理，會等 B 發送結束。

那怎麼解決這些問題呢？TCP 專門設計了幾個狀態來處理這些問題。如圖 3-4 所示，我們來看中斷連接時的狀態時序圖。

中斷連接時，我們可以看到，A 說「不玩了」以後，A 就進入 FIN_WAIT_1 的狀態，B 收到 A 的訊息後，發送「知道了」，就進入 CLOSE_WAIT 的狀態。

A 收到 B「知道了」的資訊後，就進入 FIN_WAIT_2 的狀態，如果這個時候 B 直接跑路，則 A 將永遠處於這個狀態。TCP 並沒有對這個狀態的處理機制，但是 Linux 系統有，即調整 tcp_fin_timeout 這個參數，設定一個逾時。

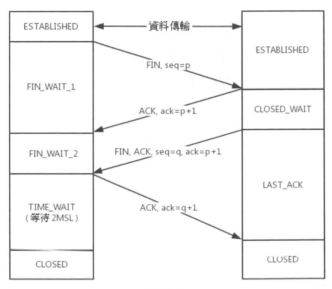

圖 3-4

如果 B 沒有跑路，並將「B 也不玩了」的請求發送給 A，那麼，A 向 B 發送「知道了」的 ACK 後，FIN_WAIT_2 狀態結束，照理來說 A 可以跑路了，但是最後的這個 ACK 萬一 B 收不到呢？這時 B 就會重新發送一個「B 也不玩了」，如果 A 已經跑路了，B 就再也收不到 ACK 了。因而 TCP 要求 A 最後等待一段時間，即保持 TIME_WAIT 狀態，這段時間要足夠長，如果 B 沒收到 A 發送來的 ACK，就會將資訊重新發送給 A，A 收到後會重新發送一個 ACK 並保障有足夠的時間到達 B。

A 直接跑路還會產生一個問題：A 的通訊埠直接空出來了，但是 B 不知道，B 之前給 A 發送的很多封包很可能還在路上。如果 A 的通訊埠被一個新的應用佔用了，這個新的應用就會收到上個連接中 B 發過來的封包。雖然序號是重新產生的，但是為了防止產生混亂，需要等足夠長的時間，等到原來 B 發送的所有的封包都「死翹翹」了，再空出通訊埠來。

將等待的時間設為 2MSL，MSL（Maximum Segment Lifetime，最長存活時間）是封包在網路上存在的最長時間，超過這個時間的封包將被捨棄。TCP 封包是以 IP 為基礎的，而 IP 表頭中有一個 TTL 域，該欄位用來表示 IP 資料封包可以經過的最大路由數，每經過一個處理它的路由器此值就減 1，當此值為 0 時，資料封包就會被捨棄，同時會發送 ICMP 封包通知來源主機。協定規定 MSL 為 2 分鐘，實際應用中常用的是 30 秒、1 分鐘和 2 分鐘等。

還有一種例外情況是，B 超過了 2MSL 的時間，依然沒有收到它發的 FIN 的 ACK，怎麼辦呢？按照 TCP 的原理，B 當然還會重發 FIN，這時 A 收到這個封包之後，就表示：「我已經在這裡等了這麼長時間，已經仁至義盡了，之後的封包我就都不認了。」於是 A 直接發送 RST 給 B，B 就知道 A 已經跑了。

TCP 狀態機

將連接建立和連接中斷的兩個時序狀態圖綜合起來，就是著名的 TCP 的狀態機，如圖 3-5 所示。學習時建議將這個狀態機和時序狀態機對照著看。

在圖 3-5 中，字型加黑粗體的部分，是上面說到的主要流程，其中阿拉伯數字的序號，是連接建立過程中的順序，而大寫中文數字的序號，是連接中斷過程中的順序。粗體的實線是用戶端 A 的狀態變遷，粗體的虛線是服務端 B 的狀態變遷。

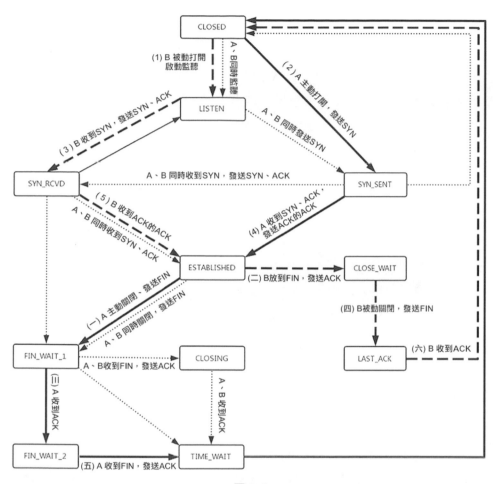

圖 3-5

小結

本節歸納如下：

■ TCP 標頭很複雜，但是主要關注五個方面：順序問題、封包遺失問題、
連接維護、流量控制，以及擁塞控制。

■ 連接的建立要經過三次驗證，中斷要經過四次交握，一定要掌握圖 3-3
以及圖 3-4。

1. TCP 的連接有這麼多狀態，你知道如何在系統中檢視某個連接的狀態嗎？
2. 本節僅講了連接維護問題，其實為了維護連接的狀態，還有其他的資料結構可以用來處理另外 4 個問題，你知道是什麼嗎？

3.3 TCP（下）：西行必定多妖孽，恆心智慧消磨難

我們前面說到玄奘西行，要出閘道。既然出了閘道，那就要在公網上傳輸資料，公網常常是不可靠的，因此需要很多機制去保障傳輸的可用性，這時就需要各種重傳的策略來堅定西行的恆心，還需要大量的演算法來作為西行的智慧儲備。

如何成為可靠的 TCP

TCP 想成為一個成熟穩重的人、成為一個可靠的人。那一個人怎樣才算可靠呢？工作中經常就有這樣的場景，例如你交代給下屬一個工作，對於這個工作是否能夠做到、能做到什麼程度、什麼時候能夠發佈這些問題，下屬應該給予你適時的回覆。這樣，在下屬處理事情的過程中，一旦有例外，你也可以儘快知道，而如果交代完工作之後就石沉大海，過了一個月你再問，下屬可能就會說：「啊，我不記得了。」

對應到網路通訊協定上，就是用戶端每發送一個封包，服務端都應該有個回覆，如果服務端超過一定的時間沒有回覆，用戶端就會重新發送這個封包，直到收到回覆。

這個發送回應的過程是什麼樣的呢？可以是上一個封包收到了回應，再發送下一個封包。這種模式有點像兩個人直接打電話，你一句，我一句，我

要聽完了你説的話，我才能再説。但是這種方式的缺點是效率比較低。如果一方在電話那頭處理的時間比較長，這一頭就要乾等著，雙方都沒辦法做其他事情。日常工作中通常也不會這樣做，例如你交代下屬辦一件事情，不會一直打著電話等著他做，而應該是他按照你的安排先將事情記錄下來，辦完一件回覆一件。在他辦事情的過程中，你還可以同時交代新的事情，這樣雙方就平行了。

如果使用平行的模式，你和你的下屬就不能只靠腦子，而都需要準備個筆記本。你每交代下屬辦一件事情，你的筆記本上就按照順序記錄下你交代過的事情，當你的下屬接收到你的工作之後，也要在他的筆記本上按照順序記錄下來。

下屬做完一件事情，就要回覆你某事做完了，你就在筆記本上將這件事情劃去。同時你的筆記本上每件事情都有時限，如果超過了時限下屬還沒有回覆，你就要主動重新提醒一下：「上次那件事情，你還沒回覆我，怎樣啦？」

既然多件事情可以一起處理，那就需要給每件事情編個號，防止弄錯。舉例來説，程式設計師平時看工作時，都會看 JIRA 的 ID，而非每次都要描述一下實際的事情。在人部分情況下，對於事情的處理是按照順序來的，先來的先處理，這就給回應和匯報工作帶來了方便。開周會的時候，每個程式設計師都可以將 JIRA 的 ID 列表拉出來，説以上都做完了，而不用具體詳細説明。

如何實現一個可靠的協定

TCP 使用的也是同樣的模式。為了確保順序性，每一個封包都有一個 ID。在建立連接時，會商定起始的 ID 是什麼，然後按照 ID 一個個發送。為了確保封包不遺失，對於收到的封包接收方都要傳回回應，但是這個回應也不是一個一個發送的，接收方只會發送回應説某個 ID 之前的封包都收到

了，這種模式稱為累計確認或累計回應（Cumulative Acknowledgment），這一點和程式設計師處理 JIRA 是一樣的。

為了記錄所有發送的封包和接收的封包，TCP 需要用戶端和服務端分別透過快取來儲存這些記錄，這個快取就相當於記錄工作的筆記本。在用戶端的快取中，封包是按照 ID 一個個排列的，根據封包的處理情況可以將其分成以下 4 個部分。

- 第 1 部分：已發送且已確認的封包。這部分就像是已經交代下屬，並且下屬已經完成的、應該劃掉的工作。
- 第 2 部分：已發送但未確認的封包。這部分就像是已經交代下屬，但是下屬還沒做完，需要收到做完的回覆之後，才能劃掉的工作。
- 第 3 部分：未發送，但等待發送的封包。這部分就像是還沒有交代給下屬，但是馬上就要交代的工作。
- 第 4 部分：未發送，並且暫時也不會發送的封包。這部分就像是還沒有交代給下屬，而且暫時也不會交代給下屬的工作。

這裡為什麼要區分第 3 部分和第 4 部分呢？沒交代的工作，一下子全交代完不就可以了嗎？

這就是我們上一節提到的掌握 TCP 要注意的「流量控制，把握分寸」。作為專案管理人員，你應該根據以往的工作情況和這個員工的工作能力、抗壓能力等，先估測一下這位員工一天能做多少工作。如果工作佈置少了，就會不飽和；如果工作佈置多了，就會做不完；如果你使勁逼迫，人家可能就要辭職了。

到底一個員工能夠同時處理多少事情呢？在 TCP 裡，服務端會給用戶端報一個視窗的大小，叫作 AdvertisedWindow，即圖 3-6 中的黑框部分。這個視窗能夠接納的工作量應該等於上面第 2 部分加上第 3 部分的工作量，也就是已經交代了但還沒做完的，以及馬上要交代的工作。一旦用戶端發送

的封包的數量超過這個視窗能承載的工作量，服務端做不過來，用戶端就不能再發送封包了。

於是，用戶端需要保持下面的資料結構，如圖 3-6 所示。

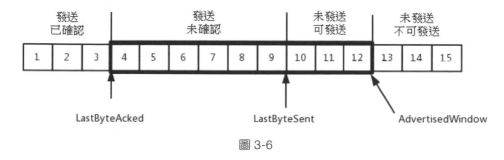

圖 3-6

圖 3-6 中需要注意以下幾點。

- LastByteAcked：第 1 部分和第 2 部分的分界線，圖 3-6 中 3、4 交界處。
- LastByteSent：第 2 部分和第 3 部分的分界線，圖 3-6 中 9、10 交界處。
- LastByteAcked+AdvertisedWindow：第 3 部分和第 4 部分的分界線，圖 3-6 中黑框部分是 AdvertisedWindow，長度為 9。

對於服務端來講，它在快取裡記錄的內容要簡單一些。

- 第 1 部分：接受並且確認過的工作。也就是主管交代，並且下屬已經做完的。
- 第 2 部分：還沒接收，但是馬上就能接收的工作。也就是下屬能夠接受的最大工作量。
- 第 3 部分：還沒接收，也無法接收的工作。即超過工作量的工作，實在做不完。

對應的資料結構如圖 3-7 所示。

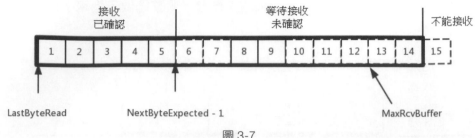

圖 3-7

圖 3-7 中需要注意以下幾點。

- LastByteRead：之後是已經接收了，但是還沒被應用層讀取的工作，圖 3-7 中從快取 1 開始，應用層就沒有讀取，將資料暫時全放在這裡，所以位置在 1 之前。
- NextByteExpected：下一個希望收到的位元組，圖 3-7 中為 6 號，故 NextByteExpected－1 是第 1 部分和第 2 部分的分界線，在 5 和 6 的交界處。
- MaxRcvBuffer：最大快取的量，即圖 3-7 中共 14 個位置的快取（黑框部分）。

第 2 部分的視窗有多大呢？

NextByteExpected－1 和 LastByteRead 的差其實是還沒有被應用層讀取的部分佔用掉的 MaxRcvBuffer 的量，我們把它定義為 A。AdvertisedWindow 其實是 MaxRcvBuffer－A。即 AdvertisedWindow＝MaxRcvBuffer－[(NextByteExpected－1)－LastByteRead]。

那第 2 部分和第 3 部分的分界線在哪裡呢？(NextByteExpected－1) + AdvertisedWindow 就是第 2 部分和第 3 部分的分界線，即 LastByteRead + MaxRcvBuffer。

其中，由於第 2 部分收到的封包可能不是按順序排列的，所以會出現空檔，只有和第 1 部分連續的工作可以馬上進行回覆，中間空著的工作需要等待，哪怕後面的工作已經來了。

順序問題與封包遺失問題

接下來,我們結合一個實例來看。

回到圖 3-6,在用戶端來看,1、2、3 是已經發送並收到 ACK 的工作;4、5、6、7、8、9 都是發送了還沒收到 ACK 的工作;10、11、12 是還沒發出的工作;13、14、15 是因為服務端沒有空間,所以不準備發的工作。

再看圖 3-7,在服務端來看,1、2、3、4、5 是已經發送 ACK,但是沒讀取的工作;6、7 是等待接收的工作;8、9 是已經接收,但是沒有發送 ACK 的工作。

用戶端和服務端目前的狀態如下:

- 1、2、3 沒有問題,雙方達成了一致。
- 服務端已經收到 4、5 並發送 ACK 了,但是用戶端還沒收到,有可能丟了,有可能還在路上。
- 6、7、8、9 一定都已經發送了 ACK,但是 8、9 已經收到了,6、7 還沒收到,由於出現了亂數,所以服務端只能將其暫時快取,沒辦法發送 ACK。

根據這個實例,我們可以知道,順序問題和封包遺失問題都有可能發生,所以我們先來看確認重發機制。

假設 4 的 ACK 收到了,不幸的是,5 的 ACK 丟了,6、7 的封包丟了,這該怎麼辦呢?

一種方法就是逾時重試,即對每一個已經發送但是沒有收到 ACK 的封包,都設一個計時器,超過了一定的時間,就重新嘗試。但這個逾時的時間如何評估呢?這個時間不宜過短,必須大於封包的往返時間(RTT),否則會引起不必要的重傳;也不宜過長,否則逾時變長,存取就變慢了。

評估往返時間，需要 TCP 透過對 RTT 取樣進行加權平均，算出一個值，而且這個值還會不斷變化，因為網路狀況在不斷變化。除了對 RTT 取樣，還要對 RTT 的波動範圍取樣，估算出一個逾時。由於重傳時間是不斷變化的，所以我們稱這個計算過程為自我調整重傳演算法（Adaptive Retransmission Algorithm）。

如果一段時間以後，5、6、7 都逾時了，就會重新發送 ACK。服務端發現 5 原來接收過，於是捨棄 5；6 收到了，發送 ACK，要求下一個是 7，7 不幸又丟了。當 7 再次逾時，需要重傳的時候，TCP 的策略是使逾時間隔加倍，即每遇到一次逾時重傳，都會將下一次逾時間隔設為先前值的兩倍。兩次逾時，就說明網路環境差，不宜頻繁發送。

逾時觸發重傳存在的問題是，逾時週期可能相對較長。那是不是可以有更快的方式呢？

有一個可以快速重傳的機制，即當服務端收到的封包段序號大於下一個期望的封包段序號時，就檢測資料流程中的間隔，然後發送 3 個容錯的 ACK，用戶端收到後，就在計時器過期之前，重傳遺失的封包段。

舉例來說，服務端發現 6、8、9 都已經接收了，就是 7 沒來，那一定是丟了，於是發送 3 個 6 的 ACK，要求下一個是 7。用戶端收到 3 個 ACK，發現 7 已經丟了，就不會等逾時，馬上重發。

還有一種方式為 SACK（Selective Acknowledgment，選擇確認）。這種方式需要在 TCP 標頭裡加一個 SACK，就可以將快取的地圖發送給用戶端。例如可以發送 ACK6、SACK8、SACK9，有了地圖，用戶端就能馬上看出來是 7 丟了。

流量控制問題

我們再來看看流量控制問題。

封包的 ACK 中會攜帶一個視窗的大小。我們先假設視窗容量始終為 9。
4 的 ACK 到達時，視窗會右移一個，那麼 13 也可以發送了，如圖 3-8 所示。

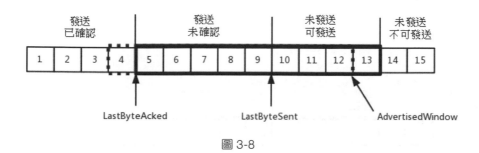

圖 3-8

這個時候，假設用戶端發送過猛，就會將第三部分的 10、11、12、13 全部發送完畢，之後就停止發送了，未發送可發送部分為 0，如圖 3-9 所示。

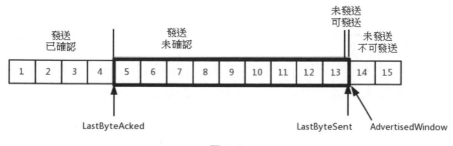

圖 3-9

當 5 的 ACK 到達時，用戶端的視窗相當於又向後滑動了一格，這時才有更多的封包可以發送，如圖 3-10 所示，14 就可以發送了。

圖 3-10

如果服務端實在處理得太慢，導致快取中沒有空間了，可以透過確認資訊修改用戶端視窗的大小，甚至可以將它設定為 0，這樣用戶端將暫時停止發送，此時服務端如圖 3-11 所示。

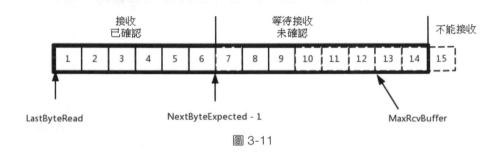

圖 3-11

我們假設一個極端情況，服務端的應用一直不讀取快取中的資料，那麼當 6 被確認後，用戶端視窗大小就不能再是 9 了，而要縮小為 8。當 6 的 ACK 到達用戶端時，用戶端視窗並不會平行右移，而僅是視窗的左側邊界右移了，視窗大小從 9 變成了 8，如圖 3-12 所示。

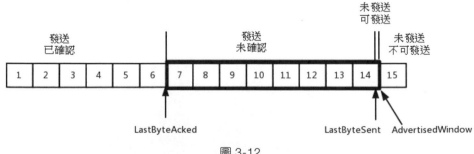

圖 3-12

如果服務端還是一直不處理資料，那麼隨著 ACK 越來越多，用戶端的視窗會越來越小，直到為 0，此時服務端如圖 3-13 所示。

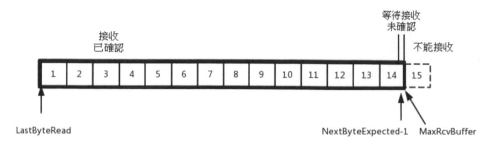

圖 3-13

當這個視窗中 14 的 ACK 到達用戶端時，用戶端的視窗也調整為 0，停止發送，此時用戶端如圖 3-14 所示。

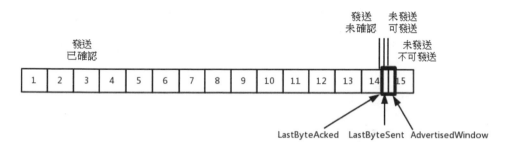

圖 3-14

如果這樣的話，用戶端會定時發送視窗探測資料封包，看是否有機會調整視窗的大小。當服務端處理速度較慢時，要防止低能視窗綜合症，不要服務端空出一位元組就馬上填滿。視窗太小時，用戶端可以不更新視窗大小，直到達到一定大小，或緩衝區一半為空時，再更新視窗大小。

以上是我們常說的流量控制。

擁塞控制問題

最後，我們看一下擁塞控制的問題，擁塞也是透過視窗的大小來控制的，前面提到的視窗是滑動視窗 rwnd（receive window），它用來防止用戶端把服務端快取塞滿，而擁塞視窗 cwnd（congestion window）則用來防止網路被塞滿。

以下是擁塞視窗和滑動視窗共同控制的發送的速度公式。

LastByteSent - LastByteAcked ≤ min {cwnd, rwnd}

那用戶端怎麼判斷網路是否太滿呢？這其實有一定的難度，因為對 TCP 來講，它根本不知道整個網路路徑長什麼模樣，對它來講網路就是一個黑盒子。TCP 發送封包常被比喻為往一個水管裡面灌水，而 TCP 的擁塞控制就是在不堵塞、不遺失封包的情況下，儘量利用頻寬。

水管有粗細，網路有頻寬大小（即每秒鐘能夠發送多少資料）。同時，水管有長度，網路的點對點之間也有延遲。在理想狀態下，水管的容量 = 水管粗細 × 水管長度。而對應到網路上，點對點通道的容量 = 頻寬 × 往返時間。

如果我們設定了發送視窗，使得已發送但未確認的封包數量為通道的容量，那麼傳輸的封包就能夠撐滿整個管線，如圖 3-15 所示。

如圖 3-15 所示，假設封包傳輸的往返時間為 8s，去 4s，回 4s，每秒發送 1 個封包，每個封包 1024 位元組。已經過去了 8s，則 8 個封包都發出去了，其中前 4 個封包已經到達服務端，但是 ACK 還沒有傳回給用戶端，不能算發送成功。後 4 個封包（5~8）還在路上，沒有被接收。這時，整個管線正好撐滿，在用戶端，已發送未確認的為 8 個封包，正好等於頻寬，即頻寬 = 每秒發送 1 個封包 × 來回時間 8s。

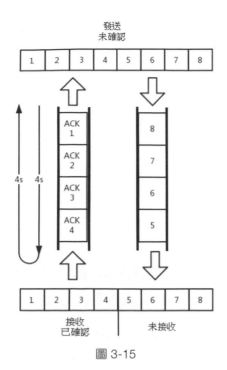

圖 3-15

如果在這個基礎上再調大視窗，使得單位時間內可以發送更多的封包，那麼會出現什麼現象呢？

原來發送 1 個封包，從一端到達另一端，假設一共經過 4 個裝置，每個裝置處理 1 個封包耗費 1s，所以到達另一端需要耗費 4s，如果發送的速度更快，則單位時間內，會有更多的封包到達這些中繼裝置，這些裝置如果還是只能每秒處理 1 個封包的話，多出來的封包就會被捨棄，這是我們不想看到的。

這時，我們可以想其他的辦法，例如這 4 個裝置本來每秒處理 1 個封包，但是我們在這些裝置上加快取，來不及處理的在佇列裡面排著，這樣封包就不會遺失，但是缺點是會增加延遲，這個快取的封包在 4s 內一定到達不了服務端，如果延遲達到某種程度，就會逾時重傳，這也是我們不想看到的。

TCP 的擁塞控制避免了以上兩種現象，封包遺失和逾時重傳。一旦出現了這兩種現象就説明封包的發送速度太快了，要慢一點。但是一開始我怎麼知道封包發送的速度應該多快呢，怎麼知道應該把視窗調整到多大呢？

如果透過漏斗往瓶子裡灌水，大家一定知道，不能一桶水一下子倒進去，否則會滿出來，所以一開始要慢慢地倒，如果發現水不會滿出來，就可以越倒越快。這叫作慢啟動。

所以要從 1 條 TCP 連接開始，將 cwnd 設定為 1，一次只能發送 1 個封包；當用戶端收到對這個封包的確認後，cwnd 加 1，於是下次能發送 2 個封包；每收到 1 個對封包的確認，cwnd 加 1，收到 2 個確認 cwnd 加 2，於是下次能發送 4 個封包；當收到對這 4 個封包的確認後，cwnd 加 4，於是下次能發送 8 個。可以看出，這是指數級的增長。

漲到什麼時候呢？有一個參考值 ssthresh 為 65535 位元組，當超過這個值的時候，就要小心一點了，不能這麼快地發送了，網路通道可能快滿了，發送速度要慢下來。

這時，每收到 1 個確認，cwnd 增加 1/cwnd，我們繼續上面的説明，一次發送 8 個封包，當用戶端收到這 8 個確認時，每個確認 cwnd 增加 1/8，8 個確認一共增加 1，於是下次能夠發送 9 個封包，封包的傳送速率變成了線性增長。

但是線性增長還是增長，所以水還是會越來越多，直到有一天，水滿則溢，出現了擁塞，這時就會一下子降低倒水的速度，等待滿出來的水慢慢滲下去。

擁塞的一種表現形式是封包遺失，需要逾時重傳，這時，需要將 ssthresh 設為 cwnd/2，將 cwnd 設為 1，重新開始慢啟動。所以一旦逾時重傳，就會馬上被打回原形。但是這種方式太激進了，高速的傳輸一下子停了下來，就會造成網路卡頓。

前面講過快速重傳演算法，即當服務端發現丟了 1 個中間封包時，發送 3 次前一個封包的 ACK，於是用戶端就會快速地重傳，不必等待逾時再重傳。TCP 認為這種情況不太嚴重，因為大部分封包沒丟，只丟了一小部分，cwnd 減半為 cwnd/2，然後令 ssthresh = cwnd，當 3 個封包傳回時，cwnd = ssthresh + 3，並沒有被打回原形，還是比較高的值，封包的傳送速率呈線性增長，如圖 3-16 所示。

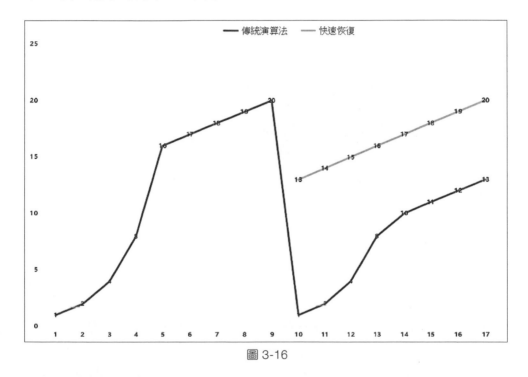

圖 3-16

就像前面説的一樣，正是這種知進退的機制，使得在傳送速率下降的情況下依然能夠保障低延遲。TCP 的擁塞控制主要避免的兩個問題都是需要仔細分析的。

第一個需要分析的問題是封包遺失並不代表通道滿了，也可能是管子本來就漏水。有時公網上頻寬不滿也會封包遺失，如果這時用戶端卻認為發生了擁塞，進而選擇退縮，其實是不對的。第二個需要分析的問題是 TCP 的

擁塞控制如果要等到將中繼裝置都填充滿了，才發生封包遺失，進而降低速度，那麼這時候為時已晚。其實 TCP 只要填滿管線就可以了，不應該連快取也填滿。為了解決這兩個問題，後來有了 TCP BBR 擁塞演算法。它企圖找到一個平衡點，透過不斷加快發送速度，將管線填滿，但是不會填滿中繼裝置的快取（因為這樣延遲會增加），最後達成高頻寬和低延遲的平衡，如圖 3-17 所示。

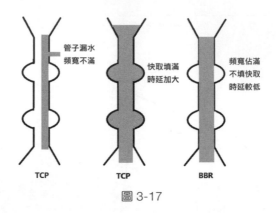

圖 3-17

小結

這一節就到這裡，歸納如下：

- 順序問題、封包遺失問題、流量控制都是透過滑動視窗來解決的，滑動視窗其實就相當於主管和下屬的工作備忘錄，佈置過的工作要有編號，做完了有回饋，工作不能派太多，也不能太少。
- 擁塞控制是透過擁塞視窗來解決的，相當於往管線裡面倒水，倒太快容易滿出來，倒太慢浪費頻寬，要摸著石頭過河，找到最佳值。

思考題

1. TCP 的 BBR 演算法聽起來很厲害，你知道如何找到平衡點嗎？
2. 學會了 UDP 和 TCP，你知道如何基於這兩種協定寫程式嗎？會有什麼「坑」呢？

3.4 socket：Talk is cheap, show me the code

前面講完了 TCP 和 UDP，還沒有上手實作過，這一節就講一講以 TCP 和 UDP 為基礎的 socket（通訊端）程式設計。

在講 TCP 和 UDP 時，分用戶端和服務端，在寫程式的時候，也同樣這樣分。

socket 這個名字很有意思，可以譯為插座或插槽。雖然是要寫軟體程式，但是可以想像為拿一條網路線，一頭插在用戶端，一頭插在服務端，然後進行通訊。所以在通訊之前，雙方都要建立一個 socket。

在建立 socket 時，應該設定什麼參數呢？ socket 程式設計進行的是點對點的通訊，我們常常不知道中間要經過多少區域網，多少路由器，因而只能設定點對點協定之上的網路層和傳輸層。

函數 socket() 需要指定網路層的協定到底是 IPv4 還是 IPv6，對應的設定分別為 AF_INET 和 AF_INET6。另外，還要指定傳輸層的協定到底是 TCP 還是 UDP。之前講過，TCP 是以資料流程為基礎的，所以對應的設定為 SOCK_STREAM，而 UDP 是以資料封包為基礎的，因而對應的設定為 SOCK_DGRAM。

接下來以 TCP 和 UDP 為基礎的 socket 程式的函數呼叫過程會稍有不同，我們先來看 TCP。

以 TCP 為基礎的 socket 程式的函數呼叫過程

TCP 的服務端要先監聽一個通訊埠，一般是先呼叫函數 bind()，給這個 socket 指定一個通訊埠編號和 IP 位址。為什麼需要通訊埠編號呢？要知道，你寫的是一個應用程式，當一個封包到達時，核心要透過 TCP 標頭裡

面的這個通訊埠編號，找到對應的應用程式，把封包給它。為什麼要 IP 位址呢？有時候，一台機器會有多個網路卡，也就會有多個 IP 位址，可以選擇監聽所有的網路卡，也可以選擇監聽一個網路卡，這樣只有發給這個網路卡的封包，才會給到這台機器。

服務端有了 IP 位址和通訊埠編號，就可以呼叫函數 listen() 進行監聽了。在 TCP 的狀態圖裡有一個 listen 狀態，當呼叫函數 listen() 後，就會進入 listen 狀態，這時用戶端就可以發起連接了。

在核心中，需要為每個 socket 維護兩個佇列。一個是已經建立了連接的佇列，這時候 TCP 三次驗證已經完畢，處於 established 狀態；另一個是還沒有完全建立連接的佇列，這時候 TCP 三次驗證還沒完成，處於 syn_rcvd 狀態。

接著服務端呼叫函數 accept()，拿出一個已經建立的連接進行處理。若連接還未建立服務端就先等著。

在服務端等待的時候，用戶端可以透過函數 connect() 發起連接。先在參數中指明要連接的 IP 位址和通訊埠編號，然後發起三次驗證。核心會給用戶端分配一個臨時的通訊埠編號。一旦驗證成功，服務端的函數 accept() 就會傳回另一個 socket。監聽的 socket 和真正用來傳送資料的 socket 是兩個 socket，一個叫作監聽 socket，另一個叫作已連接 socket。

成功建立連接之後，雙方開始透過函數 read() 和函數 write() 來讀寫資料，就像往一個檔案流裡面寫東西一樣。

圖 3-18 就是以 TCP 為基礎的 socket 程式的函數呼叫過程。

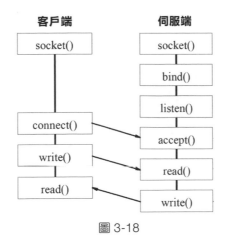

圖 3-18

TCP 的 socket 就是一個檔案流，這種說法非常準確。因為 socket 在 Linux 系統中就是以檔案的形式存在的。

在核心中，如果說 socket 是一個檔案，那就應該有檔案描述符號，寫入和讀取都是透過檔案描述符號實現的。每一個處理程序都有一個資料結構 task_struct，裡面指向一個檔案描述符號陣列，來列出這個處理程序開啟的所有檔案的檔案描述符號。檔案描述符號是一個整數，是這個陣列的索引。

這個陣列中的內容是一個指標，指向核心中所有開啟的檔案列表。既然 socket 是一個檔案，就會有一個 inode，只不過真正的檔案系統對應的 inode 是儲存在硬碟上的，而 socket 對應的 inode 是儲存在記憶體中的。在這個 inode 中，指標指向了 socket 在核心中的 socket 結構。在這個結構中，主要有兩個佇列，一個是發送佇列，一個是接收佇列。這兩個佇列裡面儲存的是一個快取 sk_buff。這個快取裡面能夠看到完整的封包的結構。看到這裡，你是否能和前面講過的收發封包的場景聯繫起來？

整個資料結構如圖 3-19 所示。

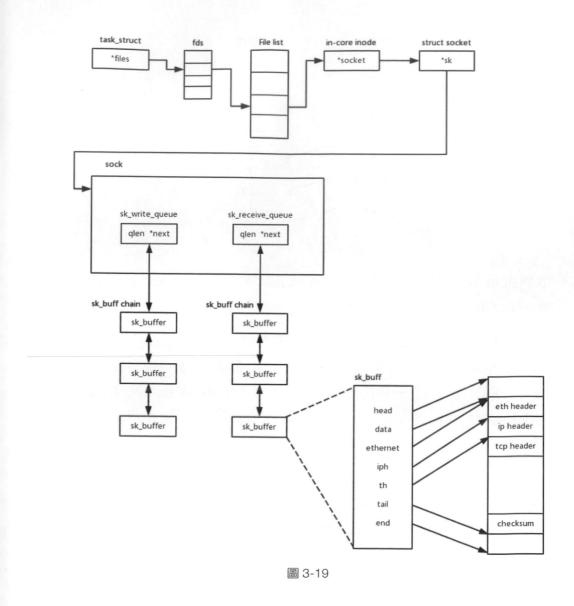

圖 3-19

以 UDP 為基礎的 socket 程式的函數呼叫過程

對於 UDP 來講，socket 程式的函數呼叫過程有些不一樣。UDP 是沒有連接的，所以不需要三次驗證，也就不需要呼叫 listen() 函數和 connect() 函數，但是 UDP 的互動仍然需要 IP 位址和通訊埠編號，因而也需要

bind() 函數。UDP 是沒有連接狀態的，因而不需要給每對連接都建立一組 socket。只要有一個 socket，就能夠和多個用戶端通訊，也正是因為沒有連接狀態，所以每次通訊時，呼叫 sendto() 函數和 recvfrom() 函數，都可以傳入 IP 位址和通訊埠編號。

圖 3-20 展示的就是以 UDP 為基礎的 socket 程式的函數呼叫過程。

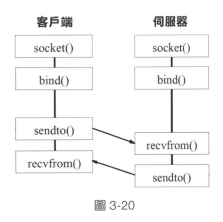

圖 3-20

如何接更多的專案

掌握這幾個基本的 socket() 函數之後，你就可以輕鬆地寫一個網路互動的程式了。就像上面的過程一樣，在建立連接後，進行一個 while 循環，用戶端發了收，服務端收了發。當然這只是萬里長征的第一步，因為如果使用這種方法，基本上只能進行一對一溝通。如果你是一個服務端，一定不能只服務一個用戶端。這就相當於老闆成立一個公司，只有自己一個人，自己親自上門服務客戶，只能做完了一家再換下一家，賺不了多少錢。

那作為老闆你就會想，我最多能接多少專案呢？當然是越多越好。

先算一下理論值——最大連接數，系統用一個四元組來唯一標識一個 TCP 連接，如下所示。

{ 本機 IP 位址，本機通訊埠，對端 IP 位址，對端通訊埠 }

服務端通常固定在某個本機通訊埠上監聽，等待用戶端的連接請求。因此，服務端 TCP 連接四元組中只有對端 IP 位址，也就是用戶端的 IP 位址和對端的通訊埠編號。由於用戶端的通訊埠是可變的，因此 TCP 最大連接數為：用戶端 IP 位址數 × 用戶端通訊埠數。對 IPv4 來說，用戶端的 IP 位址數最多為 2^{32}，用戶端的通訊埠數最多為 2^{16}，服務端單機最大 TCP 連接數約為 2^{48}。

當然，服務端最大平行處理 TCP 連接數遠不能達到理論上限，主要是受檔案描述符號限制。按照上面的原理，socket 都是檔案，所以首先要透過 ulimit 設定檔描述符號的數目，另一個限制是記憶體，按上面的資料結構，每個 TCP 連接都要佔用一定記憶體，但作業系統是有限的。

所以，作為老闆，在資源有限的情況下，要想接更多的專案，就需要降低每個專案消耗的資源數目。實際有以下 4 種操作方式。

方式一：將專案外包給其他公司（多處理程序）

這就相當於你是一個代理，監聽來的請求一旦建立了一個連接，就會有一個已連接 socket，這時你可以建立一個子處理程序，然後將基於已連接 socket 的互動交給這個新的子處理程序來做。就像來了一個新的專案，但是專案不一定是你自己做，可以再註冊一家子公司，招一些人，然後將專案轉包給這家子公司做，以後就由這家子公司和專案對接，你又可以去接新的專案了。

這裡有一個問題，如何建立子公司，並將專案移交給子公司呢？

Linux 系統是使用 fork() 函數建立子處理程序的。透過名字可以看出，這是在父處理程序的基礎上完全複製一個子處理程序，在 Linux 系統核心中，會複製檔案描述符號的清單，也會複製記憶體空間，還會複製記錄處理程序目前執行到了哪一行程式。顯然，複製的時候呼叫 fork() 函數，複製完畢後，父處理程序和子處理程序都會記錄剛剛已經執行完 fork() 函

數。這兩個處理程序剛複製完的時候，幾乎一模一樣，只是根據 fork() 函數的傳回值來區分到底誰是父處理程序，誰是子處理程序。如果傳回值是0，則是子處理程序；如果傳回值是其他的整數，就是父處理程序，處理程序複製過程如圖 3-21 所示。

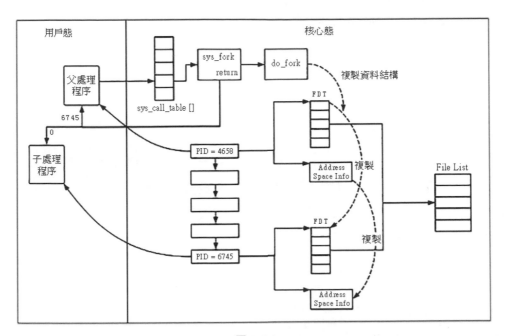

圖 3-21

因為複製了檔案描述符號列表，而檔案描述符號都是指向整個核心統一的開啟檔案列表的，所以父處理程序剛才透過 accept() 函數建立的已連接socket 也是一個檔案描述符號，同樣能被子處理程序獲得。

接下來，子處理程序就可以透過這個已連接 socket 和用戶端進行通訊了，當通訊完畢之後，子處理程序就可以退出了。父處理程序如何知道子處理程序完成了專案，已經退出了呢？上文提過，fork() 函數的傳回值如果是除 0 以外的其他整數，那麼這個處理程序就是父處理程序，這個整數就是子處理程序的 ID，父處理程序可以透過這個 ID 檢視子處理程序是否已經完成專案並且退出。

方式二：將專案轉給獨立的專案小組（多執行緒）

上面這種方式有一個問題，如果每次接一個專案都申請一個新公司，做完後就註銷掉這個公司，那麼這樣實在是太麻煩了。畢竟一個新公司要有新公司的資產，有新的辦公傢俱，每次都買了再賣，不划算。

於是你應該想到了使用執行緒這種方式。相比於處理程序來講，執行緒屬於輕量級的操作。如果建立處理程序相當於成立新公司、購買新辦公傢俱，那建立執行緒，就相當於在一個公司內部成立專案小組。一個專案做完了，這個專案小組就可以解散，組成另外的專案小組，辦公傢俱可以共用。

在 Linux 系統下，透過 pthread_create 建立一個執行緒，也是呼叫 do_fork。不同的是，雖然新的執行緒在 task 列表會重新建立一項，但是很多資源，例如檔案描述符號列表、處理程序空間還是共用的，只不過多了一個參考而已，如圖 3-22 所示。

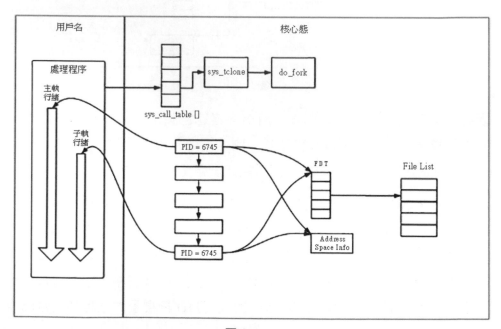

圖 3-22

新的執行緒可以透過已連接 socket 處理請求，進一步達到平行處理處理的目的。

上面以處理程序或執行緒模型為基礎的解決方式，還是會有問題，例如新建立一個 TCP 連接，就需要分配一個處理程序或執行緒，而一台機器無法建立很多處理程序或執行緒，這種情況被稱為 C10K 問題，意思是一台機器要維護一萬個連接，就要建立一萬個處理程序或執行緒，那麼作業系統是無法承受的。如果維持一億使用者線上需要十萬個服務端，那麼成本也太高了。

其實 C10K 問題就是你接的專案太多了，如果都成立單獨的專案小組，就要應徵 10 萬人，你一定養不起。那怎麼辦呢？

方式三： 一個專案小組支撐多個專案（I/O 多工，一個執行緒多個 socket）

這時就可以讓一個專案小組負責多個專案。每個專案小組都應該有個專案進度牆，將自己團隊負責的專案列在那裡，然後每天透過專案牆監控每個專案的進度，一旦某個專案有了進展，就派人去盯一下。

由於 socket 是檔案描述符號，因而某個執行緒盯著的所有的 socket 都會被放在一個檔案描述符號集合 fd_set 中，這就是專案進度牆，然後呼叫 select() 函數來監聽檔案描述符號集合是否有變化。一旦有變化，select() 函數就會依次檢視每個檔案描述符號，將那些發生變化的檔案描述符號對應的 fd_set 位都設為 1，表示 socket 讀取或寫入，可以進行讀寫操作，然後再呼叫 select()，接著盯著下一輪的變化。

方式四： 一個專案小組支撐多個專案（I/O 多工，從派人盯著到有事通知）

上面呼叫 select() 函數的方法還是有問題的，因為每次 socket 所在的檔案描述符號有多個 socket 發生變化時，都需要透過輪詢，也就是使用將全

部專案都過一遍的方式來檢視進度，這大幅影響了一個專案小組能夠支撐的專案的總量。而如果使用 select() 函數，則能夠同時盯著的專案總量由 FD_SETSIZE 限制。

如果使用事件通知的方式，情況就會好很多，專案小組不需要透過輪詢逐一盯著這些專案，而是當專案進度發生變化時，主動通知專案小組，然後專案小組再根據專案進展情況做對應的操作。

能完成這件事情的是 epoll，它在核心中不是透過輪詢，而是透過註冊 callback() 函數的方式實現的，當某個檔案描述符號發生變化時，就會主動通知對應的 socket。

如圖 3-23 所示，假設處理程序開啟了 socket m、socket n、socket x 等多個檔案描述符號，現在需要透過 epoll 來監聽這些 socket 是否都有事件發生。其中 epoll_create 建立一個 epoll 物件，它也是一個檔案，有對應的檔案描述符號，同樣也對應著開啟檔案列表中的一項，裡面有一棵紅黑樹，用來儲存這個 epoll 要監聽的 socket。

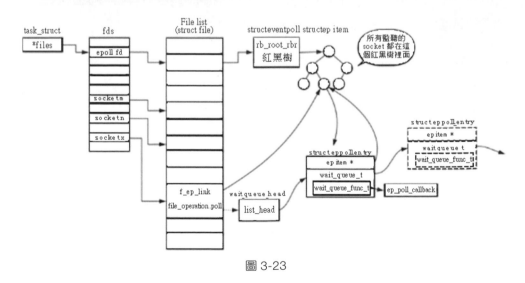

圖 3-23

當 epoll_ctl 增加一個 socket 時，其實是加入了這棵紅黑樹，同時紅黑樹裡面的節點指向一個結構，這個結構會被掛在被監聽的 socket 的事件列表中。當一個 socket 接收到一個事件時，可以從這個列表中獲得 epoll 物件，並呼叫 call back 通知這個 socket。

這種通知方式使得在監聽的 socket 資料增加時，效率不會大幅度降低。這種方式能夠同時監聽的 socket 的數目也非常多，上限為系統定義的處理程序開啟的最大檔案描述符號個數。因而，epoll 被稱為解決 C10K 問題的利器。

小結

本節歸納如下：

- 你需要記住在以 TCP 和 UDP 為基礎的 socket 程式的函數呼叫過程中，用戶端和服務端都需要呼叫哪些函數。
- 寫一個能夠支撐大量連接的高平行處理的服務端不容易，需要多處理程序、多執行緒，而 epoll 能解決 C10K 問題。

思考題

1. epoll 是 Linux 系統上的，你知道 Windows 系統上對應的機制是什麼嗎？如果想實現一個跨平台的程式，你知道應該怎麼辦嗎？
2. 自己寫 socket 還是很複雜的，寫一個 HTTP 的應用可能簡單一點。那你知道 HTTP 的工作機制嗎？

▶ 3.4 socket：Talk is cheap, show me the code

最常用的應用層

4.1 HTTP：看個新聞原來這麼麻煩

前面說明完傳輸層，接下來開始講應用層的協定。就從最常用的 HTTP 開始講起。

HTTP 幾乎是每個人上網用的第一個協定,同時也是很容易被忽略的協定。

既然本節要講看新聞，我們就先登入某新聞網站 http://www.***.com。

http://www.***.com 是一個 URL（Uniform Resource Locator，統一資源定位器）。之所以叫統一，是因為它有格式。HTTP 稱為協定，www. ***.com 是一個域名，表示網際網路上的位置。有的 URL 會有更詳細的位置標識，例如 http://www.***.com/index.html。正是因為 URL 是統一的，所以當你把這樣一個字串輸入到瀏覽器的位址框裡進行搜尋的時候，瀏覽器才能知道如何進行統一處理。

HTTP 請求封包的準備

瀏覽器會將 www.***.com 這個域名發送給 DNS 伺服器，讓它將域名解析為 IP 位址。域名解析的過程非常複雜，後面會有專門的章節詳細說明，這裡我們先跳過。將域名解析為 IP 位址之後，接下來是發送 HTTP 請求嗎？

不是，HTTP 是以 TCP 為基礎，當然是要先建立 TCP 連接了，怎麼建立呢？還記得 3.2 節講過的 TCP 的三次驗證嗎？

目前使用的 HTTP 大部分都是 1.1 版本。在 1.1 版本的協定裡面，預設是開啟 Keep-Alive 模式，在這個模式下建立的 TCP 連接，可以在多次請求中重複使用。

學了 TCP 之後，你應該知道，TCP 的三次驗證和四次交握其實很麻煩。如果好不容易建立連接，然後做一點事情就結束了，有點浪費人力和物力。

使用 Keep-Alive 模式時會設定一個 KeepAliveTimeOut 時間，HTTP 產生的 TCP 連接在傳送完最後一個回應後，還需要等待一定時間，才能關閉這個連接，如果這期間又有新的請求過來，就可以重複使用 TCP 連接。

HTTP 請求封包的建置

建立了連接以後，瀏覽器就要發送 HTTP 的請求，請求的格式如圖 4-1 所示。

HTTP 的封包大概分為 3 部分。第一部分是請求行，第二部分是請求的表頭欄位，第三部分才是請求的正文實體。接下來我們主要說明一下第一部分和第二部分。

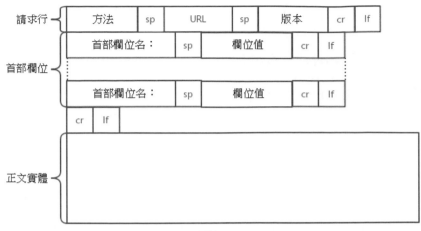

圖 4-1

第一部分：請求行

在請求行中，URL 為 http://www. ***.com，版本為 HTTP 1.1。下面著重説明幾種 HTTP 請求方法。

造訪網頁最常用的方法就是 GET。顧名思義，GET 是去服務端取得一些資源，通常要取得的資源是一個頁面，也會取得很多其他格式的資源，比如説傳回一個 JSON 字串，最後要傳回什麼，是由服務端的實現決定的。

舉例來説，在雲端運算中，如果服務端要提供一個以 HTTP 為基礎的 API，去取得所有雲端主機的清單，就會使用 GET 方法。最後傳回的可能是一個 JSON 字串，字串裡面是一個清單，清單裡面是雲端主機的資訊。

第二種常用方法叫作 POST。它會主動告訴服務端一些資訊，而非向服務端取得資訊。要告訴服務端的資訊一般會放在正文裡面。正文資訊可以是各種各樣的格式，常見的格式是 JSON。

舉例來説，在我們下一節要講的支付場景中，用戶端就需要把「我是誰？」「我要支付多少錢？」「我要買什麼？」告訴服務端，這時需要使用 POST 方法。再者，在雲端運算裡，服務端要提供一個基於 HTTP 建立雲

端主機的 API，也會用到 POST 方法。這個時候常常需要將「要建立多大的雲端主機？」、「多少 CPU ？」、「多少記憶體？」、「多大硬碟？」這些資訊放在 JSON 字串裡面，透過 POST 的方法告訴服務端。

第三種常用方法叫 PUT，就是向指定資源位置上傳最新資訊。但是，HTTP 的服務端常常是不允許上傳檔案的，所以 PUT 和 POST 都是給服務端傳遞資訊的方法。

在實際使用過程中，兩者會有些許的區別。POST 方法常常是用來建立一個資源，而 PUT 方法常常用來修改一個資源。舉例來說，雲端主機已經建立我想給這些雲端主機打一些標籤，說明某個雲端主機是生產環境的，而另外一個雲端主機是測試環境的。修改這些標籤常常使用的就是 PUT 方法。

最後一種常用的方法是 DELETE。顧名思義就是用來刪除資源。舉例來說，我們要刪除一個雲端主機，就會呼叫 DELETE 方法。

第二部分：表頭欄位

請求行下面就是表頭欄位。表頭是 Key-Value，透過冒號分隔。這裡面通常儲存了一些非常重要的欄位。

舉例來說，Accept-Charset 表示用戶端可以接受的字元集，防止因為傳過來的字元集不符合要求而出現亂碼。Content-Type 表示正文的格式，例如我們進行 POST 的請求，如果正文是 JSON 格式的，那麼我們就應該將這個值設定為 JSON。

這裡需要說一下快取。為什麼要使用快取呢？那是因為在一個非常大的頁面裡有很多內容。舉例來說，我瀏覽一個商品的詳情頁面，裡面有這個商品的價格、庫存、圖片、使用手冊，等等。商品的圖片會保持較長時間不變，而庫存會根據使用者購買的情況不斷變化。圖片佔用的快取空間相對較大，而庫存數佔用的快取空間卻非常小，如果我們每次更新資料都要更新整個頁面，服務端的壓力就會很大。

這種高平行處理場景下的系統，在真正的業務邏輯之前，都需要有個連線層，將這些靜態資源的請求攔在最外面，架構如圖 4-2 所示。

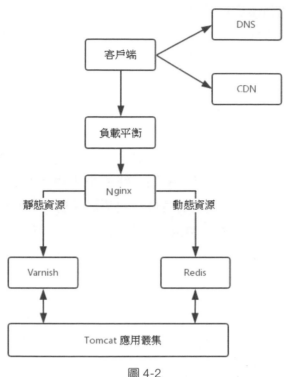

圖 4-2

其中 DNS 和 CDN 在後面的章節中會講。和這一節關係比較大的就是 Nginx 這一層，它如何處理 HTTP 呢？靜態資源在 Vanish 快取層，當快取過期時，才會存取真正的 Tomcat 應用叢集。

在 HTTP 表頭裡面，Cache-Control 是用來控制快取的。當用戶端發送的請求中包含 max-age 指令時，如果判斷快取層中資源的快取時間數值比指定時間的數值小，那麼用戶端可以接受快取的資源；當指定 max-age 值為 0 時，快取層通常需要將請求轉發給 Tomcat 應用叢集。

另外，If-Modified-Since 也是一個關於快取的標籤。顧名思義，如果服務端的資源在某個時間之後更新了，那麼用戶端就應該下載最新的資源；如

果沒有更新，服務端就會傳回「304 Not Modified」的回應，用戶端就不用下載了，可以節省頻寬。

到目前為止，我們僅拼湊了 HTTP 請求的封包格式，接下來，瀏覽器會把它交給下一層傳輸層。怎麼交給傳輸層呢？其實也無非是用 socket 這些東西，只不過這些程式不需要你自己寫，有人已經幫你寫好了。

HTTP 請求封包的發送

HTTP 以 TCP 為基礎，所以它使用連線導向的方式發送請求，透過二進位流（Stream）的方式傳給對方。當然，到了 TCP 層，它會把二進位流變成一個封包發送給服務端。發送的每個封包都需要對方傳回一個 ACK，來保障封包可靠地到達了對方。如果沒有收到 ACK，那麼 TCP 這一層會重新進行傳輸，直到封包到達。同一個封包有可能被傳了很多次，但是 HTTP 這一層不需要知道這一點，因為只有 TCP 這一層在埋頭苦幹。

TCP 層發送每一個封包，都需要加上自己的位址（即來源位址）和它想要去的地方（即目標位址），將這兩個資訊放到 IP 表頭裡面，交給 IP 層進行傳輸。

IP 層需要檢視它的目標位址和自己是否是在同一個區域網中。如果是，就發送 ARP 來請求這個目標位址對應的 MAC 位址，然後將來源 MAC 位址和目標 MAC 位址放入 MAC 標頭，發送出去即可。如果不在同一個區域網中，就需要發送到閘道，還需要發送 ARP 來取得閘道的 MAC 位址，然後將來源 MAC 位址和閘道 MAC 位址放入 MAC 標頭，發送出去。

閘道收到封包發現 MAC 位址符合，隨即取出目標 IP 位址，然後根據路由式通訊協定找到下一次轉發的路由器，進一步取得下一次轉發路由器的 MAC 位址，最後將封包發給下一次轉發路由器。這樣封包終於到達了目標區域網。這個時候，最後一次轉發的路由器就會發現，目標位址就在自

己的某一個出口的區域網上。於是，在這個區域網上發送 ARP，獲得這個目標位址的 MAC 位址，將封包發出去。

目的機器如果發現 MAC 位址符合，就會將封包收起來，接著如果發現 IP 位址符合，就可以根據 IP 表頭中的協定項，知道自己上一層是 TCP，於是解析 TCP 的表頭，找到裡面的序號，看一看這個序號是不是自己要的，如果是就放入快取中，然後傳回一個 ACK，如果不是就捨棄。

TCP 標頭裡面還有通訊埠編號，而 HTTP 伺服器正在監聽這個通訊埠編號。於是，目的機器自然知道是 HTTP 伺服器的這個處理程序想要這個封包，於是將封包發給 HTTP 伺服器。透過 HTTP 伺服器的處理程序可以看到，這個請求要造訪一個網頁，於是就把這個網頁發送給用戶端。

HTTP 傳回封包的建置

HTTP 的傳回封包有一定格式，也是以 HTTP 1.1 為基礎，結構如圖 4-3 所示。

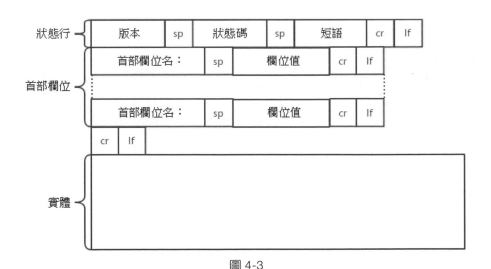

圖 4-3

狀態行中的狀態碼會反映 HTTP 請求的結果。"200" 表示一切正常。我們最不想見的就是 "404"，即「服務端無法回應這個請求」。

接下來傳回表頭欄位的 Key-Value。若表頭欄位為 Retry-After，則表示用戶端應該在多長時間後再嘗試一下。"503" 是指「服務暫時不再和這個值配合使用」。在傳回封包的表頭欄位裡會有 Content-Type，表示傳回的封包格式是 HTML 還是 JSON。

建置好了傳回的 HTTP 封包，接下來就要把這個封包發送出去。依舊交給 socket 去發送，隨後交給 TCP 層，讓 TCP 層將傳回的 HTML 也分成一個個小段，並且保障每個段都能可靠到達。這些段加上 TCP 標頭後會被交給 IP 層，然後把剛才的發送過程反向走一遍。雖然兩次不一定走相同的路徑，但是邏輯過程是一樣的，一直到達用戶端。

用戶端發現封包的 MAC 位址、IP 位址與自己符合，於是就會交給 TCP 層。TCP 層根據序號判斷是不是自己要的封包，如果是，就會根據 TCP 標頭中的通訊埠編號發給對應的處理程序。這個處理程序就是瀏覽器，瀏覽器作為用戶端也在監聽某個通訊埠。

瀏覽器拿到了 HTTP 的封包，發現傳回 "200"，一切正常，於是就從正文中將 HTML 拿出來。HTML 是一個標準的網頁格式。瀏覽器根據這個格式就可以展示出一個絢麗多彩的網頁。

以上就是 HTTP 請求封包和傳回封包完整的發送過程。

HTTP 2.0

當然 HTTP 也在不斷地進化，於是在 HTTP1.1 基礎上有了 HTTP 2.0。

HTTP 1.1 在應用層以純文字的形式進行通訊。每次通訊都要帶完整的 HTTP 表頭，如果不使用 Pipeline 模式，每次的過程總是像上面描述的那樣一去一回，這樣的通訊在即時性、平行處理性上都存在問題。

為了解決這些問題，HTTP 2.0 會對 HTTP 表頭進行一定的壓縮，在兩端建立一個索引表，將原來每次都要攜帶的大量 Key-Value 放入索引表中，對相同的表頭只發送索引表中的索引。

另外，HTTP 2.0 將一個 TCP 的連接切分成多個流，每個流都有自己的 ID 和優先順序，流的方向可以是從用戶端發往服務端，也可以是從服務端發往用戶端。流其實只是一個虛擬的通道。

HTTP 2.0 還將所有的傳輸資訊分割為更小的訊息和訊框，並對它們採用二進位格式進行編碼。常見的訊框有 Header 訊框和 Data 訊框。Header 訊框用於傳輸 Header 內容，並且會開啟一個新的流；Data 訊框用來傳輸正文實體，多個 Data 訊框屬於同一個流。

透過這兩種機制，HTTP 2.0 的用戶端可以將多個請求分配到不同的流中，然後將請求內容拆分成訊框，進行二進位傳輸。這些訊框可以打散亂數發送，服務端會根據每個訊框表頭的流識別符號重新進行組裝，並且可以根據優先順序，決定優先處理哪個流的資料。

我們來舉一個實例。假設我們的頁面要發送 3 個獨立的請求：一個取得 CSS、一個取得 JavaScript、一個取得 JPEG 格式的圖片。如果使用 HTTP 1.1，這 3 個請求就是串列的，但是如果使用 HTTP 2.0，用戶端和服務端就都可以在一個連接裡同時發送多個請求或回應，而且不用按照順序一一對應，如圖 4-4 所示。

HTTP 2.0 其實是將 3 個請求變成 3 個流，將資料分成訊框，亂數發送到一個 TCP 連接中，如圖 4-5 所示。

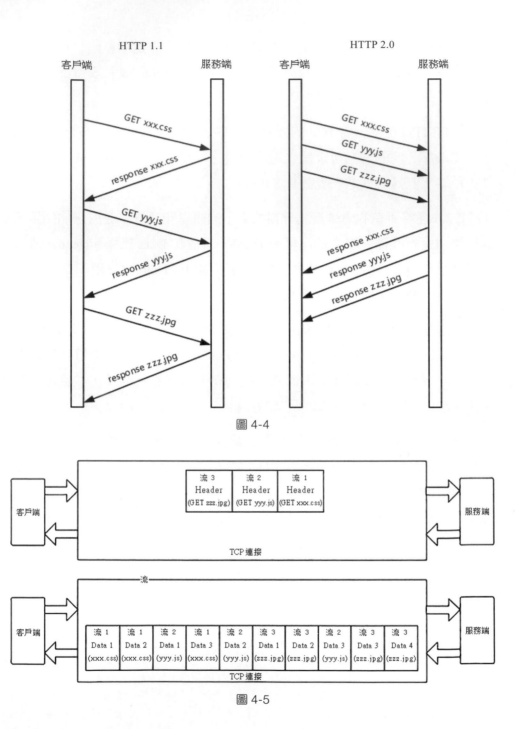

圖 4-4

圖 4-5

HTTP 2.0 成功解決了 HTTP 1.1 的佇列首阻塞問題，同時也不需要透過 HTTP 1.x 的 Pipeline 模式用多條 TCP 連接來實現平行請求與回應，進一步減少了 TCP 連接數對伺服器效能的影響，並且可以將頁面的多個資料透過一個資料連接進行傳輸，進而加快頁面元件的傳送速率。

QUIC 協定的訂製化

HTTP 2.0 雖然大幅加強了平行處理性，但還是會有一些問題。因為 HTTP 2.0 也是以 TCP 為基礎的，所以 TCP 在處理封包時有嚴格的順序要求，當其中一個封包遇到問題時，TCP 連接需要等待這個封包完成重傳之後才能繼續進行下一個封包的傳輸。HTTP 2.0 將一個 TCP 連接邏輯地切分成多個流，進一步實現了應用層多路數據的平行傳輸。雖然應用層實現了平行，但是到了傳輸層的 TCP 時，還是會有問題。假設兩個流在 TCP 層一前一後傳輸兩個沒有連結的資料，例如流 2 的訊框在前，流 1 的訊框在後，如果前面流 2 的訊框沒有收到，後面流 1 的訊框也會被阻塞，進一步又會影響效能。

於是，就又到了從 TCP 切換到 UDP，進行訂製化的時候了。可以使用 Google 的 QUIC 協定，接下來我們來看它是如何進行訂製化的。

機制一：自訂連接

一條 TCP 連接是由四元組標識的，分別是本機 IP 位址、本機通訊埠、對端 IP 位址、對端通訊埠。一旦一個元素發生變化，就需要中斷重連。在移動互連的情況下，當手機訊號不穩定或手機網路在 Wi-Fi 與行動網路之間進行切換時，都會導致重連，進一步再次進行 TCP 的三次驗證，這會導致一定的延遲。

這在 TCP 中是沒有辦法實現的，但是用 UDP，可以在 QUIC 協定自己的邏輯裡面維護連接的機制，這樣，連接不再由四元組來標識，而是由一個

64 位元的亂數作為 ID 來標識，而且 UDP 是不需連線的，所以當 IP 位址或通訊埠發生變化時，只要 ID 不變，就不需要重新建立連接。

機制二：自訂重傳

前面我們講過，TCP 為了確保可用性，使用序號和回應機制來解決順序問題和封包遺失問題。

任何一個序號的封包發過去，都要在一定的時間內獲得回應，否則一旦逾時，就會重發這個序號的封包。那怎樣才算逾時呢？還記得我們講過的自我調整重傳演算法嗎？這個逾時的界定是透過取樣往返時間（RTT）不斷進行調整的。

其實，在 TCP 裡面逾時的取樣結果不一定準確。舉例來說，發送一個封包，序號為 100，發現沒有回應，於是再發送一個序號為 100 的封包，一段時間後收到一個 ACK101，這時用戶端知道這個序號為 100 的封包一定收到了，但是往返時間是多少呢？是 ACK 到達的時間減去後一個封包發送的時間，還是減去前一個封包發送的時間呢？第一種演算法可能把時間算短了，第二種演算法可能把時間算長了，如圖 4-6 左側圖所示。

QUIC 協定也有個序號，和 TCP 的不同，這個序號是遞增的。任何一個序號的封包只發送一次，下次就要加一了。舉例來說，發送一個封包，序號是 100，發現沒有傳回，那麼再次發送的時候，序號就是 101。如果傳回 ACK100，就是對第一個封包的回應；如果傳回 ACK101 就是對第二個封包的回應，RTT 計算相對準確。

但是這裡有一個問題，怎麼知道封包 100 和封包 101 發送的是同樣的內容呢？QUIC 協定定義了一個 offset 概念。QUIC 協定既然是連線導向的，也就像 TCP 一樣是一個資料流程，發送的資料在這個資料流程裡面有一個偏移量 offset，可以透過 offset 檢視資料發送到了哪裡，這樣只要這個

offset 的封包沒有來，就要重發；如果來了，按照 offset 連接，還能拼成一個流，如圖 4-6 右側圖所示。

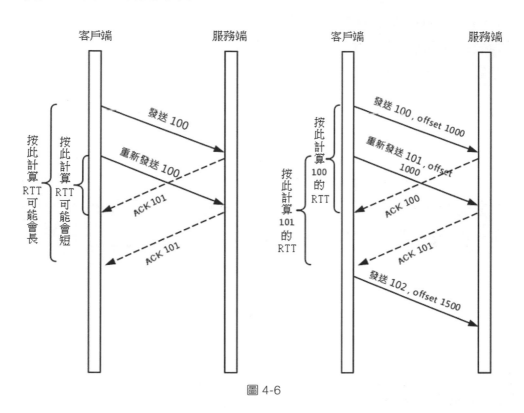

圖 4-6

機制三：無阻塞的多工

有了自訂的連接和重傳機制，就可以解決上面 HTTP 2.0 多工的問題。

和 HTTP 2.0 一樣，同一條 QUIC 協定連接上可以建立多個流，來發送多個 HTTP 請求。但是，QUIC 協定是以 UDP 為基礎的，一個連接上的多個流之間沒有依賴。這樣，假如流 2 丟了一個 UDP 封包，後面跟著流 3 的 UDP 封包，雖然流 2 的那個封包需要重傳，但是流 3 的封包無須等待就可以發送給使用者。

機制四：自訂流量控制

TCP 的流量控制透過滑動視窗協定來實現，QUIC 協定的流量控制透過
window_update 來告訴對端它可以接受的位元組數。但是 QUIC 協定的視
窗要適應自己的多工機制，所以不僅要在一個連接上控制視窗，還要在一
個連接中的每個流上控制視窗。

還記得嗎？在 TCP 中，服務端視窗的起始點是下一個要接收並且發送
ACK 的封包，即使後來的封包都到了，放在快取裡面，只要前面的封包沒
到視窗就不能右移。因為 TCP 的 ACK 機制是以序號為基礎的累計回應，
一旦給某一個序號的封包發送了 ACK，就說明前面的封包都收到了，所以
只要前面的封包沒收到，後面的封包即使到了也不能發送 ACK，否則就可
能會導致逾時重傳，浪費頻寬，如圖 4-7 所示。

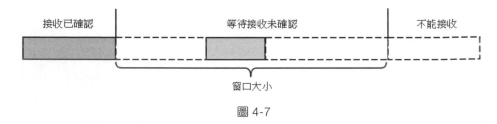

圖 4-7

QUIC 協定的 ACK 是以 offset 為基礎的，只要收到了 offset 的封包，進了
快取，就可以發送 ACK，已經發送 ACK 的封包就不會重傳，中間的空
檔會等待封包的到來或逾時重傳，而視窗的起始位置為目前收到的最大
offset，從這個 offset 到目前的流所能容納的最大快取，是真正的視窗大
小。顯然，這樣更加準確，如圖 4-8 所示。

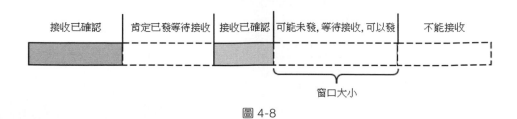

圖 4-8

另外，整個連接的視窗需要對所有的流視窗做一個統計。

機制五：擁塞控制

QUIC 協定目前預設使用了 TCP 的 CUBIC 擁塞控制演算法。

你還記得 TCP 的擁塞控制演算法嗎？每當收到一個 ACK 的時候，就需要調整擁塞視窗的大小。但是這也造成了一個後果，如果 RTT 比較小，視窗大小增長就會相對較快。

然而這並不符合目前網路的真實狀況。目前的網路頻寬比較大，由於網路遍佈全球，RTT 也比較長，所以以 RTT 為基礎的視窗調整策略，不僅不公平，而且由於視窗大小增長慢，有時候頻寬沒滿，資料就發送完了，極大的頻寬就被浪費掉了。

CUBIC 進行了不同的設計，它的視窗增長函數僅取決於連續兩次擁塞事件的時間間隔值，視窗增長完全獨立於 RTT。

CUBIC 的視窗大小的變化過程如圖 4-9 所示。

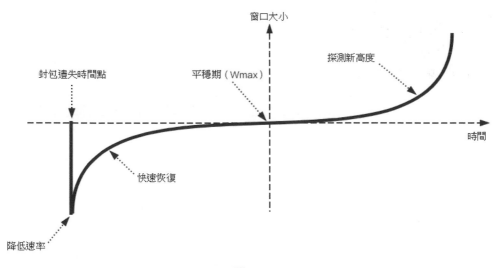

圖 4-9

當出現封包遺失事件時，CUBIC 會記錄這時的擁塞視窗大小，把它作為 Wmax。接著，CUBIC 會在目前視窗大小的基礎上，透過乘以一個常數因數的方式讓視窗大小直線下降到某個值，然後再沿著立方函數的曲線進行視窗恢復。

從圖 4-9 中可以看出，一開始視窗大小恢復的速度是比較快的，後來便從快速恢復階段進入擁塞避免階段，即當視窗接近 Wmax 時，恢復速度變慢。立方函數在 Wmax 處達到穩定點，增長速度為零，之後，在平穩期內緩慢增長，並且開始探索新的最大視窗。

小結

本節歸納如下：

■ HTTP 很常用，也很複雜，記住 GET、POST、PUT、DELETE 這幾個方法，以及重要的表頭欄位。

■ HTTP 2.0 透過頭壓縮、分訊框、二進位編碼、多工等技術提升效能。

■ QUIC 協定透過以 UDP 為基礎自訂的連接、重傳、多工、流量控制等機制進一步提升效能。

思考題

1. QUIC 協定是一個精巧的協定，它不只包含本節提到的幾種機制，你知道它的機制還有哪些嗎？

2. 本節主要說明了如何以 HTTP 瀏覽網頁，如果要傳輸比較敏感的信用卡資訊，該怎麼辦呢？

4.2 HTTPS：點外賣的過程原來這麼複雜

用 HTTP 看個新聞沒有問題，但是換到更加嚴肅的場景中，就存在很多的安全風險。例如你要下單做一次支付，如果還是使用普通的 HTTP，那你很可能就會被駭客盯上。

舉例來說，你發送一個請求，說你要點個外賣，但是這個網路封包被截獲了，於是在服務端回覆你之前，駭客先假裝自己就是外賣網站，給你回覆一個假的訊息說：「好啊好啊，來，信用卡資訊拿來。」如果這時候你把信用卡資訊發給他，那你就真的上當了。

那怎麼解決這個問題呢？一般的想法就是加密。加密分為兩種方式，一種是對稱加密，一種是非對稱加密。

在對稱加密中，加密和解密使用的是同一個金鑰。因此，對稱加密的金鑰要做好保密工作，金鑰只能讓使用的人知道，不能對外公開，這樣才能保障安全。

在非對稱加密中，加密使用的金鑰和解密使用的金鑰是不同的。一把是公開的公開金鑰，另一把是誰都不能給的私密金鑰。公開金鑰加密的資訊，只有私密金鑰才能解密。私密金鑰加密的資訊，只有公開金鑰才能解密。

因為對稱加密相比非對稱加密來說，效率要高得多，效能也好，所以互動的場景下多使用對稱加密。

對稱加密

假設你和外賣網站約定了一個金鑰，你發送請求資訊時用這個金鑰進行加密，外賣網站用同樣的金鑰進行解密。這樣就算中間的駭客截獲了你的請求資訊，但是他沒有金鑰，還是破解不了。

這看起來很完美，但是中間有個問題，你們怎麼約定這個金鑰呢？如果這個金鑰在網際網路上傳輸，也很有可能讓駭客截獲。駭客一旦截獲這個金鑰，就可以靜靜地等待你們進行互動。這時你們之間互通的任何訊息，他都能截獲並且檢視，包含你的信用卡資訊。

我們在諜戰劇裡面經常看到這樣的場景：特工相互之間透過無線電台傳遞資訊，收到資訊後透過密碼本才能將原文破解出來。怎麼把密碼本交給對方呢？只能透過線下傳輸。

舉例來說，你和外賣網站偷偷約定時間地點，它給你一個紙條，上面寫著你們的金鑰，然後說以後就用這個金鑰在網際網路上訂外賣了。當然你們碰面的時候，也會先約定一個口令，什麼「天王蓋地虎」之類的，口令對上了，才能把紙條給你。但是，「天王蓋地虎」也是對稱加密金鑰，同樣存在如何把「天王蓋地虎」約定為口令的問題。在諜戰劇中一對一碰面還有可能實現，在網際網路應用中，這麼多客戶，如果要和每一個客戶都去碰面，一定行不通。

所以，對稱加密就會永遠在這個無窮迴圈裡出不來，這個時候，就需要非對稱加密介入進來。

非對稱加密

非對稱加密的私密金鑰放在外賣網站這裡，不會在網際網路上傳輸，這樣就能保障私密金鑰的私密性。但是，對應私密金鑰的公開金鑰，是可以在網際網路上隨意傳播的，只要外賣網站把這個公開金鑰給你，你們就可以愉快地進行溝通了。

例如你用外賣網站的公開金鑰加密，給它發送資訊說：「我要訂外賣。」駭客在中間就算截獲了這個資訊，沒有外賣網站的私密金鑰也是解不開的，所以這個資訊可以順利到達外賣網站，外賣網站用自己的私密金鑰把這個資訊解出來，然後回覆給你：「那給我信用卡資訊吧。」

先別太樂觀,這裡還是有問題的。上文提到,非對稱加密中,公開金鑰加密的資訊,只有私密金鑰才能解密。私密金鑰加密的資訊,只有公開金鑰才能解密。而外賣網站回覆的這句話,是拿私密金鑰加密的,網際網路上人人都可以用外賣網站的公開金鑰把它開啟,當然也包含駭客。那外賣網站可以拿自己的公開金鑰加密嗎?當然不能,因為它自己的私密金鑰只有它自己知道,誰也解不開。

另外,這個過程還有一個問題,駭客也可以模擬發送「我要訂外賣」給外賣網站,因為他也有外賣網站的公開金鑰。

為了解決這些問題,只有服務端有一對公開金鑰和私密金鑰是不夠的,用戶端也需要有自己的一對公開金鑰和私密金鑰,並且用戶端要把自己的公開金鑰發給外賣網站。

這樣,用戶端給外賣網站發送資訊時,用外賣網站的公開金鑰加密。而外賣網站給用戶端發送訊息時,使用用戶端的公開金鑰加密。這樣就算有駭客企圖模擬用戶端取得一些資訊,或半路截獲回覆資訊,但是由於沒有雙方的私密金鑰,所以這些資訊他還是打不開。

數位憑證

不對稱加密也會有同樣的問題,如何將不對稱加密的公開金鑰發給對方呢?一種方式是放在一個公網的位址上讓對方下載,另一種方式就是在建立連接的時候傳給對方。

這兩種方法有相同的問題,那就是,作為一個普通網民,你怎麼鑑別別人給你的公開金鑰是對的。會不會有人冒充外賣網站,發給你一個自己的公開金鑰。接下來,你們之間所有的溝通,看起來都是沒有任何問題的。畢竟每個人都可以建立自己的公開金鑰和私密金鑰。

舉例來說,我自己架設了一個網站 cliu8site,可以透過以下指令先建立私密金鑰。

```
openssl genrsa -out cliu8siteprivate.key 1024
```

然後，再根據這個私密金鑰，建立對應的公開金鑰，程式如下。

```
openssl rsa -in cliu8siteprivate.key -pubout -outcliu8sitepublic.pem
```

這個時候就需要權威部門的介入了，就像每個人都可以列印自己的簡歷，説自己是誰，但是有政府掛保證的證明，就只有身份證、戶口名簿，用這些證件才能證明你是你。這些由權威部門頒發的證明稱為憑證（Certificate）。

憑證裡面有什麼呢？當然要有公開金鑰，這是最重要的。還有憑證的所有者，就像戶口名簿上有你的姓名和身份證字號，説明這個戶口名簿是屬於你的。另外還有憑證的頒發機構和憑證的有效期限，就像身份證上的簽發機關和有效期限。

這個憑證是怎麼產生的呢？會不會有人假冒權威機構頒發憑證呢？產生憑證需要發起一個憑證請求，然後將這個請求發給一個權威機構去認證，這個權威機構我們稱為 CA（Certificate Authority）。

憑證請求可以透過以下指令產生。

```
openssl req -key cliu8siteprivate.key -new -out cliu8sitecertificate.req
```

將這個請求發給權威機構，權威機構會使用簽名演算法給這個憑證蓋一個章。問題又來了，如何保障這個簽名是真正的權威機構的簽名呢？只能用只掌握在權威機構手裡的東西進行簽名，即 CA 的私密金鑰。

簽名演算法大概是這樣工作的：一般是對資訊做一個雜湊計算，獲得一個雜湊值，這個過程是不可逆的，也就是説無法透過雜湊值得出原來的資訊內容。在發送資訊時，把這個雜湊值加密後，作為一個簽名和資訊一起發送出去。

權威機構給憑證簽名的指令如下所示。

```
openssl x509 -req -in cliu8sitecertificate.req -CA cacertificate.pem -CAkey
caprivate.key -out cliu8sitecertificate.pem
```

這個指令會傳回 Signature ok，而 cliu8sitecertificate.pem 就是簽過名的憑證。CA 用自己的私密金鑰給外賣網站的公開金鑰簽名，就相當於給外賣網站背書，並且給外賣網站頒發了憑證。

我們可以透過下面的指令來檢視這個憑證的內容。

```
openssl x509 -in cliu8sitecertificate.pem -noout -text
```

當你執行上面的指令之後，會列印出憑證的一些內容，例如：

- Issuer：憑證是誰頒發的。
- Subject：憑證頒發給誰。
- Validity：憑證期限。
- Public-key：公開金鑰內容。
- Signature Algorithm：簽名演算法。

這樣你就會從外賣網站上獲得一個憑證，這個憑證上有一個頒發機構 CA，你拿著 CA 的公開金鑰去解密外賣網站憑證的簽名，如果解密成功，雜湊值也對得上，就說明這個外賣網站的公開金鑰沒有問題。

此時又會有新的問題：要想驗證憑證，需要 CA 的公開金鑰，問題是，你怎麼確定 CA 的公開金鑰就是對的呢？

所以，CA 的公開金鑰也需要更大的 CA 給它簽名，然後形成 CA 的憑證。要想知道某個 CA 的憑證是否可靠，要看 CA 的上級憑證的公開金鑰能不能解開這個 CA 的簽名。就像你不相信區公所，可以打電話問市政府，讓市政府確認區公所的合法性。這樣層層上去，可以追溯到全球皆知的幾個著名 CA，也稱為 root CA，為它做最後的背書。透過這種層層授信背書的方式，確保了非對稱加密模式的正常運轉。

除此之外，還有一種憑證，稱為 Self-Signed Certificate，就是自己給自己簽名，給人一種「我就是我，你愛信不信」的感覺。這種憑證本書就不詳細介紹了。

HTTPS 的工作模式

我們知道，非對稱加密在效能上不如對稱加密，那是否能將兩者結合起來呢？舉例來說，使用非對稱加密傳輸對稱加密的金鑰，而雙方大部分的通訊都透過對稱加密進行。

這當然是可以的，即 HTTPS 的整體想法，如圖 4-10 所示。

當你登入一個外賣網站時，由於使用的是 HTTPS，用戶端會發送 Client Hello 訊息到服務端，以明文傳輸 TLS（Transport Layer Security，傳輸層安全協定）版本資訊、加密封包候選清單、壓縮演算法候選清單等資訊。另外，還會有一個亂數，在協商對稱金鑰的時候使用。這就類似在說：

你好，我想訂外賣，但你要保密我吃的是什麼。我這邊的加密策略是這樣的，給你個亂數，後面有用。

然後，外賣網站傳回 Server Hello 訊息，告訴用戶端服務端選擇使用的協定版本、加密封包、壓縮演算法等，還有一個亂數，用於後續的金鑰協商。這就類似在說：

你好，保密沒問題，你的加密策略還真多，我們就按策略 2 來，我這邊的加密策略是這樣的，也給你個亂數，你也留著。

然後，外賣網站會給你一個服務端的憑證，然後說：

Server Hello Done，我這邊就這些資訊了。

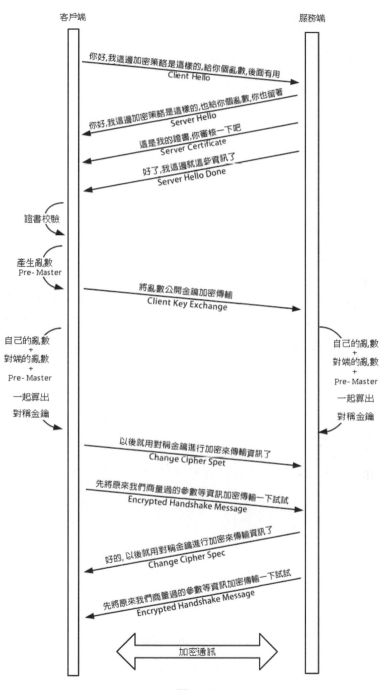

圖 4-10

你當然不相信這個憑證，於是你從自己信任的 CA 倉庫中拿 CA 憑證裡面的公開金鑰去解密外賣網站的憑證。如果能夠成功，則說明外賣網站是可信的。這個過程中，你可能會需要不斷往上追溯 CA、CA 的 CA、CA 的 CA 的 CA，直到一個你可以信任的 CA。

憑證驗證完畢之後，覺得這個外賣網站可信，於是用戶端透過計算產生亂數 Pre-Master，接著發送 Client Key Exchange，用憑證中的公開金鑰加密，再發送給服務端，服務端可以透過私密金鑰解密。

到目前為止，無論是用戶端還是服務端，都有了 3 個亂數，分別是：自己的、對端的，以及剛剛產生的 Pre-Master 亂數。透過這 3 個亂數，可以在用戶端和服務端產生相同的對稱金鑰。

可能讀者會問，為什麼有這麼多的亂數，直接用一個 Pre-Master 亂數做對稱金鑰，用非對稱的方式傳過去，以後就用它來加密不就可以了嗎？但一台機器的隨機性是有限的，很有可能同一台機器前後兩次產生的亂數是一樣的，這就很有可能被猜到。3 個分別產生的亂數，加上最後透過計算產生的對稱金鑰 Master Key 的隨機函數，就很難被重複了。

有了對稱金鑰，用戶端就可以說：

Change Cipher Spec，以後就用對稱金鑰進行加密來傳輸資訊了。

然後發送一個 Encrypted Handshake Message，將已經商定好的參數等資訊使用協商金鑰進行加密，發送給服務端用於資料與驗證交握。

同樣，服務端也可以發送 Change Cipher Spec，說：

好的，以後就用對稱金鑰進行加密來傳輸資訊了。

並且也發送 Encrypted Handshake Message 的訊息。當雙方驗證結束之後，就可以透過對稱金鑰進行加密來傳輸資訊了。

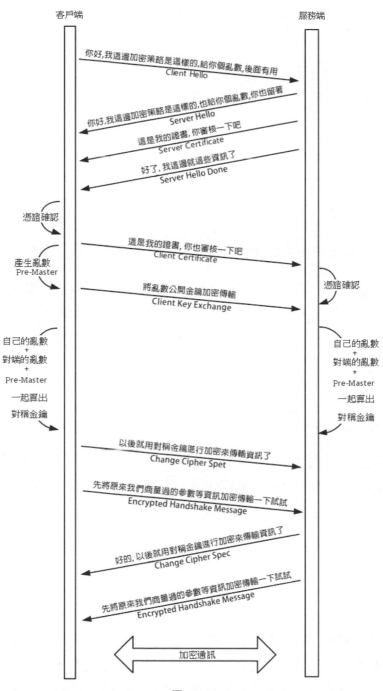

圖 4-11

這個過程除加密解密之外，其他的過程和 HTTP 是一樣的，過程也非常複雜。

上面的過程只包含了 HTTPS 的單向認證，即用戶端驗證服務端的憑證，這是大部分的場景，在對安全嚴格要求的情況下，也可以啟用雙向認證，雙方互相驗證憑證。

雙向認證的過程如圖 4-11 所示，這裡就不再詳細解讀了。

重放與篡改

其實，這裡還有一些沒有解決的問題，例如重放和篡改的問題。

有了加密和解密，駭客截獲了資訊也無法解開，但是駭客可以透過將截獲的同一個資訊重複發送 n 次來發起攻擊。這個問題稱為重放，常常透過將 Timestamp 和 Nonce 亂數組合起來做一個不可逆的簽名來解決。

Nonce 亂數可以確保唯一性，或將 Timestamp 和 Nonce 亂數組合起來也可以確保唯一性，同樣的請求服務端只接受一次，如果多次收到相同的 Timestamp 和 Nonce 亂數，則視為無效。

如果有人想篡改 Timestamp 和 Nonce 亂數，還有簽名來保障不可篡改性，如果 Timestamp 和 Nonce 亂數被修改，那麼用簽名演算法解出來就對不上了，可以捨棄。

小結

本節歸納如下：

- 加密分為對稱加密和非對稱加密。對稱加密效率高，但是解決不了金鑰傳輸問題；非對稱加密可以解決這個問題，但是效率低。
- 非對稱加密需要透過憑證和權威機構來驗證公開金鑰的合法性。

■ HTTPS 是綜合了對稱加密和非對稱加密的 HTTP。既保障傳輸安全，也保障傳輸效率。

思考題

1. HTTPS 的溝通過程太複雜，會導致效率不佳，你知道有哪些方法可以解決這些問題嗎？
2. HTTP 和 HTTPS 的正文部分可以傳輸 JSON 之類的資訊，如果傳輸視訊，應該使用什麼協定呢？

4.3 串流媒體協定：如何在直播裡看到帥哥美女

最近直播比較熱門，很多人都喜歡看直播，一個直播系統裡面都有哪些組成部分，都使用了什麼協定呢？

無論是直播還是點播，其實都是對視訊資料的傳輸。一提到視訊，大家都愛看，但是一提到視訊技術，大家都頭痛，因為名詞實在是太多了。

三個名詞系列

我這裡列 3 個名詞系列，你先大致有個印象。

■ 名詞系列 1：AVI、MPEG、RMVB、MP4、MOV、FLV、WebM、WMV、ASF、MKV。其中的 RMVB 和 MP4，看著是不是很熟悉？
■ 名詞系列 2：H.261、H.262、H.263、H.264、H.265。這些是不是就沒印象聽過了？別著急，你先記住，要特別注意 H.264。
■ 名詞系列 3：MPEG-1、MPEG-2、MPEG-4、MPEG-7。MPEG 好像聽過，但是後面的數字是怎麼回事？是不是既熟悉又陌生？

這裡，我想問你一個問題，視訊是什麼？視訊其實就是快速播放的一連串連續的圖片。

每一張圖片，我們稱為一訊框。只要每秒鐘訊框的數量夠多，即播放得夠快，例如每秒 30 訊框，以人眼的敏感程度，看不出來這些是一張張獨立的圖片。畫面每秒傳輸訊框數就是我們常說的每秒顯示畫面（Frames Per Second，FPS）。

每一張圖片，都是由像素組成的，假設圖片大小為 1024×768 像素。每個像素由 RGB（Red、Green、Blue，紅、綠、藍）組成，每個顏色 8 位元（bit），共 24 位元。

我們來算一下，每秒鐘 30 訊框的視訊有多大？

30×1024×768×24=566 231 040bit=70 778 880Byte

如果一分鐘呢？ 4 246 732 800 位元組（Byte），已經接近 4 GB 了。

是不是不算不知道，一算嚇一跳？這個資料量實在是太大，根本沒辦法儲存和傳輸。如果這樣儲存，你的硬碟很快就滿了；如果這樣傳輸，那多少頻寬也不夠用啊！

怎麼辦呢？人們想到了編碼。就是用盡量少的位數儲存視訊，同時保障播放時畫面看起來仍然很精美。下面將編碼一個視訊壓縮的過程。

視訊和圖片的壓縮過程有什麼特點

之所以能夠對視訊流中的圖片進行壓縮，是因為視訊流中的圖片有以下一些特點。

- 空間容錯：影像的相鄰像素之間有較強的相關性，一張圖片中的相鄰像素常常是漸層的，不是突變的，所以沒必要完整地儲存每一個像素，可以隔幾個儲存一個，中間的像素用演算法計算出來。

- 時間容錯：視訊序列的相鄰影像之間內容相似。一個視訊中連續出現的圖片也不是突變的，可以根據已有的圖片進行預測和推斷。
- 視覺容錯：人的視覺系統對某些細節不敏感，因此不會將每一個細節都注意到，可以允許遺失一些資料。
- 編碼容錯：不同像素值出現的機率不同，出現機率高的用的位元組少，出現機率低的用的位元組多，類似霍夫曼編碼（Huffman Coding）的想法。

總之，用於編碼的演算法非常複雜，而且多種多樣，但是開發過程其實都是類似的，如圖 4-12 所示。

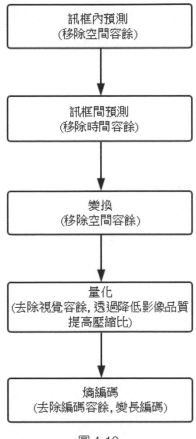

圖 4-12

視訊編碼的兩大流派

視訊編碼有沒有一定的標準呢？要不然開發視訊的人快累死了。當然有，下面就給大家介紹視訊編碼的兩大流派。

■ 流派一：ITU（International Telecommunications Union，國際電信聯盟）的 VCEG（Video Coding Experts Group，視訊編碼專案小組）。既然是電信聯盟，可想而知，它最初做視訊編碼時主要偏重傳輸。上文提到的名詞系列 2，就是這個組織制定的標準。

■ 流派二：ISO（International Standards Organization，國際標準組織）的 MPEG（Moving Picture Experts Group，動態影像專案小組）。這個流派本來是研究視訊儲存的。舉例來説，將視訊編碼後儲存在 VCD 和 DVD 中，當然後來也慢慢開始研究視訊傳輸了。上文提到的名詞系列 3，就是這個組織制定的標準。

後來，ITU-T（ITU Telecommunication Standardization Sector，國際電信聯盟電信標準化部門）與 MPEG 聯合制定了 H.264/MPEG-4 AVC 標準，這才是我們這一節要特別注意的。

經過編碼之後，生動活潑的一訊框一訊框的影像，就變成了一連串讓人看不懂的用二進位表示的數字，這些數字可以放在一個檔案裡面，按照一定的格式儲存起來，這些格式就是前文提到名詞系列 1，即視訊檔案的格式。

如何在直播裡看到帥哥美女

當然，上文中這個二進位表示的數字也可以透過某種網路通訊協定進行封裝，放在網際網路上傳輸，這個時候就可以進行網路直播了。

網路通訊協定將編碼好的視訊流從主播端發送到服務端，執行著同樣網路通訊協定的服務端會接收這些視訊流，這個過程稱為接流。

服務端接收到視訊流之後，可以對視訊流進行一定的處理，例如轉碼，即從一個編碼格式，轉成另一種編碼格式。因為觀眾使用的用戶端差別很大，要保障他們都能看到直播。

流處理完畢之後，就可以等待觀眾的用戶端來請求這些視訊流。觀眾的用戶端請求視訊流的過程稱為拉流。

如果有非常多的觀眾同時看一個視訊直播，這時如果都從一個服務端拉流，這個服務端的壓力就太大了。所以需要一個視訊的分發網路，將視訊預先載入到就近的邊緣節點，大部分觀眾觀看的視訊可以從邊緣節點拉取，這樣就能降低服務端的壓力。

當觀眾的用戶端將視訊流拉下來之後，就需要進行解碼，即上述過程的逆過程，將一連串看不懂的二進位表示的數字，轉變成一訊框訊框生動的圖片，在用戶端播放出來，這樣你就能看到帥哥美女了。

整個直播過程如圖 4-13 所示。

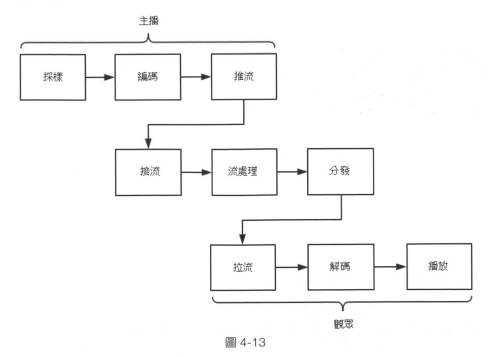

圖 4-13

接下來，我們從編碼、推流、拉流三個過程著手，看一下整個過程。

編碼：如何將豐富多彩的圖片變成二進位流

雖然我們說視訊是一張張圖片的序列，但是如果每張圖片都完整地進行傳輸，那整個檔案就太大了，因而會將視訊序列分成 3 種訊框。

- I 訊框：關鍵訊框。裡面是完整的圖片，只需要本訊框資料，就可以完成解碼。

- P 訊框：正向預測編碼訊框。P 訊框表示的是這一訊框跟之前的 I 訊框（或 P 訊框）的差別，解碼時需要用之前快取的畫面資料疊加上和本訊框定義的差別資料，進一步產生最後畫面。

- B 訊框：雙向預測內插編碼訊框。B 訊框記錄的是本訊框與前後訊框的差別。要解碼 B 訊框，不僅要取得之前的快取畫面，還要解碼之後的畫面，將前後畫面的資料與本訊框資料進行疊加，進一步取得最後的畫面。

可以看出，I 訊框最完整，B 訊框壓縮率最高，而壓縮後訊框的序列，應該是以 IBBP 的順序間隔出現的。這就是透過時序進行編碼。

如圖 4-14 所示，將一訊框分成多個片，每個片分成多個巨集塊，每個巨集塊分成多個子塊，這樣將一張大的圖分解成一個個子塊，可以更方便地進行空間上的編碼。

儘管時空非常立體地組成了一個序列，但是總歸還是要將視訊壓縮成一個二進位流。這個流是有結構的，是一個個的 NALU（Network Abstraction Layer Unit，網路分析層單元）。變成這種格式就是為了更方便地傳輸，網路上的傳輸單元，預設是一個個的網路封包。

如圖 4-15 所示，每一個 NALU 中，首先是一個起始識別符號，用於標識 NALU 之間的間隔；然後是 NALU Header，裡面主要設定了 NALU 的類型；最後是 NALU Payload，裡面有 NALU 承載的資料。

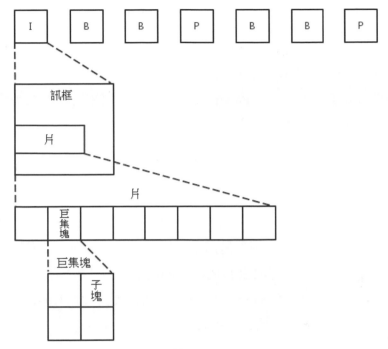

圖 4-14

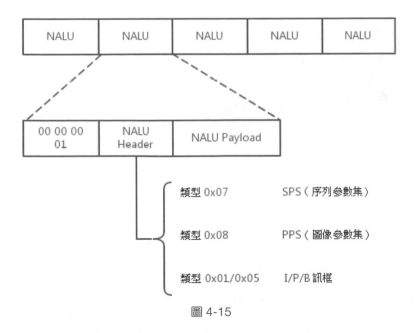

圖 4-15

在 NALU Header 中，主要的內容是類型 NAL Type。

- 0×07 表示 SPS（Sequence Parameter Set，序列參數集），包含影像序列的所有資訊，如影像尺寸、視訊格式等。
- 0×08 表示 PPS（Picture Parameter Set，影像參數集），包含影像所有分片的相關資訊，如影像類型、序號等。

在傳輸視訊流之前，必須要傳輸這兩個參數集，不然無法解碼。為了確保容錯性，每個 I 訊框前面，都會傳一遍這兩個參數集。

如果 NALU Header 裡的表示類型是 SPS 或 PPS，則 NALU Payload 中就是參數集的內容。如果表示類型是訊框，則 NALU Payload 中是真的視訊資料，當然也是一訊框一訊框儲存的，前面説過，一訊框的內容很多，因而每一個 NALU 裡面儲存的是一片。在片結構裡也有個 Header，標記了每一片是 I 訊框、P 訊框，還是 B 訊框，然後是片的內容。

這樣，整個格式就出來了，一個視訊可以拆分成一系列的訊框，每一訊框拆分成一系列的片，每一片都放在一個 NALU 裡面，NALU 之間都是透過特殊的起始識別符號分隔的，在每一個 I 訊框的第一片前，要插入單獨儲存 SPS 和 PPS 的 NALU，最後形成一個長長的 NALU 序列。

推流：如何把資料流程包裝傳輸到對端？

將上述格式的檔案直接在網上傳輸到對端，就可以開始直播了嗎？其實還不行，還需要將二進位流包裝成網路封包進行發送，這裡使用 RTMP。這就進入了第二個過程——推流。

RTMP 是以 TCP 為基礎的，因而一定需要雙方建立一個 TCP 連接。在有 TCP 連接的基礎上，還需要建立一個 RTMP 的連接，即在程式裡面呼叫 RTMP 類別庫的 connect() 函數，建立一個連接。

RTMP 為什麼需要建立一個單獨的連接呢？

因為用戶端和服務端需要商量一些事情，保障以後的傳輸能正常進行。主要就是兩件事情：一是版本編號，如果用戶端、服務端的版本編號不一致，則不能工作；二是時間戳記，視訊播放中，時間是很重要的，後面的資料流程互通時，經常要帶上時間戳記的差值，因而一開始雙方就要知道對方的時間戳記。

溝通這些事情時，需要發送 6 個訊息：用戶端發送 C0、C1、ACK C2，服務端發送 S0、S1、ACK S2。

首先，用戶端發送 C0 表示自己的版本編號，不必等對方的回覆，然後發送 C1 表示自己的時間戳記。服務端只有在收到 C0 的時候，才能傳回 S0，表明自己的版本編號，如果版本不符合，可以中斷連接。服務端發送完 S0 後，不用等就可以直接發送自己的時間戳記 S1。用戶端收到 S1 時，發一個知道了對方時間戳記的 ACK C2。同理服務端收到 C1 的時候，發一個知道了對方時間戳記的 ACK S2。

於是，驗證完成，整個過程如圖 4-16 所示。

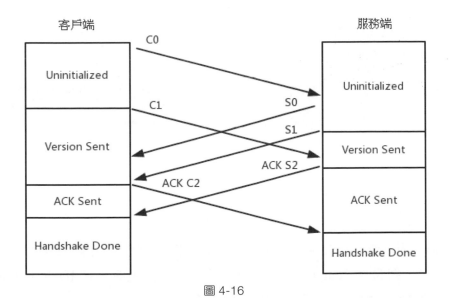

圖 4-16

驗證之後，雙方需要互相傳遞一些控制資訊，例如塊的大小、視窗大小等。

真正傳輸資料的時候，還是需要建立一個流，然後透過這個流來推流。推流的過程就是將 NALU 放在訊息（Message）裡面發送，這個訊息也稱為 RTMP 封包，的格式如圖 4-17 所示。

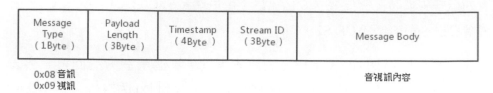

圖 4-17

發送的時候，去掉 NALU 的起始識別符號。因為這部分對於 RTMP 來講沒有用。接下來，將 SPS 和 PPS 封裝成一個 RTMP 封包發送，然後發送一個個片的 NALU。

RTMP 在收發資料的時候並不是以訊息為單位的，而是把訊息拆分成塊進行發送，而且必須在一個區塊發送完成之後，才能開始發送下一個區塊。每個區塊中都帶有 Message ID，表示屬於哪個訊息，服務端也會按照這個 ID 將塊組裝成訊息。

前面連接的時候，可以設定區塊的大小。將大的訊息切分為小的區塊發送，可以在低頻寬的情況下，減少網路擁塞。

以下是一個分段的實例。

假設一個視訊的訊息長度為 307，但是區塊大小約定為 128，於是這個訊息會被拆分為 3 個區塊。

- 第一個區塊的 Type ＝ 0，表示區塊頭是完整的。頭裡面 Timestamp 為 1000，總長度 Length 為 307，類型為 9，是個視訊，流 ID 為 12346，正文部分承擔 128 位元組（Byte）的資料。

- 第二個區塊也要發送 128 位元組的資料，塊頭由於和第一個區塊一樣，因此塊 Type ＝ 3，表示頭一樣就不再發送了。
- 第三個區塊要發送的資料大小為 307－128－128=51 位元組，Type ＝ 3。

就這樣資料就源源不斷地到達串流媒體伺服器，整個過程如圖 4-18 所示。

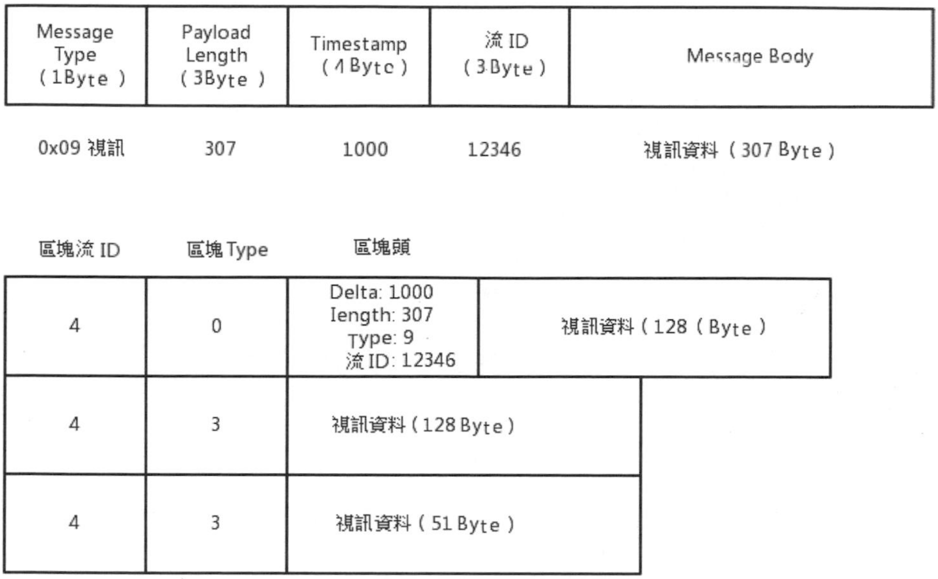

Message Type (1Byte)	Payload Length (3Byte)	Timestamp (4Byte)	流 ID (3Byte)	Message Body
0x09 視訊	307	1000	12346	視訊資料（307 Byte）

區塊流 ID　　　區塊 Type　　　區塊頭

區塊流 ID	區塊 Type	區塊頭	
4	0	Delta: 1000 length: 307 Type: 9 流 ID: 12346	視訊資料（128（Byte）
4	3	視訊資料（128 Byte）	
4	3	視訊資料（51 Byte）	

圖 4-18

這個時候，大量觀看直播的觀眾就可以透過 RTMP 從串流媒體伺服器上拉取視訊，但是這麼多的使用者，都去同一個地方拉取，伺服器壓力會很大，而且使用者分佈在全國甚至全球，如果都去統一的地方下載，延遲也會比較長，所以需要有分發網路。

如圖 4-19 所示，邊緣伺服器部署在全國各地，橫跨各大電信業者，和使用者距離很近。邊緣伺服器的中心是串流媒體伺服器，負責內容的轉發。智慧負載平衡系統根據使用者的地理位置資訊，就近選擇邊緣伺服器，提供給使用者推 / 拉流服務。中心層負責轉碼服務，舉例來說，把 RTMP 的串流速度轉為 HLS 串流速度。

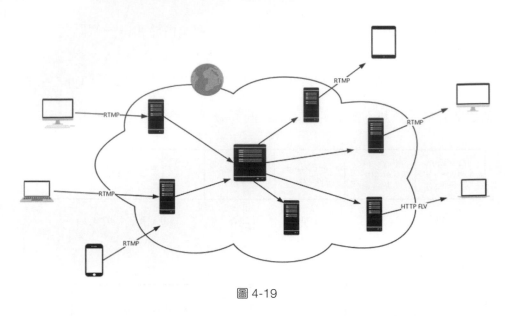

圖 4-19

這套機制在後面的章節會有更詳細的描述。

拉流：觀眾的用戶端如何看到視訊？

接下來再來看觀眾的用戶端透過 RTMP 拉流的過程，如圖 4-20 所示。在 RTMP 拉流和 RTMP 推流的過程中，連接建立和流建立這兩個階段是一樣的，我們重點從發起拉流往下看。

發起拉流之後，用戶端開始讀取視訊流，先讀到的是 H.264 的解碼參數，例如 SPS 和 PPS，然後將收到的 NALU 組成的一個個訊框進行解碼，交給播放機播放，一個絢麗多彩的視訊畫面就出來了。

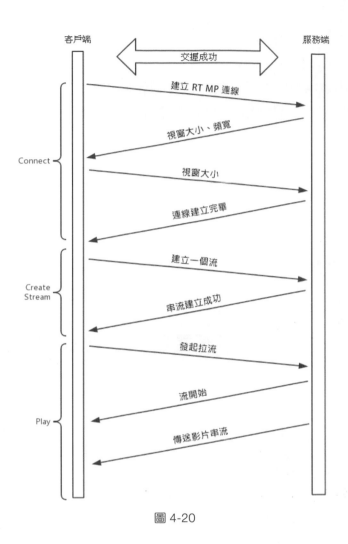

圖 4-20

小結

本節歸納如下：

- 編碼兩大流派達成了一致，都是透過關於時間、空間的各種演算法來壓縮資料的。
- 壓縮好的資料，為了方便傳輸會組成一系列 NALU，按照訊框和片依次排列。

- 排列好的 NALU 在網路傳輸時，要按照 RTMP 封包的格式進行包裝，RTMP 封包會拆分成塊進行傳輸。
- 發送到串流媒體伺服器的視訊流經過轉碼和分發，可以被用戶端透過 RTMP 拉取，然後組合為 NALU，解碼成視訊格式進行播放。

思考題

1. 你覺得以 RTMP 為基礎的視訊流傳輸的機制存在什麼問題？如何進行最佳化？
2. 線上看視訊之前，大家都是把電影下載下來看的，電影這麼大，你知道如何快速下載嗎？

4.4 P2P 協定：下載電影，分散式協定速度快

如果你想下載一個電影，一般會透過什麼方式呢？

當然，最簡單的方式就是透過 HTTP 進行下載。但是相信你有過這樣的體驗，透過瀏覽器下載的時候，只要檔案稍微大點，下載的速度就奇慢無比。

還有一種下載檔案的方式，就是透過 FTP，即檔案傳輸通訊協定進行下載。FTP 會建立以下兩個 TCP 連接。

- 控制連接：服務端以被動的方式，開啟用於 FTP 的通訊埠 21，用戶端則主動發起連接。該連接將指令從用戶端傳給服務端，並傳回服務端的回應。常用的指令有 list（取得檔案目錄）、retr（取一個檔案）、store（存一個檔案）。
- 資料連接：每當一個檔案在用戶端與服務端之間進行傳輸時，就建立一個資料連接。

FTP 的兩種工作模式

FTP 有兩種工作模式，分別是主動模式（PORT）和被動模式（PASV），這些都是站在 FTP 伺服器的角度來說的。

在主動模式下，用戶端隨機開啟一個大於 1024 的通訊埠 N，向伺服器的指令通訊埠 21 發起連接，同時開放 $N+1$ 通訊埠監聽，並向伺服器發出 port $N+1$ 指令，由伺服器從自己的資料通訊埠 20 主動連接到用戶端指定的資料通訊埠 $N+1$ 上。

在被動模式下，當開啟一個 FTP 連接時，用戶端開啟兩個任意的本機通訊埠 $N>1024$ 和 $N+1$。第一個通訊埠連接伺服器的 21 通訊埠，提交 PASV 指令。然後，伺服器會開啟一個任意的通訊埠 $P>1024$，並傳回 "227 entering passive mode" 訊息，裡面有對 FTP 伺服器開放的、用來進行資料傳輸的通訊埠。用戶端收到訊息取得通訊埠編號之後，會透過 $N+1$ 號通訊埠連接伺服器的通訊埠 P，然後在兩個通訊埠之間進行資料傳輸。

P2P 是什麼

無論是透過 HTTP 的方式，還是透過 FTP 的方式來下載檔案，都有一個比較大的缺點，就是難以解決單一伺服器的頻寬問題，因為它們使用的都是傳統的用戶端伺服器。

後來，一種創新的、被稱為 P2P（Peer-to-Peer）的方式流行起來。資源不再集中地儲存在某些裝置上，而是分散地儲存在多台裝置上。這些裝置我們姑且稱為 Peer。

想要下載一個檔案時，你只要知道那些已經儲存了檔案的 Peer，並和這些 Peer 之間建立點對點的連接，就可以就近下載檔案。一旦下載了檔案，你也就成為 Peer 中的一員，你旁邊的那些機器，也可能會選擇從你這裡下載檔案。所以當你使用 P2P 軟體（例如 BitTorrent）下載檔案時，常常能

夠看到既有下載的流量，也有上傳的流量。也就是說，你自己也加入了這個 P2P 的網路，自己從別人那裡下載資源的同時也將資源提供給其他人下載。可以想像，這種方式參與的人越多，下載速度越快。

.torrent 檔案

但是有一個問題，當你想下載一個檔案的時候，怎麼知道哪些 Peer 有這個檔案呢？

這時就要用到種子，即我們比較熟悉的 .torrent 檔案。.torrent 檔案由兩部分組成，分別是 announce（tracker 的 URL）和檔案資訊。

檔案資訊裡面有以下內容。

- info 區：指定該種子有幾個檔案、檔案大小、目錄結構，以及目錄和檔案的名字。
- Name 欄位：指定頂層目錄名字。
- 每段大小：BitTorrent（簡稱 BT）協定把一個檔案分成很多個小段，然後分段進行下載。
- 段雜湊值：將整個種子中每段的 SHA-1 雜湊值拼在一起。

下載時，BT 用戶端首先解析 .torrent 檔案，獲得 tracker 位址，然後連接 tracker 伺服器。tracker 伺服器回應下載者的請求，將其他下載者（包含發行者）的 IP 位址提供給下載者。下載者再連接其他下載者，雙方根據 .torrent 檔案分別告知對方自己已有的區塊，然後交換對方沒有的資料。此時不需要其他伺服器參與，分散了單一線路上的資料流量，因此減輕了伺服器的負擔。

下載者每獲得一個區塊，都需要計算出下載區塊的雜湊驗證碼，並與 .torrent 檔案中的 Hash 驗證碼進行比較。如果二者相同，則說明區塊正

確；如果不同，則需要重新下載這個區塊。這種規定是為了確保下載內容的準確性。

從這個過程中也可以看出，這種方式特別依賴 tracker：它負責收集下載者資訊，並將此資訊提供給其他下載者，進而使下載者們相互連接起來傳輸資料。雖然下載的過程是非中心化的，但是加入這個 P2P 網路時，都需要借助 tracker 伺服器，這個伺服器用來登記有哪些使用者在請求哪些資源。

所以，這種工作方式有一個弊端：一旦 tracker 伺服器出現故障或線路遭到隱藏，BT 工具就無法正常執行了。

DHT

那麼能不能徹底實現非中心化呢？

按照這個想法，就有了一種叫作 DHT（Distributed Hash Table，分散式雜湊表）的去中心化網路。每個加入這個 DHT 網路的機器，都要負責儲存這個網路裡的部分資源資訊和其他成員的聯繫資訊，相當於所有機器一起組成了一個龐大的分散式儲存資料庫。

有一種著名的 DHT 協定叫 Kademlia 協定。和區塊鏈的概念一樣，Kademlia 協定很抽象，接下來會詳細說明一下。

任何一個 BitTorrent 啟動之後都有兩個角色：一個角色是 Peer，監聽一個 TCP 通訊埠，用來上傳和下載檔案，這個角色表明這裡有某個檔案；另一個角色是 DHT Node（節點），監聽一個 UDP 通訊埠，透過這個角色，在這個節點加入了一個 DHT 網路。

在 DHT 網路裡面，每一個 DHT Node 都有一個 ID。這個 ID 是一個很長的字串。每個 DHT Node 都有責任掌握一些知識，也就是檔案索引，以便知道某些檔案應該儲存在哪些節點上。它只需要有這些知識就可以了，它自己本身不一定就是儲存這個檔案的節點，如圖 4-21 所示。

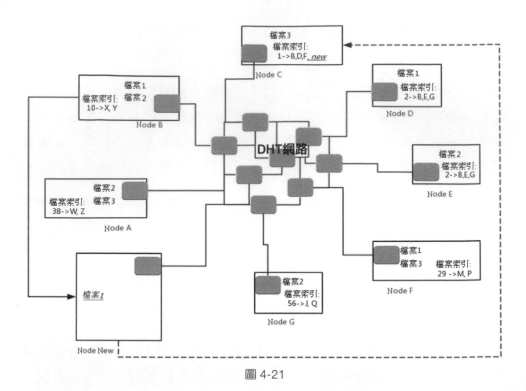

圖 4-21

雜湊值

當然，每個 DHT Node 不會有全域的知識，即不知道所有的檔案儲存在哪裡，它只需要知道一部分即可。那應該知道哪一部分呢？這就需要用雜湊演算法計算出來。

每個檔案可以計算出一個雜湊值，而 DHT Node 的 ID 是和檔案雜湊值相同長度的串。

DHT 演算法是這樣規定的：如果一個檔案計算出一個雜湊值，則 ID 和這個檔案雜湊值一樣的那個 DHT Node，就有責任知道從哪裡下載這個檔案，即使它自己沒儲存這個檔案。

當然不一定這麼巧，總能找到 ID 和檔案雜湊值一模一樣的 DHT Node，有可能那個 DHT Node 下線了。所以 DHT 演算法還規定，除了 ID 和檔案雜

湊值一模一樣的那個 DHT Node 應該知道這個檔案的位址，ID 和這個檔案雜湊值非常接近的 *N* 個 DHT Node 也應該知道從哪裡下載這個檔案。

什麼叫和檔案雜湊值接近呢？例如只修改了最後一位元，就很接近；修改了倒數 2 位元，也不遠；修改了倒數 3 位元，也可以接受。總之，湊齊了規定的 *N* 這個數就行。

圖 4-21 中，檔案 1 透過雜湊運算，獲得比對 ID 的 DHT Node 為 Node C，所以 Node C 有責任知道檔案 1 的儲存位址，雖然 Node C 本身沒有儲存檔案 1。

同理，檔案 2 透過雜湊運算，獲得比對 ID 的 DHT Node 為 Node E，但是 Node D 和 Node E 的 ID 值很近，所以 Node D 也知道檔案 2 的儲存位址。當然，檔案 2 本身沒有必要一定要儲存在 Node D 或 Node E 裡，但是碰巧在 Node E 那裡有一份。

接下來 Node New 上線了。它想下載檔案 1 的話，首先要加入 DHT 網路，如何加入呢？

在這種模式下，種子 .torrent 檔案裡面就不再是 tracker 的地址了，而是知道檔案 1 地址的所有節點的地址清單，而列表中這些節點都是已經在 DHT 網路裡面的。當然隨著時間的演進，很可能有退出的、有下線的，但是我們假設不會所有的節點都聯繫不上，總有一個能聯繫上。Node New 只要在種子裡面找到一個 DHT Node，就加入了網路。

Node New 會計算檔案 1 的雜湊值，並根據這個雜湊值找到 ID 和這個雜湊值比對，或很接近的節點，進一步知道如何下載這個檔案。例如與計算出來的雜湊值相符合的是 Node C 的 ID，但是 Node New 不知道怎麼聯繫上 Node C，因為種子裡的節點列表裡面沒有 Node C，但是它可以問，DHT 網路特別像一個社群網站，Node New 可以去問它能聯繫上的節點：「你們知道 Node C 的聯繫方式嗎？」

在 DHT 網路中，每個節點都儲存了一定數量的聯繫方式，但是一定沒有一個節點有所有節點的聯繫方式。在 DHT 網路中，節點之間互相通訊，也會透過交流來增加或刪除聯繫方式。和人們的社群網站一樣，你有你的朋友圈，你的朋友有他的朋友圈，你和你朋友的朋友互相加好友，就互相認識了，過一段時間不聯繫，就可以刪除聯繫方式。

所以，Node New 想聯繫 Node C，就去「萬能的朋友圈」問，並且求轉發，朋友再問朋友，很快就能找到 Node C。如果找不到 Node C，也能找到和 Node C 的 ID 很像的節點，它們也知道如何下載檔案 1。

Node C 告訴 Node New，下載檔案 1 要去找 Node B、Node D、Node F。Node New 選擇和 Node B 進行 Peer 連接，並開始下載檔案 1，它一旦下載成功，自己本機就也有檔案 1 了，於是 Node New 告訴 Node C 以及和 Node C 的 ID 很像的那些節點，我也有檔案 1 了，加入檔案 1 擁有者列表。

但是你會發現 Node New 上沒有檔案索引，根據雜湊演算法，一定會有某些檔案的雜湊值是和 Node New 的 ID 相符合的。在 DHT 網路中，會有節點告訴它，你既然加入了我們這個網路，你也有責任知道某些檔案的下載網址。

所有節點就組成一個分散式結構了。

這裡有兩個遺留的細節問題。

問：節點 ID 以及檔案雜湊值是什麼？

答：節點 ID 是一個隨機選擇的 160 位元（20 位元組）空間，檔案的雜湊值也使用這樣的 160 位元組空間。

問：所謂 ID 相似，實際到什麼程度算相似？

答：在 Kademlia 網路中，距離是透過互斥（XOR）計算的。我們就不以 160 位元舉例了。我們以 5 位元來舉例。

01010 與 01000 的距離，就是兩個 ID 之間的互斥值，為 00010，即 2。
01010 與 00010 的距離為 01000，即 8。01010 與 00011 的距離為 01001，
即 8+1=9。依此類推，高位元不同的，表示距離更遠一些；低位元不同
的，表示距離更近一些，整體距離為所有的不同的位元的距離之和。

這個距離不是針對地理位置，因為在 Kademlia 網路中，地理位置近不算
近，ID 近才算近，所以我把這個距離比喻為社交距離，即在朋友圈中的距
離，或社群網站中的距離。這個距離和節點的地理位置沒有關係，和節點
的社群網站關係比較大。

還是以 5 位元 ID 來舉例，就像在 LinkedIn 中，某個人的簡歷上排第一位
的資訊顯示最近一份工作在哪裡，第二位是上一份工作在哪裡，然後第三
位是上上份工作，第四位是研究所在哪裡讀，第五位是大學在哪裡讀。

如果你是一個獵頭，在 LinkedIn 上面找候選人，當然最近的那份工作是最
重要的。而對於工作經歷豐富的候選人，大學在哪裡讀的反而不重要。

DHT 網路中的「朋友圈」是怎樣維護的

就像人一樣，雖然我們常聯繫的人只有少數幾個，但是朋友圈裡一定是關
係遠近的朋友都有。DHT 網路的「朋友圈」也是一樣，遠近都有，並且按
距離分層。

假設某個節點的 ID 為 01010（以下稱為基礎節點），如果一個節點 ID 前
面所有位數都與它相同，只有最後 1 位不同。這樣的節點只有 1 個，為
01011。它與基礎節點的互斥值為 00001，即距離為 1。對於 01010 而言，
這樣的節點歸為 "k-bucket 1"。

如果一個節點的 ID 與基礎節點的 ID 從倒數第 2 位開始不同，前面所有位
數都相同，這樣的節點只有 2 個，即 01000 和 01001，與基礎節點的互斥

值為 00010 和 00011，即距離範圍為 2 和 3。對於 01010 而言，這樣的節點歸為 "k-bucket 2"。

如果一個節點的 ID 與基礎節點的 ID 從倒數第 i 位開始不同，前面所有位數都相同，這樣的節點有 2^{i-1} 個，與基礎節點的距離範圍為 $[2^{i-1}, 2^i)$。對於 01010 而言，這樣的節點歸為 "k-bucket i"。

最後從這個節點的倒數第 160 位就開始不同。

你會發現，差距越大，陌生人越多，但是「朋友圈」不能都放下，所以每一層都只放 K 個，K 是參數，可以進行設定。

DHT 網路是如何尋找朋友的

假設 Node A 的 ID 為 00110，要找 ID 為 10000 的 Node B，互斥距離為 10110，距離範圍為 $[2^4, 2^5)$，這就說明 Node B 的 ID 與 Node A 的 ID 從第 5 位開始不同，所以 Node B 可能在 k-bucket 5 中。

然後，Node A 看看自己的 k-bucket 5 中有沒有 Node B。如果有，太好了，找到你了；如果沒有，在 k-bucket 5 裡隨便找一個 Node C。因為是二進位格式，並且 Node C、Node B 都和 Node A 的第 5 位不同，那麼 Node C 的 ID 第 5 位一定與 Node B 相同，即它與 Node B 的距離會小於 2^4，Node B、Node C 之間的距離相當於比 Node A、Node B 之間的距離縮短了一半以上。

Node C 在它自己的通訊錄裡按同樣的尋找方式找一下 Node B。如果 Node C 知道 Node B 在哪裡，就告訴 Node A；如果 Node C 也不知道，那就按同樣的搜尋方法在自己的通訊錄裡找到一個離 Node B 更近的朋友 Node D（Node D 和 Node B 之間的距離小於 2^3），把 Node D 推薦給 Node A，Node A 請求 Node D 進行下一步尋找。

Kademlia 演算法的這種查詢機制，是透過折半尋找的方式來收縮範圍的，如果整體節點數目為 N，最多只需要查詢 $\log_2 N$ 次，就能夠找到目標節點。例如圖 4-22 中這個最差的情況。

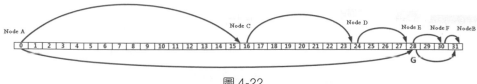

圖 4-22

Node A 和 Node B 的 ID 每一位都不一樣，所以距離相差 31，Node A 找到的朋友 Node C，不巧正好在兩者中間。Node C 和 Node A 的距離是 16，和 Node B 距離為 15。Node C 去自己「朋友圈」找的時候，不巧找到 Node D，正好又在中間，Node D 距離 Node C 為 8，距離 Node B 為 7。於是 Node D 去自己「朋友圈」找，不巧找到 Node E，正好又在中間，Node E 距離 Node D 為 4，距離 Node B 為 3。Node E 在「朋友圈」找到 Node F，Node F 距離 Node E 為 2，距離 Node B 為 1，最後在距離 Node F 為 1 的地方找到 Node B。當然這是最不巧的情況，每次找到的朋友都不遠不近，正好在中間。

如果碰巧在 A 的「朋友圈」裡面有 Node G，距離 Node B 只有 3，然後往 Node G 的「朋友圈」裡面一下子就找到了 Node B，那麼 Node A 只需要兩次就能找到 Node B。

在 DHT 網路中，節點之間怎麼溝通呢？

在 Kademlia 演算法中，每個節點只有以下 4 個指令。

- PING：測試一個節點是否線上，相當於打個電話，看是否能夠打通。
- STORE：要求一個節點儲存一份資料，既然加入了組織，就有義務儲存一份資料。

- FIND_NODE：根據節點 ID 尋找某個節點，也就是根據一個 160 位元的 ID，透過上文「朋友圈」的方式找到那個節點。
- FIND_VALUE：根據 KEY 尋找一個資料，跟 FIND_NODE 非常類似。KEY 就是檔案對應的 160 位的 ID，就是要找到儲存了檔案的節點。

對於節點之間的互通，這裡有一個隱藏的問題，就是前面的演算法都假設節點的 IP 位址可以互相存取到。但是平時使用 BT（BitTorrent）下載檔案時都是在個人電腦上，在一個私有的區域網裡面，沒有公網的 IP 位址。

那如何和另外一個私有網路的目標節點互相通訊呢？這就是我們常說的 NAT 穿透問題，常見的一種做法是使用有公網的伺服器做一個代理，你的節點只和這個代理伺服器聯繫，你要連接的目標節點也只和代理伺服器聯繫，你和你的目標節點不直接通訊，這樣普通的 SNAT 閘道都沒問題。

另一種做法是 UDP 打洞，同樣需要一台使用公網的伺服器，不是作為代理，而是作為協調者。你的節點主動連接協調者時，會在 SNAT 閘道上分配一個公網 IP 位址和通訊埠，同樣目標節點也可以主動連接協調者，在目標節點的 SNAT 閘道上分配它的公網 IP 位址和通訊埠，這樣協調者知道你的節點和目標節點的公網 IP 位址和通訊埠，就能促成兩者透過公網 IP 位址和通訊埠進行直接通訊，就像打了一個洞一樣。

在 DHT 網路中，「朋友圈」如何更新呢？

- 每個 bucket 裡的節點，都按最後一次接觸的時間倒序排列，這就相當於，朋友圈裡面最近聯絡過的人常常是最熟的。
- 執行 4 個指令中的任意一個指令都會觸發更新。
- 當一個節點與自己接觸時，檢查它是否已經在 k-bucket 中，也就是說是否已經在「朋友圈」。如果在，那麼將它挪到 k-bucket 列表的最底部，也就是最新的位置。剛聯絡過，就「置頂」一下，方便以後多聯絡。如果不在 k-bucket 中，新的連絡人要不要加到通訊錄裡面呢？假設通

訊錄已滿，PING 一下列表最上面，即最舊的節點。如果 PING 通了，將舊節點挪到列表最底部，並捨棄新節點，老朋友還是要留一下。如果 PING 不通，則刪除舊節點，並將新節點加入列表——這人聯絡不上了，刪了吧。

這個機制確保了任意節點的加入和離開都不會影響整體網路。

小結

本節歸納如下：

- 下載一個檔案可以使用 HTTP 或 FTP，這兩種協定都使用集中下載的方式，而 P2P 則換了一種想法，採取去中心化下載的方式。
- P2P 也有兩種下載方式，一種是依賴於 tracker 伺服器，即中繼資料集中，檔案資料分散；另一種基於分散式雜湊演算法，中繼資料和檔案資料全部分散。

思考題

1. 除了這種去中心化分散式的雜湊演算法，你還能想到 P2P 其他的應用場景嗎？
2. 在前面所有的章節中，要下載一個檔案，都需要使用域名。但是網路通訊中是要使用 IP 位址的，那你知道域名和 IP 位址的對映機制嗎？

陌生的資料中心

5.1 DNS：網路世界的地址簿

前面我們講了平時常見的看新聞、支付、直播、下載等場景，現在網站的數量非常多，常用的網站就有二三十個，如果全部透過 IP 位址進行造訪，恐怕很難記住。因此，我們需要一個位址簿，根據網站名稱就可以檢視實際的位址。

舉例來說，「西湖邊的'外婆家'」就是名稱，透過地址簿，我們可以檢視它到底位於哪條路，門牌號碼是多少。

什麼是 DNS 伺服器

在網路世界，也是一樣的。你一定記得住網站的名稱，但是很難記住網站的 IP 位址，因此也需要一個位址簿，即 DNS（Domain Name System，網域名稱系統）伺服器。

由此可見，DNS 伺服器在日常生活中多麼重要。每個人上網都需要存取它。但是同時，這對它來講也是非常大的挑戰。一旦它出了故障，整個網

際網路都將癱瘓。另外，上網的人分佈在世界各地，如果大家都去同一個地方存取某個伺服器，延遲將非常大。因而，DNS 伺服器一定要設定成高可用性、高平行處理和分散式的。

於是，就有了樹狀的層次結構，如圖 5-1 所示。

- 根 DNS 伺服器：傳回頂層網域 DNS 伺服器的 IP 位址。
- 頂級 DNS 伺服器：傳回權威 DNS 伺服器的 IP 位址。
- 權威 DNS 伺服器：傳回對應主機的 IP 位址。

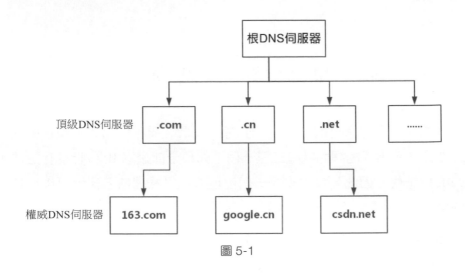

圖 5-1

DNS 解析流程

為了加強 DNS 伺服器的解析效能，很多網路都會就近部署 DNS 快取伺服器。於是，就有了以下的 DNS 解析流程。

步驟1 用戶端會發出一個 DNS 請求，詢問 www.***.com 的 IP 位址是什麼，並將請求發給本機 DNS 伺服器。本機 DNS 伺服器在哪裡呢？如果是透過 DHCP 由網路服務商（ISP）（如電信、移動等）自動分配的，它通常就在網路服務商的某個機房。

步驟2 本機 DNS 伺服器收到來自用戶端的請求。你可以想像這個伺服器上快取了一張寫著所有域名及與之對應的 IP 位址的大表格，如果能找到 www.***.com，就直接傳回 IP 位址，如果找不到，本機 DNS 伺服器就會去問它的根 DNS 伺服器：「老大，能告訴我 www.163.com 的 IP 位址嗎？」根 DNS 伺服器是最高層次的，全球共有 13 套，它不直接用於域名解析，但能為本機 DNS 伺服器指明一條道路。

步驟3 根 DNS 伺服器收到來自本機 DNS 伺服器的請求，發現副檔名是 .com，說：「哦，www. ***.com 啊，這個域名是由 .com 區域管理的，我給你它的頂級 DNS 伺服器的位址，你去問問它吧。」

步驟4 本機 DNS 伺服器轉問頂級 DNS 伺服器：「你好，能告訴我 www.***.com 的 IP 位址嗎？」頂級 DNS 伺服器就是大名鼎鼎的 .com、.net、.org 這些一級區域，它負責管理二級域名，例如 ***.com，所以它能提供一個更清晰的方向。

步驟5 頂級 DNS 伺服器說：「我給你負責 www. ***.com 區域的權威 DNS 伺服器的地址，你去問它應該就能問到了。」

步驟6 本機 DNS 伺服器轉問權威 DNS 伺服器：「你好，www. ***.com 對應的 IP 位址是什麼呀？」***.com 的權威 DNS 伺服器，是 DNS 解析結果的原出處。為什麼叫權威呢，因為「我的域名我做主」。

步驟7 權威 DNS 伺服器查詢後將對應的 IP 位址「×.×.×.×」告訴本機 DNS 伺服器。

步驟8 本機 DNS 伺服器再將 IP 位址傳回用戶端，讓用戶端和目標建立連接。

至此，我們完成了 DNS 的解析過程。現在歸納一下，整個過程如圖 5-2 所示。

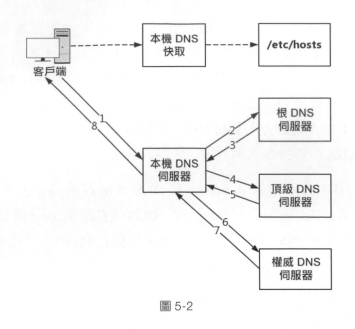

圖 5-2

負載平衡

站在用戶端的角度，這是一次 DNS 伺服器遞迴查詢的過程。因為本機 DNS 伺服器全權為它效勞，它只要坐等結果即可。在這個過程中，DNS 伺服器除了可以將名稱對映為 IP 位址，還可以做另外一件事，就是負載平衡。

還是以存取我們開頭提到的「外婆家」為例，在杭州可能有很多家「外婆家」。所以，如果一個人想去「外婆家」吃飯，他可以就近找一家店，而非所有人都得去同一家店，這就是負載平衡。

DNS 伺服器首先可以做內部負載平衡。

舉例來說，一個應用要存取資料庫，那麼在這個應用裡面應該設定這個資料庫的 IP 位址，還是設定這個資料庫的域名呢？顯然應該設定域名，因為如果這個資料庫由於某種原因換到了另外一台機器上，同時又有多個應用都設定了這個資料庫的話，一換 IP 位址，就需要將這些應用全部修改一

遍,但是如果設定了域名,則只需在 DNS 伺服器裡將域名對映為新的 IP 位址就可以了,大幅簡化了運行維護工作。

在這個基礎上,我們可以再進一步。舉例來說,某個應用要存取另外一個應用,如果設定另外一個應用的 IP 位址,那麼這個存取就是一對一的。但是當存取量太大,被存取的應用撐不住的時候,我們其實可以部署多個 IP 位址。那麼,主動存取的應用如何在多個 IP 位址之間進行負載平衡呢?答案是,只要將這些 IP 位址設定為一個域名就可以了。在域名解析時,只要設定策略,就可以這次傳回第一個 IP 位址,下次傳回第二個 IP 位址,進而實現負載平衡。

其次,DNS 伺服器還可以做全域負載平衡。

為了確保我們的應用高可用,資料中心常常會部署在多個機房,每個地方都會有自己的 IP 位址。當使用者造訪某個域名的時候,這個 IP 位址可以輪詢造訪多個資料中心。如果一個資料中心因為某種原因發生了故障,只要在 DNS 伺服器裡將這個資料中心對應的 IP 位址刪除,就可以實現一定的高可用性。

另外,我們一定希望北京的使用者存取北京的資料中心,上海的使用者存取上海的資料中心,這樣,客戶體驗會非常好,存取速度也會很快。這就是全域負載平衡的概念。

範例:透過 DNS 伺服器存取資料中心中物件儲存上的靜態資源

假設全國有多個資料中心,託管在多個電信業者處,每個資料中心有三個可用區(Available Zone)。物件儲存透過跨可用區部署實現高可用性。在每個資料中心中,至少要部署兩個內部負載平衡器,內部負載平衡器後面對接多個物件儲存的前置伺服器(Proxy-server)。

下面我們以透過 DNS 伺服器存取資料中心中物件儲存上的靜態資源為例，看一看 DNS 解析和負載平衡的整個過程。

如圖 5-3 所示，各個步驟含義如下：

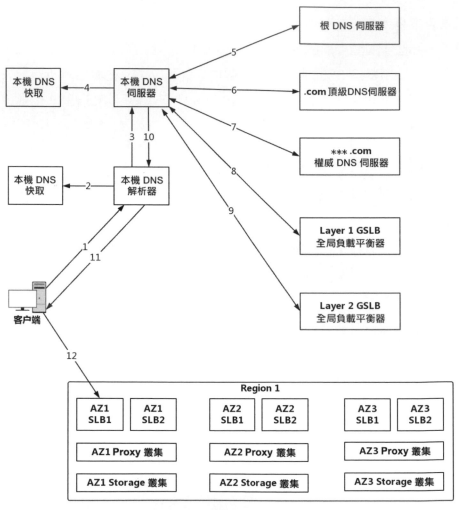

圖 5-3

步驟1 當一個用戶端要造訪 object.***.com 時，需要將域名轉為 IP 位址進行存取，所以它要請求本機 DNS 解析器。

步驟2 本機 DNS 解析器先檢視本機 DNS 快取中是否有這個記錄,如果有則直接使用,因為上面的過程太複雜了,如果每次都要遞迴解析,就太麻煩了。

步驟3 如果本機 DNS 快取中無記錄,則需要請求本機 DNS 伺服器。

步驟4 本機 DNS 伺服器一般部署在資料中心或電信業者的網路中,本機 DNS 伺服器也需要檢視本機 DNS 快取中是否有記錄,如果有則傳回,因為它也不想把上面的遞迴解析過程再走一遍。

步驟5~7 同樣的,如果本機 DNS 快取中沒有記錄,本機 DNS 伺服器就需要遞迴地從根 DNS 伺服器查到 .com 頂級 DNS 伺服器,最後查到 ***.com 權威 DNS 伺服器,權威 DNS 伺服器會傳回實際要存取的 IP 位址。

對於不需要做全域負載平衡的簡單應用來講,***.com 權威 DNS 伺服器可以直接將 object. ***.com 這個域名解析為一個或多個 IP 位址,然後用戶端可以透過多個 IP 位址進行簡單的輪詢,實現簡單的負載平衡。但是對於複雜的應用,尤其是跨地域、跨電信業者的大型應用而言,它們需要更加複雜的全域負載平衡機制,因而需要配備專門的裝置或伺服器,即 GSLB(Global Server Load Balance,全域負載平衡器)。

在 ***.com 權威 DNS 伺服器中,一般會透過設定 CNAME 的方式,給 object. ***.com 起一個別名,例如 object.vip. ***.com,然後告訴本機 DNS 伺服器,讓它請求 GSLB 解析這個域名,這樣 GSLB 就可以在解析這個域名的過程中透過自己的策略實現負載平衡了。

圖 5-3 中畫了兩層的 GSLB,是因為要區分電信業者和地域。我們希望不同電信業者的客戶可以存取相同的資源。不跨電信業者存取有利於加強傳輸量,減少延遲。

步驟8 透過檢視請求 Layer 1 GSLB 的本機 DNS 伺服器所在的電信業者,可以知道使用者所在的電信業者。這裡假設電信業者以 CNAME 的方式透

過另一個別名 object.yd. ***.com 告訴本機 DNS 伺服器去請求 Layer 2 的 GSLB。

步驟9 透過檢視請求 Layer 2 GSLB 的本機 DNS 伺服器所在的位址，可以知道使用者所在的地理位置，然後將距離使用者位置比較近的 Region 中 6 個內部負載平衡器（SLB，Server Load Balancer）的位址傳回給本機 DNS 伺服器。

步驟10 本機 DNS 伺服器將結果傳回給本機 DNS 解析器。

步驟11 本機 DNS 解析器將結果快取後，傳回給用戶端。

步驟12 用戶端開始存取屬於相同電信業者的距離較近的 Region 1 中的物件儲存，當然用戶端獲得了 6 個 IP 位址，它可以透過負載平衡的方式，隨機或輪詢選擇一個可用區進行存取，物件儲存一般會有 3 個備份，進一步實現對儲存讀寫的負載平衡。

小結

本節歸納如下：

- DNS 是網路世界的位址簿，可以透過域名查詢位址，由於 DNS 伺服器是按照樹狀結構組織的，因而域名尋找使用的是遞迴的方法，並透過快取的方式增強效能。
- 域名和 IP 位址相互對映的過程給了應用以域名做負載平衡的機會，可以實現簡單的負載平衡，也可以根據地址和電信業者實現全域負載平衡。

思考題

1. 全域負載平衡為什麼要分地址和電信業者呢？
2. 在進行全域負載平衡的過程中，常常遇到失靈的情況，你知道實際有哪些情況嗎？應該怎麼來解決？

5.2 HTTPDNS：網路世界的地址簿也會指錯路

上一節我們知道了 DNS 的兩項功能，第一項功能是根據網站名稱查到實際的 IP 位址，另一項功能是針對多個位址做負載平衡，而且可以在多個位址中選擇一個距離近的位址存取。

然而有時位址簿也經常指錯路，明明距離 500 公尺就有一個吃飯的地方，非要推薦到 5 公里外的地方。為什麼會出現這樣的情況呢？

還記得嗎，當我們發出請求解析 DNS 時，首先會先連接到電信業者本機的 DNS 伺服器，由這個伺服器幫我們在整棵 DNS 樹上進行解析，然後將解析的結果傳回給用戶端。但是本機的 DNS 伺服器作為一個本機導遊，常常有自己的「小心思」。

傳統 DNS 伺服器存在哪些問題

傳統 DNS 伺服器存在以下 5 個問題。

域名快取問題

DNS 伺服器可以在本機實現一個快取，也就是說，它不是每收到一個請求就去存取權威 DNS 伺服器。它存取過一次就會把結果快取到本機，當其他人來問的時候，直接傳回這個快取資料即可。

這就相當於導遊去過一個飯店，自己記住了位址，當有一個遊客詢問的時候，他可以憑記憶回答，不用再去查位址簿。但這樣一來可能存在的問題是，那個飯店明明都已經搬走了，可導遊並沒有更新位址簿，結果遊客辛辛苦苦找到了這個位址，才發現飯店已經變成了服裝店，是不是會非常失望？

另外，有的電信業者會把靜態頁面快取到本機電信業者的伺服器內，這樣使用者請求時，就不用跨電信業者進行存取，既加快了速度，也減少了電信業者之間的流量計算成本。在域名解析時，不會將使用者導向真正的網站，而會指向這個快取伺服器。

很多情況下使用本機快取是沒有問題的，但是當真正的伺服器頁面已經更新了，而本機電信業者的快取伺服器頁面沒有更新時，使用者就會存取到舊頁面，如果這個使用者發現使用其他電信業者的朋友存取的是新頁面，就會覺得很奇怪。這就像，當遊客問導遊某著名杭幫菜在哪裡時，有的導遊會根據經驗告訴他，吃杭幫菜沒必要跑那麼遠，附近有另一家。如果遊客對菜色沒有要求，就沒有問題，但是如果遊客恰巧是想去這家著名杭幫菜吃新菜色的，那他去了就近的這家而沒有吃到新菜色，他是不是會非常失望呢？

本機的快取還會使全域負載平衡失敗，因為上次進行快取時，快取中的位址不一定是離這次客戶最近的地方，如果把這個位址傳回給客戶，可能就會繞遠路。

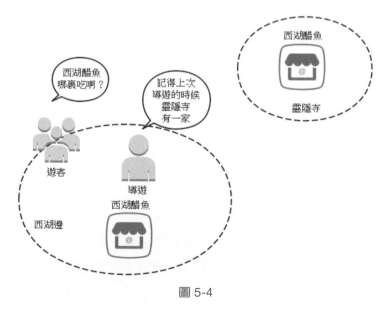

圖 5-4

就像有位遊客要吃西湖醋魚，導遊知道靈隱寺有一家，因為當時遊客就在靈隱寺。可是，第二次詢問的遊客在西湖邊，若導遊還根據自己的記憶指向靈隱寺的那一家，那就繞得太遠了，如圖 5-4 所示。

域名轉發問題

快取問題是關於本機 DNS 解析服務的，本機 DNS 伺服器還是會去權威 DNS 伺服器中尋找 IP 位址，只不過不是每次都要尋找，說到底這還是「大導遊」、「大仲介」。還有一些「小導遊」、「小仲介」在有了請求之後，直接轉發給其他電信業者去做解析，相當於外包了出去。

正常情況下，假設 A 電信業者的客戶要存取自己電信業者的 DNS 伺服器，如果 A 電信業者去權威 DNS 伺服器查詢，那麼權威 DNS 伺服器就知道該客戶是 A 電信業者的客戶，就會傳回一個部署在 A 電信業者的網站位址，這樣針對相同電信業者的存取，速度就會快很多。

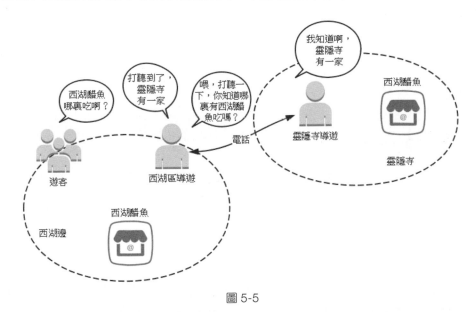

圖 5-5

但是外包後情況就不一樣了，假設 A 電信業者偷懶，將解析的請求轉發給 B 電信業者，B 電信業者去權威 DNS 伺服器查詢的話，權威 DNS 伺服器

會誤認為該客戶是 B 電信業者的客戶，進而傳回一個部署在 B 電信業者的網站位址，結果客戶每次存取都要跨電信業者，速度就會很慢。

如圖 5-5 所示，遊客在西湖邊詢問導遊哪裡可以吃西湖醋魚，西湖邊本來有一家店，可是西湖邊的導遊不知道，於是打電話問在靈隱寺的導遊同事，靈隱寺的導遊同事告訴他，靈隱寺有一家，於是西湖邊的導遊告訴遊客靈隱寺附近餐館的位置，這個時候，遊客如果按照導遊的指引，從西湖跋涉到靈隱寺去吃西湖醋魚，就繞了一大圈。

出口 NAT 問題

前面說明閘道時，我們知道，很多機房都會在出口設定 NAT，即網路位址編譯，進一步給從這個閘道出去的封包都換上新的 IP 位址，當然請求傳回時，可以再在這個閘道將 IP 位址轉換回去，所以對存取來說沒有任何問題。

但是一旦做了 IP 位址的轉換，權威 DNS 伺服器就沒辦法透過這個位址來判斷客戶到底來自哪個電信業者，而且極有可能因為位址被轉換過使得權威 DNS 伺服器誤判電信業者，進而導致客戶每次都要跨電信業者進行存取。

域名更新問題

本機 DNS 伺服器是由不同地區、不同電信業者獨立部署的。在對域名解析快取的處理上，實現策略也有區別。有的本機 DNS 伺服器會偷懶，忽略域名解析結果的 TTL 時間限制，導致在權威 DNS 伺服器解析變更時，解析結果在全網生效的週期非常漫長。

但是有的時候，在 DNS 伺服器的切換中，場景對生效時間要求比較高。例如雙機房部署時，跨機房的負載平衡和災難恢復多使用 DNS 伺服器來實現。當一個機房出問題之後，需要修改權威 DNS 伺服器，將域名指向新的 IP 位址，但是如果更新太慢，則很多使用者都會出現存取例外。

這就像，有的導遊比較勤快、敬業，時時刻刻關注飯店、餐廳、交通的變化，問他的時候，常常會獲得最新情況。有的導遊懶一些，8 年前背的導遊詞就沒換過，問他的時候，指的路常常就是錯的。

解析延遲問題

從 5.1 節可知，DNS 伺服器的查詢過程需要遞迴檢查多個 DNS 伺服器，才能獲得最後的解析結果，這會帶來一定的延遲，甚至會導致解析逾時。

HTTPDNS 伺服器的工作模式

DNS 伺服器解析中竟有這麼多問題，那怎麼辦呢？難不成直接用 IP 位址？這樣顯然不合適，所以就有了 HTTPDNS 伺服器。

HTTPDNS 伺服器不通過傳統的 DNS 伺服器進行解析，而是自己架設以 HTTP 為基礎的 DNS 伺服器叢集，並分佈在多個地點，針對多個電信業者。當用戶端需要 DNS 解析時，直接透過 HTTP 請求這個伺服器叢集，就能獲得就近的位址。

這就相當於各自以 HTTP 實現自己的域名解析，做一個自己的位址簿，而不使用統一的位址簿。但是預設的域名解析都是透過 DNS 伺服器實現的，因而使用 HTTPDNS 需要繞過預設的 DNS 路徑，不能使用預設的用戶端。使用 HTTPDNS 伺服器的，常常是手機應用，需要在手機端嵌入支援 HTTPDNS 的用戶端 SDK（Software Development Kit，軟體開發套件）。

透過自己的 HTTPDNS 伺服器和 SDK，就可以不再依賴本機導遊，自己上網查詢做旅遊攻略，來個自由行，愛怎麼玩就怎麼玩。這樣就能夠避免因過度依賴導遊，而導遊又不專業所造成的尷尬。

HTTPDNS 伺服器的工作模式如圖 5-6 所示。

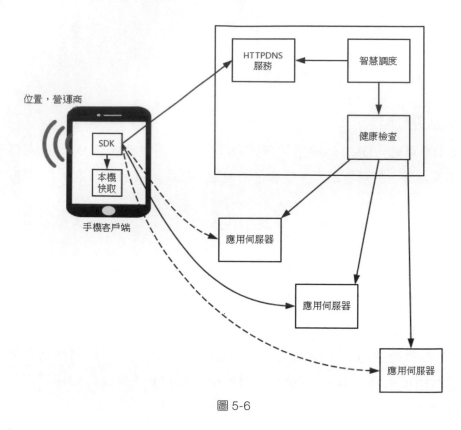

圖 5-6

我們可以在用戶端的 SDK 裡動態請求伺服器，取得 HTTPDNS 伺服器的 IP 位址清單，快取到本機。隨著不斷地解析域名，SDK 也會在本機快取 DNS 伺服器域名解析的結果。

當手機應用要存取一個位址時，首先檢視是否有本機快取，如果有就直接傳回。這個快取和本機 DNS 伺服器快取不一樣的是，這件事情是手機應用自己做的，而非整個電信業者統一做的。如何更新、何時更新，手機應用用戶端和伺服器可以協調完成。

如果沒有本機快取，就需要請求 HTTPDNS 伺服器，在本機 HTTPDNS 伺服器的 IP 位址清單中選擇一個發出 HTTP 請求，傳回一個要造訪的網站的 IP 位址清單。

請求的方式如下所示。

```
curl http://106.2.xxx.xxx/d?dn=c.m.163.com
{"dns":[{"host":"c.m.163.com","ips":["223.252.199.12"],"ttl":300,"http2":0}],
"client":{"ip":"106.2.81.50","line":269692944}}
```

手機用戶端自然知道手機屬於哪個電信業者，由於是直接進行 HTTP 通訊的，HTTPDNS 伺服器能夠準確知道這些資訊，因而可以做精準的全域負載平衡。

當以上方法不可用時，也可以切換到傳統的本機 DNS 伺服器來進行解析，再慢也比存取不到好。

HTTPDNS 伺服器的快取設計

解析 DNS 伺服器的過程複雜，通訊次數多，這對解析速度造成了很大影響。為了加快解析，所以有了快取，但是這又會產生快取更新不及時的問題。最要命的是，解析速度和更新速度都掌握在本機 DNS 伺服器手中，它不會為用戶端進行訂製，用戶端只能乾著急。

而 HTTPDNS 伺服器將解析速度和更新速度全部掌控在自己手中。一方面，解析時不需要本機 DNS 伺服器遞迴地呼叫一大圈，一個 HTTP 請求直接搞定，要即時更新時，馬上就能有作用；另一方面，為了加強解析速度，本機也有快取，快取是由用戶端 SDK 維護的，過期時間和更新時間都可以自己控制。

HTTPDNS 伺服器採用的快取設計模式也是做應用架構時常用的快取設計模式，即分為用戶端、快取、資料來源三層。這三層對於應用架構來講，就是應用、快取、資料庫。常見的是 Tomcat、Redis、MySQL；對於 HTTPDNS 伺服器來講，就是用戶端 SDK、本機快取、HTTPDNS 伺服器。如圖 5-7 所示。

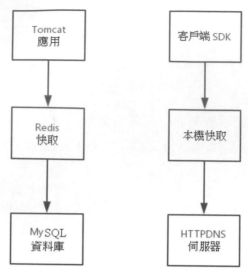

圖 5-7

只要是快取模式，就存在快取的過期、更新、不一致等問題，解決這些問題的想法也是很像的。例如 DNS 伺服器快取在記憶體中，也可以持久化到儲存上，這樣 App 重新啟動之後，就能儘快從儲存中載入上次累積的經常造訪的網站解析結果，而不需要每次都解析一遍，再變成快取。這有點像 Redis 雖是基於記憶體的快取，但是同樣能提供持久化的能力，使得重新啟動或主備切換時，資料不會完全遺失。

SDK 中的快取會嚴格按照快取過期時間執行，如果快取已經過期，且用戶端不允許使用過期的記錄，則會發起一次解析，保障記錄是最新的。

解析可以同步進行，也就是直接呼叫 HTTPDNS 伺服器的介面，傳回最新的記錄，更新快取。也可以非同步進行，增加一個解析工作到後台，由後台工作呼叫 HTTPDNS 伺服器的介面。

同步更新的優點是即時性好，缺點是當多個請求都過期時，就會同時請求 HTTPDNS 伺服器多次，這其實是一種浪費。

同步更新的方式對應應用架構中快取的 Cache-Aside 機制，即先讀快取，若讀取失敗則讀取資料庫，同時更新快取，如圖 5-8 所示。

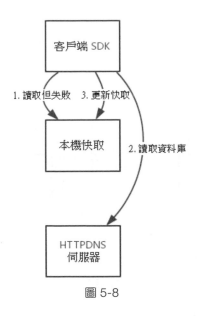

圖 5-8

非同步更新的優點是，可以將多個請求都過期的情況合併為一個對 HTTPDNS 伺服器的請求工作，只執行一次，減少 HTTPDNS 伺服器的壓力。同時可以在資料即將過期時建立一個工作進行預先載入，防止過期之後再更新。

非同步更新的缺點是，目前請求拿到過期資料時，如果用戶端允許使用過期資料，則需要冒一次風險。如果過期的資料還能請求，就沒問題，如果不能請求，則會失敗，等下次快取更新後再請求方能成功，如圖 5-9 所示。

非同步更新的機制對應應用架構中快取的 Refresh-Ahead 機制，即業務僅存取快取，過期時定期更新。在著名的應用快取 Guava Cache 中，有一個 RefreshAfterWrite 機制，對於平行處理情況下多個快取存取失敗進一步引發平行處理回源的情況，可以採取只有一個請求回源的模式。在應用架構的快取中，也常常使用資料預熱或預先載入機制，如圖 5-10 所示。

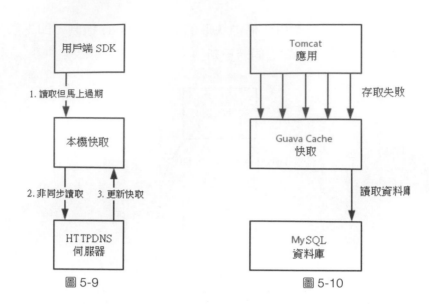

圖 5-9　　　　　　　　　圖 5-10

HTTPDNS 伺服器的排程設計

由於用戶端嵌入了 SDK，權威 DNS 伺服器就不會因為本機 DNS 伺服器的各種快取、轉發 NAT 而誤會用戶端所在的位置和電信業者，它可以拿到第一手資料。HTTPDNS 伺服器可以根據手機所屬的電信業者，以及手機位於哪個國家、哪個省，甚至哪個市，選擇最佳的服務節點傳回。

如果有多個節點，還會考慮錯誤率、請求時間、伺服器壓力、網路狀況等進行綜合選擇，而非僅考慮地理位置。這樣一來，當有一個節點當機或效能下降時，可以儘快進行切換。

要做到這一點，需要用戶端使用 HTTPDNS 伺服器傳回的 IP 位址存取業務應用。用戶端 SDK 會收集網路請求資料，如錯誤率、請求時間等網路請求質量數據，並發送到統計後台進行分析、聚合，以此檢視不同的 IP 位址的服務品質。

在服務端，應用可以透過呼叫 HTTPDNS 伺服器的管理介面，設定不同服務品質的優先順序、加權。HTTPDNS 伺服器會根據這些結果並綜合地理位置和線路狀況算出一個排序，優先存取那些優質的、延遲低的 IP 位址。

HTTPDNS 伺服器透過智慧排程之後傳回的結果也會快取在用戶端。為了避免快取導致的排程失真，用戶端可以根據不同的行動網路電信業者 Wi-Fi 的 SSID（Service Set Identifier，服務集標識）進行分維度快取。不同的電信業者或 Wi-Fi 解析出來的結果不同，如圖 5-11 所示。

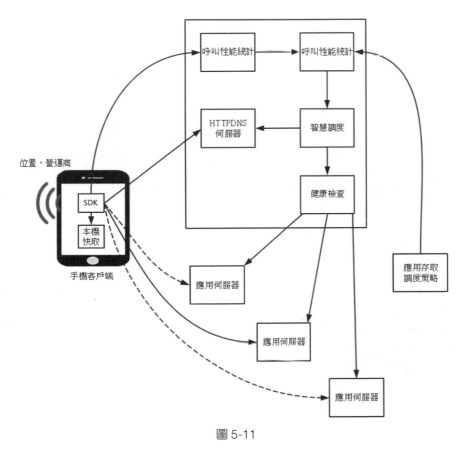

圖 5-11

小結

本節需要記住以下兩個重點：

- 傳統的 DNS 伺服器有很多問題，例如解析慢、更新不及時。因為快取、轉發 NAT 問題導致用戶端誤會自己所在的位置和所屬的電信業者，進一步影響流量的排程。

- HTTPDNS 伺服器透過用戶端 SDK，服務端透過 HTTP 直接呼叫解析 DNS 伺服器的方式，繞過了傳統 DNS 伺服器的缺點，實現了智慧排程。

思考題

1. 使用 HTTPDNS 伺服器，需要向 HTTPDNS 伺服器請求解析域名，可是用戶端怎麼知道 HTTPDNS 伺服器的地址或域名呢？
2. HTTPDNS 伺服器的智慧排程，主要是讓用戶端選擇最近的伺服器，有另一種機制可以使資源被分發到離用戶端更近的位置，進一步加快用戶端的存取，你知道是什麼機制嗎？

5.3 CDN：你去超商取過快遞嗎

在 5.2 節，我們看到了網站的一般存取模式。

當一個使用者想造訪一個網站時，指定這個網站的域名，DNS 伺服器就會將這個域名解析為位址，使用者請求這個位址，就會傳回一個網頁。就像你要買某個東西時，首先要尋找商店的位置，然後去商店裡面找到自己想要的東西，最後拿著東西回家。

那這裡面還有沒有可以最佳化的地方呢？

例如你去電子商務網站下單買東西，這個東西一定要從電子商務總部的中心倉庫送過來嗎？原來基本是這樣的，每一單都是單獨配送，所以你可能要很久才能收到你的「寶貝」。但是後來電子商務網站的物流系統學聰明了，它們在全國各地建立了很多倉庫，這樣就不只是總部的中心倉庫才可以發貨了。

電子商務網站根據統計可以估算出北京、上海、廣州、深圳、杭州等地每天能夠賣出去多少圖書、衛生紙、皮包、電器等保存期比較長的物品。這

些物品不需要從中心倉庫發出，我們平時就可以將它們儲存在各地倉庫裡，客戶一下單，商家從就近的倉庫發貨，第二天商品就可以送達。這樣一來，使用者體驗大幅上升。

當然，這裡面也有個困難，生鮮這種東西保存期太短，如果提前備好貨，但是沒有人下單，那一定會腐爛。這個問題，後文再說。

我們先來看一下網站存取如何參考「就近配送」這個想法。

全世界有許多資料中心，無論在哪裡上網，臨近不遠的地方基本上都有資料中心。如果在這些資料中心裡部署幾台機器，形成一個快取的叢集來快取部分資料，那麼使用者存取資料時，是否就可以就近存取了呢？

當然是可以的。而這些分佈在世界各地的資料中心節點，就稱為邊緣節點。

由於邊緣節點數目比較多，但是每個叢集規模又比較小，不可能快取所有的資料，因而可能無法成功造訪，這樣在邊緣節點之上就會有區域節點，規模會更大，快取的資料會更多，成功存取的機率也就更大。在區域節點之上是中心節點，規模更大，快取資料更多。如果還不能成功存取，就只好回源網站存取了，如圖 5-12 所示。

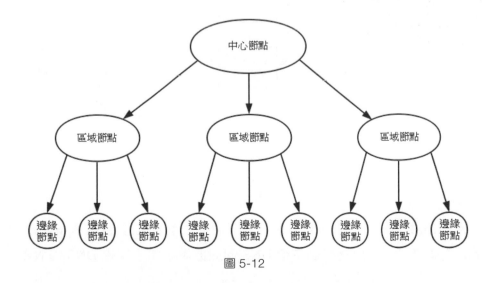

圖 5-12

圖 5-12 為 CDN（Content Delivery Network，內容分散傳遞服務）的分發系統架構，CDN 系統的快取也是一層一層的，能不造訪後端真正的來源，就不去打擾它。這也是電子商務網站物流系統的想法，北京倉庫找不到，找華北倉庫，華北倉庫找不到，再找北方倉庫。

有了這個分發系統之後，接下來的問題是，用戶端如何找到對應的邊緣節點進行存取呢？

還記得我們講過的以 DNS 為基礎的全域負載平衡嗎？這個負載平衡主要用來選擇一個就近的相同電信業者的伺服器進行存取。你會發現，CDN 也是一個分佈在多個區域、多個電信業者的分散式系統，因此我們也可以用相同的想法選擇 CDN 中最合適的邊緣節點。

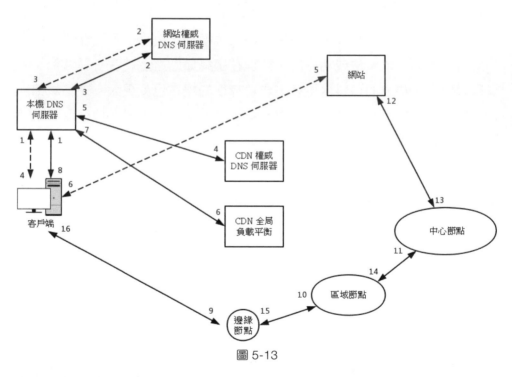

圖 5-13

如圖 5-13 所示，在沒有 CDN 的情況下，使用者向瀏覽器輸入 www.***.com 這個域名，用戶端造訪本機 DNS 伺服器時，如果本機 DNS 伺服器有

快取，則傳回網站的地址；如果沒有快取，則遞迴查詢到網站的權威 DNS 伺服器，這個權威 DNS 伺服器是負責 ***.com 的，它會傳回網站的 IP 位址。本機 DNS 伺服器快取 IP 位址，將 IP 位址傳回，然後用戶端直接造訪這個 IP 位址，就存取到了這個網站。

然而有了 CDN 之後，情況發生了變化。在 ***.com 這個權威 DNS 伺服器上，會設定一個 CNAME 別名，指向另外一個域名 www. ***.cdn.com，傳回給本機 DNS 伺服器。

當本機 DNS 伺服器拿到這個新的域名時，需要繼續解析這個新的域名。這時存取的就不是 ***.com 的權威 DNS 伺服器了，而是 ***.cdn.com 的權威 DNS 伺服器，這是 CDN 自己的權威 DNS 伺服器。在這個伺服器上，還是會設定一個 CNAME 別名，指向另外一個域名，即 CDN 網路的全域負載平衡器。

接下來，本機 DNS 伺服器去請求 CDN 的全域負載平衡器解析域名，全域負載平衡器會為使用者選擇一台合適的快取伺服器提供服務，選擇的依據包含：

- 根據使用者 IP 位址判斷哪一個伺服器距使用者最近。
- 使用者所處的電信業者。
- 根據使用者所請求的 URL 中攜帶的內容名稱判斷哪一個伺服器上有使用者所需的內容。
- 查詢各個伺服器目前的負載情況，判斷哪一個伺服器尚有服務能力。

基於以上這些條件，進行綜合分析之後，全域負載平衡器會傳回一台快取伺服器的 IP 位址。

本機 DNS 伺服器先快取這個 IP 位址，然後將 IP 位址傳回給用戶端，用戶端再去存取這個邊緣節點下載資源。快取伺服器回應使用者請求，將使用者所需內容傳送到使用者終端。如果這個快取伺服器上並沒有使用者想要

的內容，那麼這個伺服器就要向它的上一級快取伺服器請求內容，直到追溯到網站的原始伺服器並將內容拉取到本機。

CDN 可以快取的內容有很多種，就像電子商務倉庫中可以大量儲存保存期長的日用品一樣。因為這些商品對應到網路世界中，就是靜態頁面、圖片等，這些東西也不怎麼變化，所以適合快取。

來看一下圖 5-14 所示的連線層快取的架構，在進入資料中心時，我們希望透過最外層連線層的快取，將大部分對靜態資源的存取攔在邊緣。而 CDN 則更進一步，將這些靜態資源快取到了離使用者更近的資料中心。越接近客戶，存取效能越好，延遲越低。

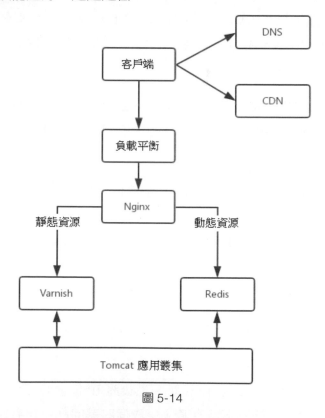

圖 5-14

但是在靜態資源中，有一種特殊的內容，也大量使用了 CDN，就是前面講過的串流媒體。

CDN 支援串流媒體協定，例如 RTMP。在很多情況下，它相當於一個代理，從上一級快取讀取內容，轉發給使用者。由於串流媒體常常是連續的，因而可以預先快取，也可以預先發送到用戶端。

對於靜態頁面來講，內容的分發常常採用拉取的方式，即當發現未成功時，再去上一級進行拉取。但是，串流媒體資料量大，如果出現回源，壓力會比較大，所以常常採取主動發送的模式，將熱點資料主動發送到邊緣節點。

對於串流媒體來講，很多 CDN 還提供前置處理服務，即檔案在分發之前，經過一定的處理。例如將視訊轉為不同的串流速度，以適應不同網路頻寬的使用者需求；或是對視訊進行分片，降低儲存壓力，也令用戶端可以選擇使用不同的串流速率載入不同的分片，這樣我們觀看視訊時就可以選擇超清、標準解析度、流暢等模式。

對於串流媒體 CDN 來講，關鍵的是防盜鏈問題。因為視訊是要花大錢購買版權的，如果串流媒體被其他的網站盜走，並在人家的網站播放，那損失可就大了。

解決這個問題最常用且最簡單的方法就是使用 HTTP 表頭的 referer 欄位。當瀏覽器發送請求時，一般會帶上 referer 欄位，告訴伺服器自己是從哪個頁面連結過來的。伺服器基於此可以獲得一些資訊，如果 referer 欄位不是來自本站，就阻止存取或跳躍到其他頁面連結。

referer 欄位的機制比較容易被破解，所以還需要配合其他的機制。

一種常用的機制是時間戳記防盜鏈。使用 CDN 的管理員在設定介面上和 CDN 廠商約定一個加密字串，用戶端取出目前的時間戳記、要存取的資源及其路徑，連同加密字串執行簽名演算法獲得一個簽名字串，然後產生一個下載連結，帶上這個簽名字串和截止時間戳記去存取 CDN。

在 CDN 服務端，將取出的過期時間和目前 CDN 節點時間進行比較，確認

請求是否過期。然後 CDN 服務端就有了要存取的資源及其路徑、時間戳記，以及約定的加密字串，再使用相同的簽名演算法計算簽名，如果比對一致，則存取合法，進一步可以將資源傳回給用戶端。

然而如同之前提到的，在電子商務倉庫中，儲存生鮮是一件非常麻煩的事情。在網路世界中，動態的資料與之相似，也難以快取。那怎麼辦呢？動態 CDN 可以解決，主要有以下兩種模式。

一種為生鮮超市模式，即邊緣計算的模式。既然資料是動態產生的，那麼資料的邏輯計算和儲存也會對應地放在邊緣的節點。然後定時從來源資料處同步儲存的資料，在邊緣節點進行計算獲得結果。這就像生鮮的烹飪是動態的，沒辦法事先完成，因而將生鮮超市開在家旁邊，既能夠送貨上門，也能夠現場烹飪，這便是邊緣計算的一種表現。

另一種是冷鏈運輸模式，即路徑最佳化模式。也就是動態網站加速（Dynamic Site Accelerator，DSA），資料不是透過邊緣計算產生的，而是在來源站產生的，但是資料的下發可以透過 CDN 網路對路徑進行最佳化。因為 CDN 節點較多，能夠找到離來源站很近的邊緣節點，也能找到離使用者很近的邊緣節點。而中間的鏈路完全可以由 CDN 來規劃，因此最後能夠選擇出一條更加可靠的、針對類似專線存取的高速路徑。

常用的 TCP 連接在公網上傳輸時經常會丟資料，導致 TCP 的視窗始終很小，發送速度上不去。根據 TCP 流量控制和擁塞控制的原理，在 CDN 加速網路中可以調整 TCP 的參數，使得 TCP 可以更加激進地傳輸資料。透過多個請求重複使用一個連接，保障每次動態請求到達時連接都已經建立，不必臨時進行三次驗證或建立過多的連接，避免增加伺服器的壓力。另外，可以透過對輸資料的壓縮增加傳輸效率。

所有這些方法就像冷鏈運輸，對整個物流進行最佳化，全程冷凍、高速運輸。不管生鮮是從你旁邊的超市還是從產地送的，保障到你家時是新鮮的就好。

小結

本節需記住以下兩個重點:

- CDN 和電子商務系統的分散式倉儲系統一樣,分為中心節點、區域節點、邊緣節點,將資料快取在離使用者最近的位置。
- CDN 最擅長的是快取靜態資料,除此之外還可以快取串流媒體資料,這時要注意使用防盜鏈。CDN 也支援動態資料快取,可用模式有兩種:一種是邊緣計算的生鮮超市模式,另一種是鏈路最佳化的冷鏈運輸模式。

思考題
---

1. 本節講了 CDN 使用 DNS 進行全域負載平衡的實例,那麼 CDN 如何使用 HTTPDNS 伺服器呢?
2. 用戶端對 DNS 伺服器、HTTPDNS 伺服器、CDN 存取了半天,卻還沒進資料中心,你知道資料中心裡面是什麼樣子嗎?

5.4 資料中心:我是開發廠商,自己拿地蓋別墅

無論是看新聞、下訂單、看視訊,還是下載檔案,最後的存取目的地都是資料中心。我們前面學了這麼多與網路通訊協定相關的知識,你是不是很好奇資料中心究竟長什麼樣呢?

資料中心是一個大雜燴,幾乎會用到前面學過的所有知識。

前面講辦公室網路時提到,辦公室裡面有很多台電腦,如果要存取外網,需要經過一個叫作閘道的東西,而閘道常常是一個路由器。

資料中心裡面也有一大堆電腦，但是它和辦公室裡面的筆記型電腦或桌上型電腦不一樣。資料中心裡面的電腦其實是伺服器。伺服器被放在一個個機架（Rack）上面。

資料中心的入口和出口是路由器，由於處在資料中心的邊界，這些路由器又被稱為邊界路由器（Border Router）。為了實現高可用性，邊界路由器會有很多。

一般家裡只會連接一個電信業者的網路，但為了高可用性，在一個電信業者出問題時可以享受另外一個電信業者提供的服務，資料中心的邊界路由器會連接多個電信業者網路。

既然是路由器，就需要路由式通訊協定，資料中心常常就是路由式通訊協定中的自治區域。資料中心裡面的機器如果想造訪外面的網站，或資料中心裡面有機器需要對外提供服務，都可以透過 BGP 來取得內外互通的路由資訊。這就是我們常聽到的多線 BGP 的概念。

如果資料中心非常簡單，其中沒幾台機器，那麼就像家裡或宿舍一樣，所有的伺服器都直接連接到路由器上就可以了。但是資料中心裡面常常有非常多的機器，當塞滿一個機架（Rack）時，需要透過交換機將這些伺服器連接起來，才可以實現互相通訊。

這些交換機常常是放在機架頂端的，所以經常被稱為 TOR（Top Of Rack）交換機，這些交換機所處的一層被稱為連線層（Access Layer）。注意這個連線層和原來講過的應用的連線層不是同一個概念。

當一個機架放不下的時候，就需要多個機架，同樣的，也需要透過交換機將多個機架連接在一起。這種交換機對效能的要求更高，頻寬也更大。這種交換機稱為匯聚交換機，如圖 5-15 所示。

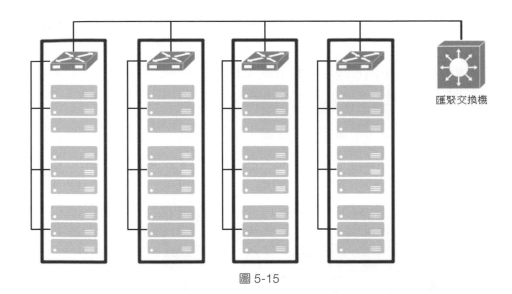

圖 5-15

資料中心裡面的每一個連接都是需要考慮高可用性的。這裡首先要考慮的
是,如果一台機器只有一個網路卡,上面連著一條網路線並連線到 TOR
交換機上,那麼當網路卡壞了,或網路線不小心掉線時,機器就無法上網
了。所以至少需要將兩個網路卡、兩條網路線插到 TOR 交換機上,且兩
個網路卡要工作得像一個網路卡一樣,這就是常說的網卡綁定(bond)。

實現網卡綁定需要伺服器和 LACP(Link Aggregation Control Protocol,交
換機支援協定),它們互相通訊,將多個網路卡聚合成一個網路卡,將多
條網路線聚合成一條網路線,在網路線之間可以進行負載平衡,也可以為
實現高可用做好準備,如圖 5-16 所示。

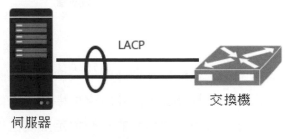

圖 5-16

雖然網路卡有了高可用保障，但交換機還有問題，如果一個機架上只有一台交換機，那麼它若出了問題，整個機架都不能上網了。因而 TOR 交換機也需要高可用，同理連線層和匯聚層的連接也需要高可用，不能單線連接。

為了解決上述問題，最傳統的方法是，部署兩個連線交換機，同時部署兩個匯聚交換機。伺服器和兩個連線交換機連接，兩個連線交換機和兩個匯聚交換機也連接，這樣會形成環，所以需要啟用 STP 去除環，STP 中只有一條路會有作用，如圖 5-17 所示。

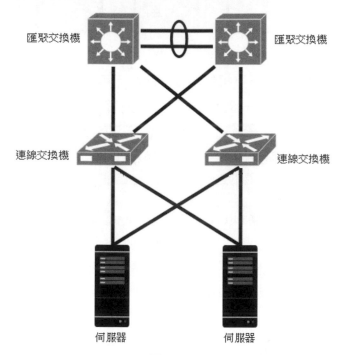

圖 5-17

另一種方法是，將多個交換機形成一個邏輯的交換機，伺服器透過多條網路線分別連接到多個連線交換機上，而連線交換機透過多條網路線分別連接到多個匯聚交換機上，並且透過堆疊的私有協定形成主備同時上線的連接方式，如圖 5-18 所示。

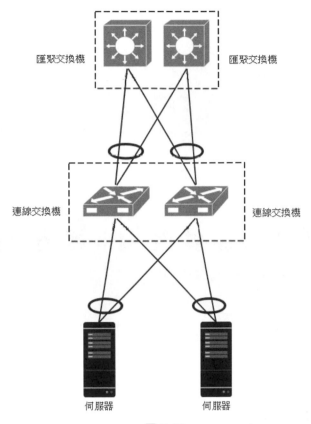

匯聚交換機　　　　　　　　　　匯聚交換機

連線交換機　　　　　　　　　　連線交換機

伺服器　　　　　　　伺服器

圖 5-18

由於堆疊對頻寬要求更高，而且出了問題時影響也更大，所以兩個堆疊可能會不夠用，此時就需要有更多的堆疊，例如四個堆疊為一個邏輯的交換機。

匯聚交換機所處的一層稱為匯聚層，匯聚層將大量的計算節點相互連接在一起，形成了一個叢集。在這個叢集裡面，伺服器之間透過二層互通，這個互通區域常被稱為 POD（Point Of Delivery），有時候也被稱為可用區（Available Zone）。

當節點數目更多的時候，一個可用區就放不下了，這時需要將多個可用區連在一起，連接多個可用區的交換機稱為核心交換機，如圖 5-19 所示。

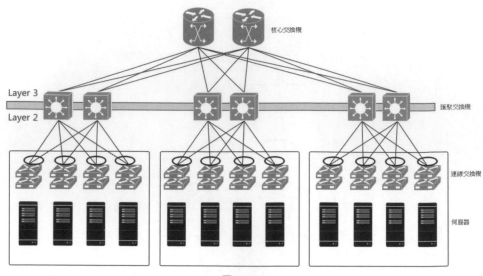

圖 5-19

核心交換機傳輸量更大，高可用要求更高，一定需要堆疊，但是僅堆疊常常不足以滿足傳輸量，因而還是需要部署多組核心交換機。核心交換機和匯聚交換機之間也是採用全互連模式的。

這時還會有上面的問題，出現環路怎麼辦？

不必擔心，不同的可用區在不同的二層網路，需要分配不同的網段，匯聚交換機和核心交換機之間透過三層網路互通，二層網路不在一個廣播域裡面，所以不會存在二層環路的問題。三層網路出現環路是沒有問題的，只要透過路由式通訊協定選擇最佳的路徑就可以了。那為什麼二層網路不能有環路，而三層網路可以呢？我們可以回憶一下二層網路環路的情況。

如圖 5-20 所示，核心層和匯聚層之間透過內部的路由式通訊協定 OSPF 找到最佳的路由進行存取，而且還可以透過 ECMP 相等路由在多個路徑之間進行負載平衡和高可用。

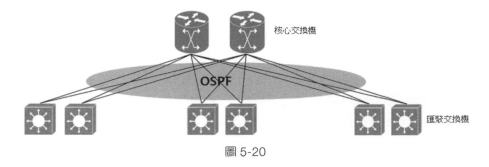

圖 5-20

但是隨著資料中心裡面的機器越來越多，尤其是出現了雲端運算、大數據之後，叢集規模越來越大，而且這些機器都要處在一個二層網路裡面。這就需要二層互連從匯聚層上升為核心層，即在核心交換機以下，全部是二層互連，全部在一個廣播域裡面，這就是常説的大二層網路，如圖 5-21 所示。

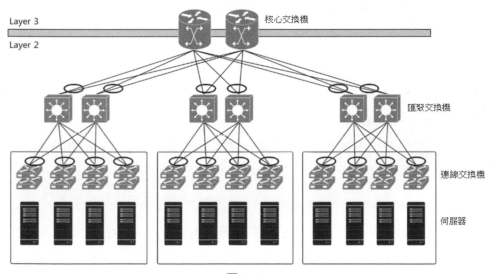

圖 5-21

如果大二層網路水平流量不大，核心交換機數目不多，則可以做堆疊，但如果水平流量很大，僅做堆疊是滿足不了需求的，此時就需要部署多組核心交換機，而且要和匯聚層進行全互連。但是堆疊只能解決一個核心交換機組內的無環問題，實現組之間全互連還需要使用其他機制。

STP 這個協定在產生拓撲樹的時候會使多組核心交換機只有一組有作用，所以使用 STP 不能造成擴大水平頻寬的作用。

於是大二層網路中就引用了 TRILL（Transparent Interconnection of Lots of Link）協定，即多連結透明互連協定。它的基本思想是，如果二層網路不能有環路，而三層網路可以，那就把三層網路的路由能力在二層網路上模擬實現。

執行 TRILL 協定的交換機被稱為 RBridge，是具有路由轉發特性的橋接器裝置，只不過這個路由是根據 MAC 位址來設定的，不是根據 IP 位址來設定的。

RBridge 之間透過鏈路狀態路由式通訊協定運作。還記得這個路由式通訊協定嗎？透過它可以學習整個大二層網路的拓撲結構、知道存取某個 MAC 位址應該經過哪個橋接器，還可以計算最短的路徑，也可以透過相等的路由進行負載平衡。

TRILL 協定在原來的 MAC 標頭外面加上了自己的表頭，以及外層的 MAC 標頭。TRILL 標頭裡面的 Ingress RBridge 有點像 IP 表頭裡面的來源 IP 位址，Egress RBridge 就像目標 IP 位址，這兩個位址是點對點的，經過中間路由時不會發生改變。而外層的 MAC 位址可以有下一次轉發的 Bridge，就像路由的下一次轉發也是透過 MAC 位址來呈現的一樣。

如圖 5-22 所示，有一個封包要從主機 A 發送到主機 B，中間要經過 RBridge 1、RBridge 2、RBridge X 等，直到 RBridge 3。RBridge 2 收到的封包裡面分內外兩層，內層就是傳統的主機 A 和主機 B 的 MAC 位址以及內層的 VLAN。

在外層首先加上一個 TRILL 標頭，裡面描述這個封包是從 RBridge 1 進來的，要從 RBridge 3 出去，並且像三層網路的 IP 位址一樣有跳數。然後再外層包含：目標 MAC 位址 RBridge 2、來源 MAC 位址 RBridge 1，還有外層的 VLAN。

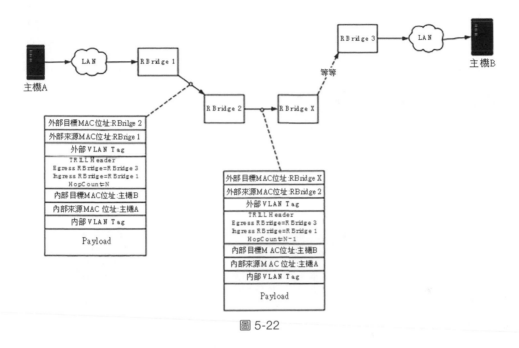

圖 5-22

當 RBridge 2 收到這個封包之後，首先檢視 MAC 位址是否是自己的，如果是，要看自己是不是 Egress RBridge，即是不是最後一次轉發。如果不是，則要檢視跳數是不是大於 0，透過類似路由尋找的方式找到下一次轉發 RBridge X，然後將封包發出去。

從 RBridge 2 發出去的封包，內層的資訊是不變的，外層 TRILL 標頭裡面同樣描述的是這個封包從 RBridge 1 進來，從 RBridge 3 出去，只是跳數要減 1。外層的目標 MAC 位址變成 RBridge X，來源 MAC 位址變成 RBridge 2。

如此一直轉發，直到到達 RBridge 3，將外層的表頭去掉，僅發送內層的封包給主機 B。

這個過程是不是和 IP 路由很像？

對於大二層網路的廣播封包，也需要透過分發樹的技術來實現。我們知道 STP 是將一個有環的圖去掉邊形成一棵樹，而分發樹是將一個有環的圖去

掉邊形成多棵樹，如圖 5-23 所示。去掉邊以後就形成了分別用實線和虛線
表示的兩棵樹，RBridge 1 和 RBridge 10 分別是這兩棵樹的樹根，不同的
樹有不同的 VLAN，有的廣播封包從 VLAN A 廣播，有的從 VLAN B 廣
播，最後都是為了實現負載平衡和高可用。

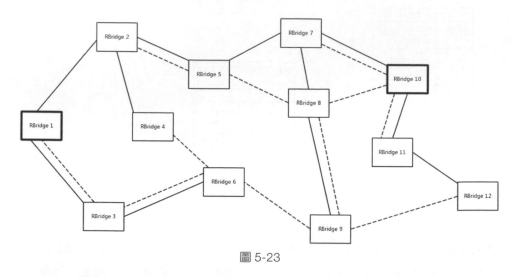

圖 5-23

核心交換機之外，就是邊界路由器了。至此從伺服器到資料中心邊界的層
次已經講清楚了。

在核心交換機上面，常常會掛載一些安全裝置，例如入侵偵測、DDoS 防
護等。這是整個資料中心的屏障，可用來抵擋外來的攻擊。核心交換機上
常常還有負載平衡器。

對於存放裝置，有的資料中心裡面還會有一個儲存網路，用來連接
SAN（Storage Area Network，儲存區域網路）和 NAS（Network Attached
Storage，網路附屬儲存）。但是對於新的雲端運算來講，常常不使用傳統
的 SAN 和 NAS，而使用部署在 x86 機器上的軟體定義儲存。這樣儲存網
路也就是伺服器了，而且可以和計算節點融合在一個機架上，進一步提升
效率，這樣就沒有單獨的儲存網路了。

於是整個資料中心的網路結構如圖 5-24 所示。

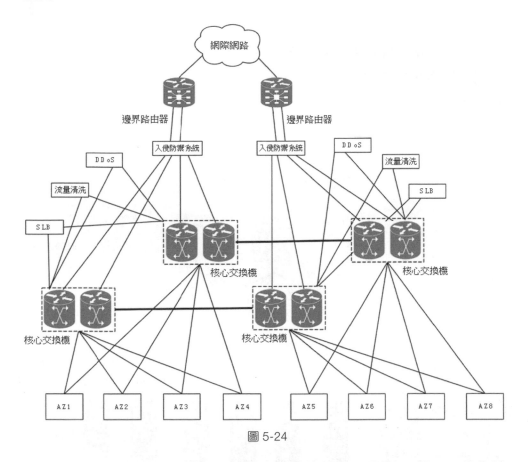

圖 5-24

圖 5-25 是一個典型的三層網路結構。這裡的三層不是指 IP 層，而是指連線層、匯聚層、核心層三層。這種結構非常有利於將外部流量請求到內部應用。這個類型的流量是從外到內或從內到外的，對應到圖 5-25 裡，就是從上到下或從下到上傳送。上北下南，所以稱為南北流量。

但是隨著雲端運算和大數據的發展，節點之間的互動越來越多，例如大數據計算經常要在不同的節點將資料複製來複製去，這樣就需要經過交換機將資料從左到右、從右到左傳送。左西右東，所以稱為東西流量。

為了解決東西流量的問題，演進出了葉脊（Leaf-Spine）網路，如圖 5-25 所示。

■ 葉子交換機（Leaf Switch），直接連接實體伺服器。二層、三層網路的分界點現在在葉子交換機上，葉子交換機之上是三層網路。

■ 骨幹交換機（Spine Switch），相當於核心交換機。葉脊之間透過 ECMP 動態選擇多條路徑。骨幹交換機現在只為葉子交換機提供一個彈性的三層路由網路，南北流量可以不通過骨幹交換機發出，而透過與葉子交換機平行的交換機接到邊界路由器，再從那裡發出。

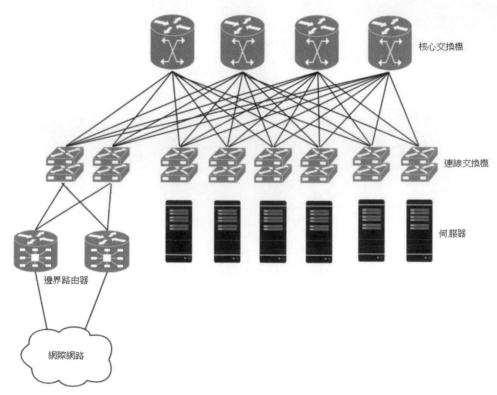

圖 5-25

傳統的三層網路架構是垂直結構，而葉脊網路架構是扁平結構，更易於水平擴充。

小結

複雜的資料中心就講到這裡了。本節需要記住以下 3 個重點：

■ 資料中心分為三層。伺服器連接到連線層，然後是匯聚層，接著是核心層，最外面是邊界路由器和安全裝置。

■ 資料中心的所有鏈路都要高可用。伺服器可以綁定網路卡，交換機可以堆疊，三層裝置可以透過相等路由，二層裝置可以透過 TRILL 協定實現高可用。

■ 隨著雲端和大數據的發展，東西流量相較於南北流量更加重要，因而演進出葉脊網路結構。

思考題

1. 對於資料中心來講，高可用是非常重要的，每個裝置都要考慮高可用，那你知道跨機房的高可用應該怎麼實現嗎？

2. 前面說的瀏覽新聞、購物、下載、看視訊等行為，都是普通使用者透過公網存取資料中心裡面的資源。那 IT 管理員應該透過什麼樣的方式存取資料中心呢？

5.5 VPN：朝中有人好做官

前面我們講到了資料中心，資料中心裡面很複雜。有的公司有多個資料中心，需要將多個資料中心連接起來，或將辦公室和資料中心連接起來，此時該怎麼辦呢？

■ 第一種方式是透過公網，但是公網不太安全，隱私可能會被別人偷窺。

■ 第二種方式是透過租用專線把它們連起來，這是「土豪」的做法，需要花很多錢。

■ 第三種方式是用 VPN 來連接，這種方法比較折中，安全又不貴。

VPN，全名 Virtual Private Network，虛擬私人網路，就是利用開放的公眾網路，建立專用資料傳輸通道，將遠端的分支機構、行動辦公人員等連接起來。如圖 5-26 所示。

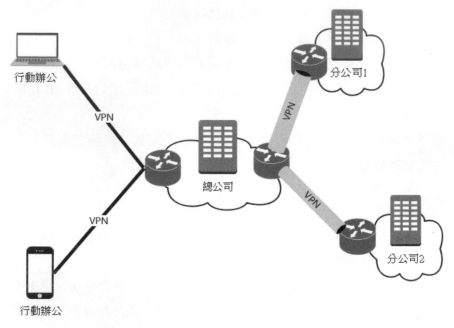

圖 5-26

VPN 的運行原理

VPN 透過隧道技術在公眾網路上模擬出一條點到點的專線，這是一項利用一種協定來傳輸另外一種協定的技術，裡面有關三種協定：乘客協定、隧道協定和承載協定。

我們以 IPsec 協定為例來說明，如圖 5-27 所示。

圖 5-27

你知道如何透過自駕進行海南遊嗎？自駕車怎樣通過瓊州海峽呢？將自駕車運送至海峽對面需要用到輪渡。

在廣州這邊開車是有「協定」的，例如靠右行駛、紅燈停、綠燈行，這個就相當於「被封裝」的乘客協定。當然在海南開車也要遵循同樣的協定。

在海上坐船航行也有要遵循的協定，例如要看燈塔、要按航道航行等。這就是外層的承載協定。

那自駕車如何從廣州開到海南呢？首先需要遵循在廣州開車的乘客協定，將車開上輪渡。所有進入輪渡的車都關在船艙裡面，按照既定的規則排列好，這就是隧道協定。

在大海上，自駕車是關在船艙裡面的，就像在隧道裡面一樣，這個時候內部的乘客協定，即駕駛協定沒什麼用處，只要船遵循外層的承載協定，到達海南就可以了。

到達之後，外部承載協定的工作就結束了，開啟船艙，將車開出來，就相當於取下承載協定和隧道協定的表頭。接下來，在海南該怎麼開車就怎麼開車，還是內部的乘客協定有作用。

在本節開頭提到了直接使用公網不安全，所以接下來我們來看一種十分安全的 VPN——IPsec VPN。IPsec VPN 是以 IP 為基礎的安全隧道協定，採取了以下三種機制來保障資訊的安全性。

- 機制一：私密性。為了防止資訊洩漏給未經授權的個人，可以透過加密把資料從明文變成無法讀懂的加密，進一步確保資料的私密性。前面講 HTTPS 時，提到加密可以分為對稱加密和非對稱加密。其中對稱加密速度快一些。VPN 一旦建立，就需要傳輸大量資料，因而我們採用對稱加密。但是對稱加密還會有加密金鑰如何傳輸的問題，這裡需要用到 IKE（Internet Key Exchange，網際網路金鑰交換）協定。

- 機制二：完整性。為了確保資料不被非法篡改，要對資料進行雜湊運算，產生類似指紋的資料摘要，以保障資料的完整性。
- 機制三：真實性。資料確實是由特定的對端發出的，透過身份認證可以確保資料的真實性。

那如何保障對方就是真正要聯繫的那個人呢？有以下兩種確認方法。

- 預共用金鑰，雙方事先商量好一個暗號，例如「天王蓋地虎，寶塔鎮河妖」，如果對上了，就說明連絡人是對的。
- 用數位簽章來驗證。怎麼簽名呢？一方使用私密金鑰進行簽名，私密金鑰只有他自己有，如果對方能用數位憑證裡面的公開金鑰解開，就說明是想要聯繫的那個人。

以上述三種保障資訊安全的機制，形成了 IPsec VPN 的協定簇。這個協定簇內容比較豐富，如圖 5-28 所示。

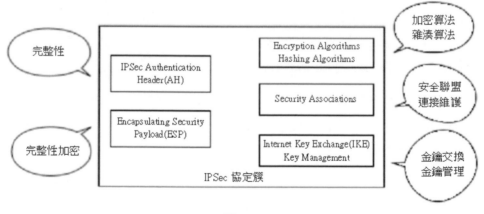

圖 5-28

在這個協定簇裡面，有兩種協定，這兩種協定的區別在於封裝網路封包的格式不一樣。

- 一種協定稱為 AH（Authentication Header，認證頭）協定，只能使用雜湊演算法做資料摘要，不能基於加密演算法做資料加密。

- 還有一種 ESP（Encapsulating Security Payload，封裝安全酬載）協定，能夠使用加密演算法做資料加密，也能使用雜湊演算法做資料摘要。

在這個協定簇裡面，還有兩種演算法，分別是加密演算法和雜湊演算法。

這個協定簇還包含兩大元件，一個是用於 VPN 雙方進行對稱金鑰交換的 IKE（Internet　Key Exchange，Internet 金鑰交換）元件，另一個是 VPN 雙方對連接進行維護的 SA（Security Association，安全聯盟）元件。

IPsec VPN 的建立過程

下面來看 IPsec VPN 的建立過程，整個過程分兩個階段。

第一個階段是建立 IKE 自己的 SA。這個 SA 用來維護一個透過身份認證和安全保護的通道，為第二個階段提供服務。這個階段將透過 DH（Diffie-Hellman）演算法計算出一個對稱金鑰 K。

DH 演算法是一個比較巧妙的演算法。用戶端和服務端約定兩個公開的質數 p 和 q，然後用戶端隨機產生一個 a 作為自己的私密金鑰，服務端隨機產生一個 b 作為自己的私密金鑰，用戶端可以根據 p、q 和 a 計算出公開金鑰 A，服務端可以根據 p、q 和 b 計算出公開金鑰 B，然後雙方交換公開金鑰 A 和 B。

到此用戶端和服務端可以根據已有的資訊，各自獨立算出相同的結果 K，即對稱金鑰。整個過程如圖 5-29 所示。

但是在這個過程中，對稱金鑰從來沒有在通道上傳輸過，通道上只傳輸了產生金鑰的材料，透過這些材料，截獲的人是無法算出對稱金鑰的。

有了對稱金鑰 K，接下來是第二個階段——建立 IPsec SA。在這個 SA 裡面，雙方會產生一個隨機的對稱金鑰 M，首先使用對稱金鑰 K 將對稱金鑰 M 加密傳給對方，然後雙方使用對稱金鑰 M 傳輸接下來的通訊資料，對稱金鑰 M 是有期限的，過一段時間會重新產生一次，防止被破解。

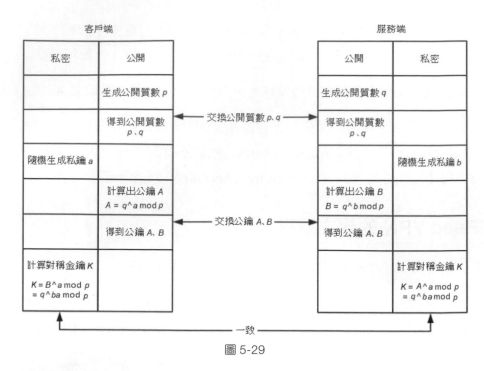

圖 5-29

IPsec SA 裡面有以下內容。

- SPI（Security Parameter Index，安全參數索引）：用於標識不同的連接。

- 雙方商量好的加密演算法和雜湊演算法，以及封裝模式。

- 生存週期：超過這個週期，就需要重新產生一個 IPsec SA，重新產生對稱金鑰。

第二階段的過程以及建立的 IPsec SA 的內容如圖 5-30 所示。

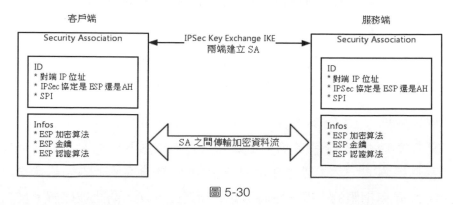

圖 5-30

當 IPsec 建好後，接下來就可以開始包裝、封裝、傳輸了，如圖 5-31 所示。

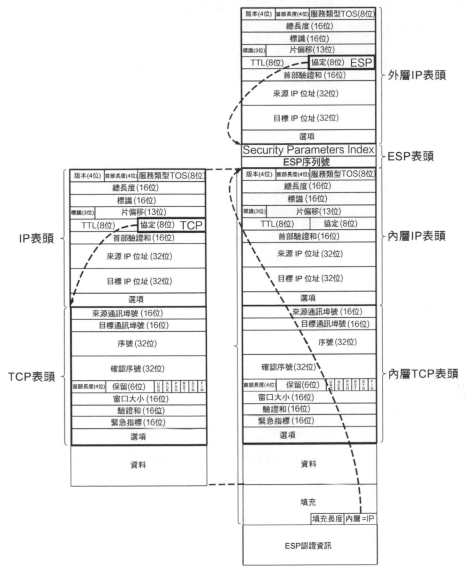

圖 5-31

左面是原始的 IP 封包，在 IP 表頭裡面會指定上一層的協定為 TCP。ESP 要對 IP 封包進行封裝，因而 IP 表頭裡面的上一層協定為 ESP。在 ESP 的正文裡面，ESP 的表頭有雙方協商好的 SPI，以及這次傳輸的序號。

接下來全部是加密的內容，可以透過對稱金鑰進行解密。正文的最後指明了協定是什麼。如果是 IP，則需要先解析 IP 表頭，然後解析 TCP 標頭，這是從隧道出來後解封裝的過程。

有了 IPsec VPN 之後，用戶端發送明文的 IP 封包都會被加上 ESP 標頭和 IP 表頭，由於經過了加密，所以即使在公網上傳輸，也可以確保不被竊取。到了對端後，去掉 ESP 標頭，進行解密即可。上述過程如圖 5-32 所示。

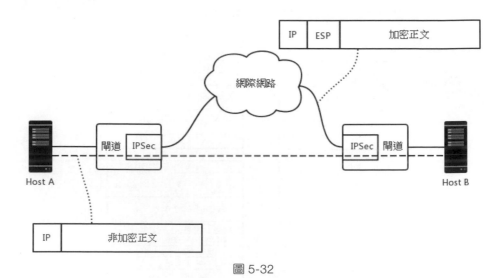

圖 5-32

這種點對點的以 IP 為基礎的 VPN，能滿足互通的要求，但是速度通常比較慢，這是由底層 IP 的特性決定的。IP 不是連線導向，只是盡力而為的協定，每個 IP 封包都自由選擇路徑，到每一個路由器都自己去找下一次轉發，丟了就丟了，靠上一層 TCP 的重發來保障可用性。

因為在設計 IP 網路時，就認為網路是不可靠的，所以即使同一個連接，也可能選擇不同的路徑。這樣的好處是，一條路徑當機時，總有其他的路可以走。當然，付出的代價就是要不斷地進行路由尋找，效率比較低。IP 網路封包的傳輸模式如圖 5-33 所示，每個封包各自決策路徑。

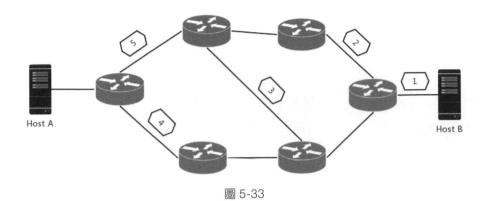

圖 5-33

和 IP 對應的另一種協定稱為 ATM（Asynchronous Transfer Mode，非同步傳輸模式）協定。ATM 協定是連線導向，雖然 TCP 也是連線導向，但 ATM 協定和 IP 是同一個層次，和 TCP 不是。

另外，TCP 所謂的連線導向，是不停地重試來保障成功，其實下層的 IP 還是不連線導向。ATM 協定在傳輸之前會先建立一個連接，形成一個虛擬的路徑，一旦連接建立了，所有的封包都按照相同的路徑傳輸，不會分頭行事。圖 5-34 所示的是 ATM 網路的傳輸模式，在三層就是連線導向的，所有的封包都走一條路。

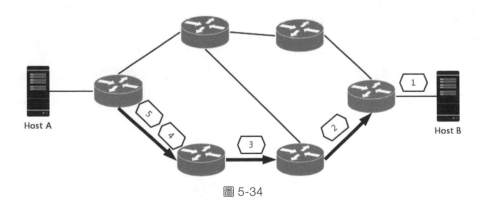

圖 5-34

這樣做的好處是不需要每次都查路由表，虛擬路徑已經建立並打上了標籤，後續的封包「傻傻」地跟著走就是了，不用像 IP 封包一樣思考下一步怎麼走。所有封包都按相同的路徑走，這樣效率會高很多。

但是一旦虛擬路徑上的某個路由器壞了，這個連接就會完全中斷，什麼也發不過去，但是其他的封包還會按照原來的路徑傳送，即使「掉坑裡」，也不會選擇其他的路徑。

ATM 技術雖然沒有成功，但其摒棄了煩瑣的路由尋找過程，改用簡單快速的標籤交換，將具有全域意義的路由表改為只有本機意義的標籤表，這些都可以大幅加強路由器的轉發能力。

有沒有一種方式能將兩者的優點結合起來呢？ MPLS（Multi-Protocol Label Switching，多協定標籤交換）可以實現。MPLS 的格式如圖 5-35 所示，在原始的 IP 表頭之外多了 MPLS 標頭，在裡面可以打標籤。在二層頭裡面有類型欄位，例如 0x0800 表示 IP，0x8847 表示 MPLS Label。

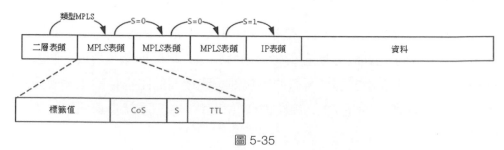

圖 5-35

在 MPLS 標頭裡面，首先是標籤值，佔 20 位元，接著是 3 位元實驗位元（CoS），再接下來是 1 位元（S）堆疊底標示位元，表示目前標籤是否位於堆疊底。這樣就允許多個標籤被編碼到同一個資料封包中，形成標籤堆疊。最後是 8 位元 TTL 存活時間欄位，如果標籤資料封包的 TTL 值為 0，那麼該資料封包在網路中就會被認為已經過期了。

有了標籤還不夠，還需要裝置認可這個標籤，並且能夠根據這個標籤轉發，這種能夠轉發標籤的路由器稱為 LSR（Label Switching Router，標籤交換路由器）。

這種路由器工作時會有兩個表格，一個是傳統的 FIB（Forwarding Information Base），即路由表，另一個是 LFIB（Label Forwarding Information

Base），標籤轉發表後。有了這兩個表，除了可以進行普通的路由轉發，還可以進行以標籤為基礎的轉發。

標籤轉發表轉發的過程如圖 5-36 所示，不需要每次都進行普通路由尋找。

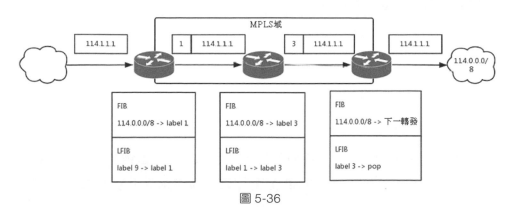

圖 5-36

這裡我們要區分 MPLS 區域和非 MPLS 區域，在 MPLS 區域要使用標籤進行轉發，在非 MPLS 區域則使用普通路由進行轉發，在邊緣節點上需要有能力將普通路由的轉發變成標籤的轉發。

舉例來說，在圖 5-36 中資料封包存取 114.1.1.1 需要先在邊界尋找普通路由，然後馬上進入 MPLS 區域，進入區域後對應標籤 1，於是在 IP 表頭外面加一個標籤 1，在 MPLS 區域裡面，標籤 1 要變成標籤 3，標籤 3 到達出口邊緣時再將標籤去掉，將資料封包按照路由發出。

這樣一個透過標籤轉換而建立的路徑稱為 LSP（Label Switched Path，標籤交換路徑）。在一條 LSP 上，沿資料封包傳送的方向，相鄰的 LSR 分別叫作上游 LSR（upstream LSR）和下游 LSR（downstream LSR）。

有了標籤，轉發便是一件很簡單的事，但是如何產生標籤，卻是 MPLS 中最難的部分。在 MPLS 秘笈中，這部分被稱為 LDP（Label Distribution Protocol，標籤分發協定），這是一個動態產生標籤的協定。

其實 LDP 與 IP 中的路由式通訊協定十分相像，透過 LSR 之間的互動，可以互相告知去某處應該打哪個標籤，這個過程被稱為標籤分發，通常是從下游 LSR 開始的。

如果有一個邊緣節點發現自己的路由表中出現了新的目標位址，它就要和別人說，我能到達一個新的目的地了。

如果在這個邊緣節點上存在上游 LSR，並且尚有可供分配的標籤，則該節點將為新的路徑分配標籤，並向上游 LSR 發出標籤對映訊息，其中包含分配的標籤等資訊。

收到標籤對映訊息的 LSR 記錄對應的訊息，並在其標籤轉發表中增加對應的項目。此 LSR 為它的上游 LSR 分配標籤，並繼續向上游 LSR 發送標籤對映訊息。

當入口 LSR 收到標籤對映訊息時，會在標籤轉發表中增加對應的項目，這樣就完成了 LSP 的建立。

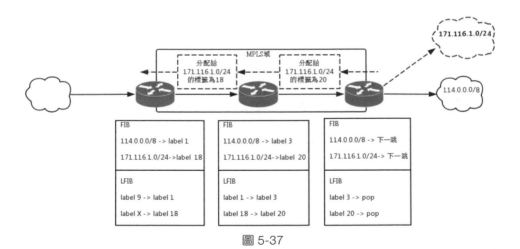

圖 5-37

如圖 5-37 所示，最右面的邊緣節點發現自己能夠到達 171.116.1.0/24 這個新的目的地，於是就告訴自己的上游 LSR，也就是中間的節點，讓它給這個新的目的地分配一個標籤。圖中分配的標籤是 20，然後中間的節點告

訴自己上游 LSR，即左面的入口節點，讓它給這個新的目的地分配一個標籤，圖中分配的標籤是 18。

有了標籤，轉發就輕鬆多了，當左面的網路要存取 71.116.1.0/24 這個新的目的地時，到達左面的邊緣節點就可以用標籤 18 進行轉發了。接著中間的節點將標籤 18 改為標籤 20，轉發給右面的出口節點，然後去掉標籤，即可轉發到目標網路。

一切順利，但是這和 VPN 有什麼關係呢？

可以想像，如果 VPN 通道裡封包的轉發也能透過標籤的方式進行，效率會加強很多。所以要想個辦法把 MPLS 應用於 VPN。

圖 5-38 是 MPLS VPN 的工作模式，下面我們來依次解析這裡面的元件和流程。

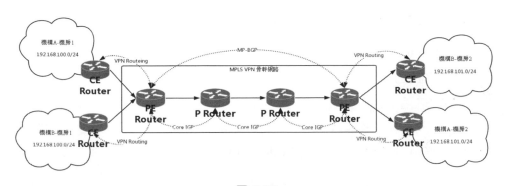

圖 5-38

在 MPLS VPN 中，網路中的路由器分為以下幾種。

- PE（Provider Edge）Router：電信業者網路與客戶網路相連的邊緣網路裝置。
- CE（Customer Edge）Router：客戶網路與 PE 相連接的邊緣網路裝置。
- P（Provider）Router：特指電信業者網路中除 PE 之外的其他電信業者網路裝置。

為什麼要這樣分呢？因為我們發現，在電信業者網路裡面，即 P Router 之間，使用標籤是沒有問題的，在電信業者的控管之下，路由可以自己控制網段。但是一旦客戶要連線這個網路，情況就會變得複雜。

首先會出現客戶位址重複的問題。客戶所使用的大多數位址都是私網的位址，例如 IP 位址段 192.168.X.X、10.X.X.X、172.X.X.X，而且很多情況下都會與其他的客戶重複舉例來説，機構 A 和機構 B 都使用了 192.168.101.0/24 網段的位址，這時就會發生位址空間重疊。

首先困惑的是 BGP，既然 VPN 將兩個資料中心連起來，使它們看起來像一個資料中心一樣，那麼想要到達另一端就需要透過 BGP 將路由廣播過去，但是傳統 BGP 無法正確處理位址空間重疊的 VPN 的路由。假設機構 A 和機構 B 都使用了 192.168.101.0/24 網段的位址，並各自發佈了一條去往此網段的路由，由於 BGP 只會選擇其中一條路由，因此去往另一個 VPN 的路由會遺失。

所以 PE Router 之間使用特殊的 MP-BGP（Multi Protocol BGP，多點傳輸協定邊界閘道協定）來發佈 VPN 路由，相互溝通的訊息中在 32 位元的 IPV4 位址之前加上一個客戶的區分符用於區分客戶位址，這樣 PE Router 會收到以下訊息：機構 A 的 192.168.101.0/24 應該往一個方向走，機構 B 的 192.168.101.0/24 則應該去往另外一個方向。

另外當兩個客戶的 IP 封包到達 PE Router 時，PE Router 也困惑了，因為網段是重複的。

那麼如何區分路由屬於哪些客戶 VPN 呢？如何保障 VPN 業務路由與普通路由不會相互干擾呢？

在 PE Router 上，可以透過 VRF（VPN Routing Forwarding，虛擬路由轉發）給每個客戶建立一個路由表，將 VPN 客戶路由和普通路由區分開來。PE Router 也可以視為專屬客戶的小路由器。

遠端 PE Router 透過 MP-BGP 把業務路由廣播到近端 PE Router，近端 PE Router 根據不同的客戶選擇相關客戶的業務路由放到對應的 VRF 路由表中。

VPN 封包轉發採用的兩層標籤方式如下。

- 第一層（外層）標籤在骨幹網內部進行交換，指示從 PE Router 到對端 PE Router 的一條 LSP。VPN 封包利用這層標籤，可以沿 LSP 到達對端 PE Router。

- 第二層（內層）標籤在從對端 PE Router 到達 CE Router 時使用。在 PE Router 上，可透過查閱資料表項 VRF 指示封包應被送到哪個 VPN 使用者，或更實際一些，可以指示到達哪一個 CE Router。這樣，對端 PE Router 根據內層標籤可以找到轉發封包的介面。

我們來舉一個實例，看一下 MPLS VPN 封包的發送過程，如圖 5-39 所示。

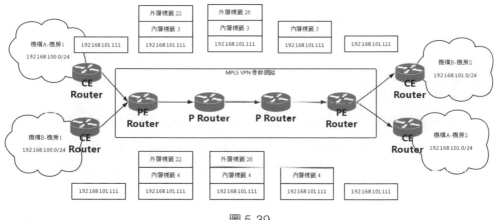

圖 5-39

- 機構 A 和機構 B 都發出一個目標位址為 192.168.101.0/24 的 IP 封包，分別由各自的 CE Router 將封包發送至 PE Router。

- PE Router 會根據封包到達的介面及目標位址尋找 VPN 實例記錄 VRF，比對後將封包轉發出去，同時打上內層和外層兩個標籤。假設是透過 MP-BGP 設定的路由，則兩個封包在骨幹網中會經過相同的路徑。

- MPLS 網路利用封包的外層標籤，將封包傳送到出口 PE Router，封包在到達出口 PE Router 前一次轉發時已經被剝離外層標籤，僅含內層標籤。
- 出口 PE Router 根據內層標籤和目標位址尋找 VPN 實例記錄 VRF，確定封包的介面，將封包轉發至各自的 CE Router。
- CE Router 根據正常的 IP 轉發過程將封包傳送到目的地。

小結

本節歸納如下：

- VPN 可以將一個機構的多個資料中心透過隧道連接起來，讓機構感覺在一個資料中心裡面一樣，如同自駕遊通過瓊州海峽。
- 完全以軟體為基礎的 IPsec VPN 可以確保私密性、完整性、真實性，簡單便宜，但是效能稍微差一些。
- MPLS-VPN 綜合了 IP 轉發模式和 ATM 標籤轉發模式的優勢，效能較好，但是需要從電信業者處購買。

思考題

1. 目前業務的高可用性和彈性伸縮很重要，所以很多機構都會在自建私有雲之外採購公有雲，你知道私有雲和公有雲應該如何打通嗎？
2. 前面所有的上網行為，都是以電腦為例的，但是如今行動網際網路逐漸成為核心，你知道手機上網都需要哪些協定嗎？

5.6 行動網路：去巴塞隆納，手機也上不了「臉書」

前面講的都是電腦上網的場景，那使用手機上網有什麼不同呢？

行動網路的發展歷程

你一定知道手機上網有 2G、3G、4G 的說法，這些究竟都是什麼意思呢？有一個通俗的說法：「用 2G 看 txt，用 3G 看 jpg，用 4G 看 avi。」

2G 網路

手機本來是用來打電話，不是用來上網的，所以原來在 2G 時代，上網使用的不是 IP 網路，而是電話網絡，基於類比訊號，專業名稱為 PSTN（Public Switched Telephone Network，公共交換電話網）。

那手機不連網線，也不連電話線，它是怎麼上網的呢？

手機是透過收發無線訊號進行通訊的，需要經過基地台（Mobile Station，MS），嵌入 SIM 卡。手機是用戶端，而服務端是基地台子系統（Base Station Subsystem，BSS）。至於什麼是基地台，你可以回想一下，在爬山的時候，是不是看到過訊號塔，那就是基地台。城市裡面的基地台比較隱蔽，我們平時不容易看到，只有在山裡才會注意到。正是基地台發出的無線訊號，讓你的手機可以進行通訊。

但是你要知道一點，無論無線通訊如何「無線」，最後還是要連接到有線網路裡。前面講資料中心時也講過，電子商務的應用是放在資料中心，資料中心中的電腦都是插著網路線的。

因而，基地台子系統分兩部分，一部分對外提供無線通訊，叫作基地台收發信台（Base Transceiver Station，BTS），另一部分對內連接有線網路，叫作基地台控制器（Base Station Controller，BSC）。基地台收發信台透過無線訊號收到資料後轉發給基地台控制器。由於 BTS 和 BSC 主要用於連線無線裝置，所以又統稱為無線連線網（Radio Access Network，RAN）。

基地台控制器透過有線網路，連接到提供手機業務的電信業者的資料中心，資料中心內的系統稱為核心網路（Core Network，CN）。核心網路還沒有真正進入網際網路，主要工作還是提供手機業務，是手機業務的有線部分。

首先接待基地台發來的資料的是行動業務交換中心（Mobile Service Switching Center，MSC），它是進入核心網路的入口，但是它不會把手機直接連接到網際網路上。

在讓手機真正進入網際網路之前，提供手機業務的電信業者需要確認待連線的手機是否合法。防止某些人用自己製造的 SIM 卡來連網。驗證中心（Authentication Center，AUC）和裝置識別暫存器（Equipment Identity Register，EIR）主要是負責安全性的。

另外，需要確認手機號碼是本機號碼還是外地號碼，這個牽扯到費率的問題，異地收費會變很貴。存取位置暫存器（Visit Location Register，VLR）用於儲存手機目前所在位置的資訊，歸屬位置暫存器（Home Location Register，HLR）用於儲存手機號碼歸屬地的資訊。

當 SIM 卡既合法又有餘額的時候，才允許上網，這個時候需要一個閘道，連接核心網路和真正的網際網路，閘道行動交換中心（Gateway Mobile Switching Center，GMSC）就是做這個的。閘道後面是真正的網際網路，在 2G 時代，網際網路還不是現在的樣子，當時是 PSTN，即公共交換電話網絡。

資料中心裡面的這些模組統稱為 NSS（Network and Switching Subsystem，網路子系統）。

2G 時代的網路如圖 5-40 所示，我們歸納一下，核心點有以下幾個：

- 手機透過無線訊號連接基地台。
- 基地台一面朝前連接無線，一面朝後連接核心網路。
- 核心網路一面朝前連接到基地台請求，一是判斷手機是否合法，二是判斷號碼是不是本機號碼、還有沒有餘額；一面透過閘道連接電話網絡。

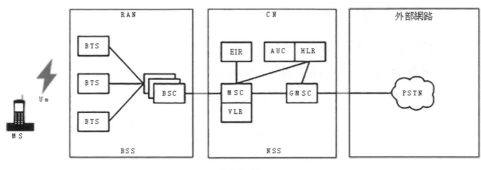

圖 5-40

2.5G 網路

後來 2G 網路發展為 2.5G 網路，即在原來電路交換的基礎上，加入了封包交換業務，支援封包的轉發，進一步支援 IP 網路。

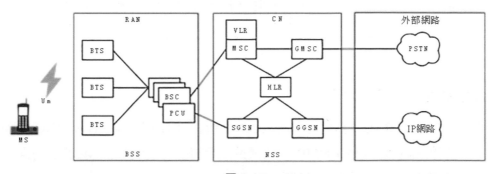

圖 5-41

如圖 5-41 所示，2.5G 網路建立在 2G 網路的基礎上，基地台一面朝前連接無線，一面朝後連接核心網路，在朝後的元件中多了一個 PCU（Packet Control Unit，分組控制單元），用來提供封包交換通道。

在核心網路裡面，有一個朝前的接待員 SGSN（Service GPRS Supported Node，服務 GPRS 支援節點）和朝後連接 IP 網路的閘道型 GPRS 支援節點 GGSN（Gateway GPRS Supported Node，閘道 GPRS 支援節點）。

3G 網路

到了 3G 網路時代，無線通訊技術有了很大改進，大幅增加了無線頻寬。

以 W-CDMA（Wideband Code Division Multiple Access，寬頻分碼多址）為例，下行速度理論上最高可達 2MB/s，因而基地台發生了改變：朝外的是 Node B，朝內連接核心網路的是無線網路控制器（Radio Network Controller，RNC）。核心網路以及連接的 IP 網路沒有什麼變化，如圖 5-42 所示。

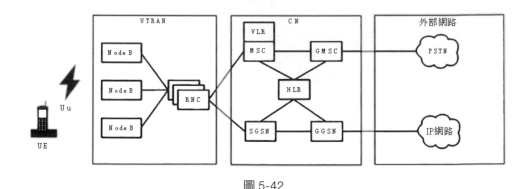

圖 5-42

4G 網路

到了 4G 網路時代，基地台為 eNodeB，包含了原來 Node B 和 RNC 的功能，下行速度向每秒 100MB 等級邁進。另外，核心網路實現了控制面和資料面的分離，這個怎麼了解呢？

在前面的核心網路裡面，有接待員 MSC 或 SGSN，你會發現檢查連接是否
合法由它負責，轉發資料也由它負責，即控制面和資料面是合二為一的。
但這樣靈活性比較差，因為控制面傳輸的主要是指令，多是小封包，常常
需要較高的及時性；資料面傳輸的流量大，多是大封包，常常需要較高的
傳輸量。

於是有了如圖 5-43 所示的架構。

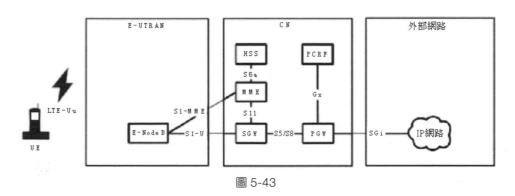

圖 5-43

HSS（Home Subscriber Server，歸屬簽約使用者伺服器）用於儲存使用者
簽約資訊的資料庫，也就是手機號碼的歸屬地資訊，以及一些認證資訊。

MME（Mobility Management Entity，行動管理實體）是核心控制網路裝
置，是控制面的核心，當手機透過 eNodcB 連接成功時，MME 會根據
HSS 的資訊判斷連接是否合法。如果允許手機連接，MME 將不負責實際
的資料流量，而會選擇資料面的 SGW（Serving GateWay，服務閘道）和
PGW（PDN GateWay，PDN 閘道），然後告訴 eNodeB：「我允許它連上來
了，你連接它吧。」

於是手機便直接透過 eNodeB 連接 SGW，連上核心網路。SGW 相當於資
料面的接待員，並透過 PGW 連接到 IP 網路，PGW 就是出口閘道。在出
口閘道，有一個元件 PCRF（Policy and Charging Rules Function，策略與
費率規則功能單元），用來控制上網策略和流量計費。

4G 網路通訊協定解析

4G 網路的協定非常複雜。我們將幾個關鍵元件放大來看，如圖 5-44 所示。

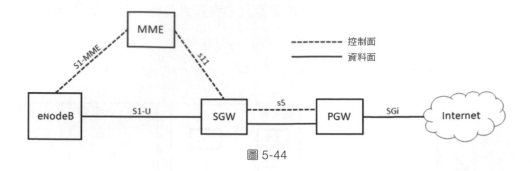

圖 5-44

控制面協定

圖 5-45 中虛線部分是控制面的協定。當你想透過手機上網時，先要連接 eNodeB，並透過 S1-MME 介面請求 MME 對這個手機進行認證和驗證。S1-MME 協定層如圖 5-45 所示。

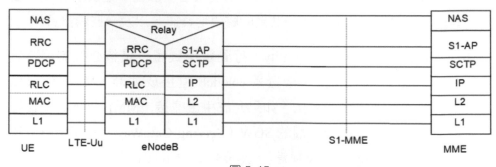

圖 5-45

UE 就是你的手機，eNodeB 還是「兩面派」，朝前連接無線網路，朝後連接核心網路，在控制面連接的是 MME。

eNodeB 和 MME 之間的連接基於很正常的 IP 網路，但是在 IP 層之上，所使用原協定卻既不是 TCP，也不是 UDP，而是 SCTP。SCTP（Stream

Control Transmission Protocol，流量控制制傳輸協定）也是傳輸層的協定，它是連線導向的，但是更加適合用於行動網路。 它繼承了 TCP 較為完整的擁塞控制策略同時改進了 TCP 的一些不足之處。

SCTP 的第一個特點是多宿主。一台機器可以有多個網路卡，而對於 TCP 連接來講，雖然服務端可以監聽 0.0.0.0（表示從哪個網路卡來的連接都能接受），但是一旦建立了連接，就建立了四元組，也就選定了某個網路卡。

SCTP 引用了聯合（association）的概念，將多個介面、多條路徑放到一個聯合中去。當檢測到一條路徑故障時，協定就會透過另外一筆路徑發送通訊資料。應用程式甚至都不必知道發生了故障恢復，進一步確保了更高的可用性和可靠性。

SCTP 的第二個特點是將一個聯合分成多個流。一個聯合中的所有流都是獨立的，但均與該聯合相關。每個流都指定了一個流編號，被編碼到 SCTP 封包中，透過聯合在網路上傳送。在 TCP 的機制中，由於強制順序，導致前一個封包不到達，後一個封包就得等待，但 SCTP 的多個流不會相互阻塞。

SCTP 的第三個特點是四次驗證，防止 SYN（Synchronize Sequence Numbers，同步序列編號）攻擊。建立 TCP 連接時要進行三次驗證，在服務端收到客戶的 SYN 之後、傳回一個 SYN-ACK 之前，就建立了資料結構，並記錄下狀態，等待用戶端發送 ACK 的 ACK。如果用戶端惡意使用虛假的來源位址來偽造大量的 SYN 封包，那麼服務端就需要分配大量的資源，最後會耗盡資源，無法處理新的請求。

SCTP 可以透過四次驗證引用 Cookie 的概念，有效防止這種攻擊的產生。在 SCTP 中，用戶端使用一個 INIT 封包發起一個連接，服務端使用一個 INIT-ACK 封包進行回應，這其中就包含 Cookie。然後用戶端使用一個 COOKIE-ECHO 封包進行回應，其中包含了服務端所發送的 Cookie。這個

時候，服務端為這個連接分配資源，並透過向用戶端發送一個 COOKIE-ACK 封包回應。

SCTP 的第四個特點是將訊息分訊框。TCP 是針對流的，即發送的資料沒頭沒尾，沒有明顯的界限。這對發送一般類型的資料來說沒有問題，但是如果發送訊息類型的資料就不太方便了。有可能用戶端寫入 10 位元組，然後再寫入 20 位元組，但服務端不能先讀出 10 位元組的訊息，再讀出 20 位元組的訊息，而很有可能先讀出 25 位元組，再讀出 5 位元組的訊息，需要業務層去組合成訊息。

SCTP 參考了 UDP 的機制，在資料傳輸中提供了訊息分訊框功能。當一端對一個通訊端執行寫入操作時，可確保對等端讀出的資料大小與此相同。

SCTP 的第五個特點是中斷連接只需三次交握。在 TCP 裡面，中斷連接需要四次交握，允許另一端處於半關閉的狀態。SCTP 選擇放棄這種狀態，當一端關閉自己的通訊端時，對等的兩端需要全部關閉，不允許任何一端再進行資料的移動。

當 MME 透過認證驗證，同意手機上網時，需要建立一個資料面的資料通道。建立通道還是控制面的事情，因而使用的是控制面的協定 GTP-C。

建立的資料通道分兩段，也就是兩個隧道。第一段從 eNodeB 到 SGW，MME 透過 S1-MME 協定指定 eNodeB 為第一個隧道的起始端，透過 S11 協定指定 SGW 為第一個隧道的終止端。第二段是從 SGW 到 PGW 的第二個隧道，MME 透過 S11 協定指定 SGW 為第二個隧道的起始端，並主動透過 S5 協定指定 PGW 為第二個隧道的終止端。

GTP-C 是以 UDP 為基礎的，這是 UDP 訂製化中的實例。如果看 GTP 標頭，就可以看到，這裡面有隧道的 ID 和序號，如圖 5-46 所示。

透過序號，不用 TCP，GTP-C 自己就可以實現高可用性。為每個輸出訊號訊息分配一個依次遞增的序號，以確保訊號訊息按序傳遞，這樣重複封包

的檢測也更加方便。然後對每個輸出訊號訊息啟動計時器，計時器在逾時前未接收到回應訊息則進行重發。

Octets	8	7	6	5	4	3	2	1
1	版本號			協定類型	(*)	E	S	PN
2	訊息類型							
3	長度（1st Octet）							
4	長度（2nd Octet）							
5	隧道端點識別代碼 TEID（1st Octet）							
6	隧道端點識別代碼 TEID（2nd Octet）							
7	隧道端點識別代碼 TEID（3rd Octet）							
8	隧道端點識別代碼 TEID（4th Octet）							
9	序號（1st Octet）							
10	序號（2nd Octet）							
11	N-PDU 編號							
12	下一個延伸標頭型態							

圖 5-46

資料面協定

解析完控制面協定，接下來我們解析一下資料面協定，如之前的圖 5-44 所示，實線部分為資料面協定。

當兩個隧道都打通，接在一起時，PGW 會給手機分配一個 IP 位址，這個 IP 位址是隧道內部的 IP 位址，可以看成是 IPsec 協定裡面的 IP 位址。這個 IP 位址是歸手機電信業者管理的。手機可以使用這個 IP 位址連接 eNodeB，經過 S1-U 協定，透過第一段隧道從 eNodeB 到達 SGW，再經過 S8 協定，透過第二段隧道從 SGW 到達 PGW，然後透過 PGW 連接到網際網路。

資料面的協定都透過 GTP-U，如圖 5-47 所示。

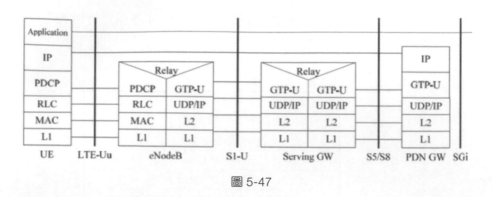

圖 5-47

手機發出的每一個封包，都由 GTP-U 隧道協定封裝起來，格式如圖 5-48
所示。

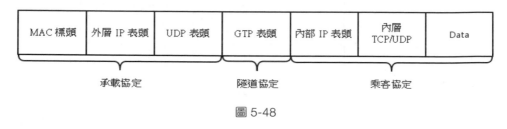

圖 5-48

前面我們講過 IPsec 協定，它分為乘客協定、隧道協定、承載協定，
GTP-U 是隧道協定。在這裡，乘客協定是手機發出來的封包，IP 位址是手
機的 IP 位址，隧道協定裡面有隧道 ID，不同的手機上線會建立不同的隧
道，因而需要隧道 ID 來標識。承載協定的 IP 位址是 SGW 和 PGW 的 IP
位址。

手機上網流程

接下來，我們來看一個手機開機之後的上網流程，這個過程稱為 Attach。
行動網路很複雜，這個過程要建立很多的隧道，分配很多的隧道 ID，詳細
過程如圖 5-49 所示。

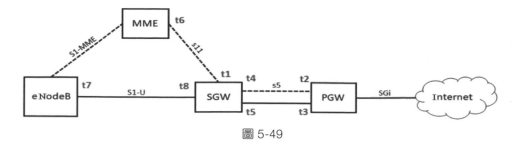

圖 5-49

- 手機開機以後，要在附近尋找基地台 eNodeB，找到反向 eNodeB 發送 Attach Request，說：「我來啦，我要上網。」

- eNodeB 將請求發送給 MME，說：「有一個手機要上網。」

- MME 去請求手機，一是認證，二是驗證，還會請求 HSS 檢視帳戶中有 沒有餘額、手機是在哪裡上網的。

- 當 MME 通過了手機的認證之後，便開始分配隧道，先是告訴 SGW 要 建立階段（Create Session）。在這個過程裡，會給 SGW 分配一個隧道 ID t1，並且請求 SGW 給自己也分配一個隧道 ID。

- SGW 轉頭向 PGW 請求建立階段，為 PGW 的控制面分配一個隧道 ID t2，也給 PGW 的資料面分配一個隧道 ID t3，並且請求 PGW 給自己的 控制面和資料面分配隧道 ID。

- PGW 回覆 SGW：「建立階段成功。」接著使用自己的控制面隧道 ID t2， 回覆裡面攜帶著給 SGW 控制面分配的隧道 ID t4 及給 SGW 資料面分配 的隧道 ID t5，至此 SGW 和 PGW 之間的隧道建設完成，雙方請求對方 時，都要帶著對方給自己分配的隧道 ID，以此證明是這個手機的請求。

- 接下來 SGW 回覆 MME：「建立階段成功。」接著使用自己的隧道 ID t1 存取 MME，回覆裡面攜帶著給 MME 分配的隧道 ID t6，也有給 eNodeB 分配的隧道 ID t7。

- 當 MME 發現後面的隧道都建設成功之後，就告訴 eNodeB：「後面的隧 道已經建設完畢，SGW 給你分配的隧道 ID 是 t7，你可以連上來了，但 是你也要給 SGW 分配一個隧道 ID。」

- eNodeB 告訴 MME 自己給 SGW 分配的隧道 ID 為 t8。
- MME 將 eNodeB 給 SGW 分配的隧道 ID t8 告知 SGW，前面的隧道也建設完畢。

這樣，手機就可以透過建設好的隧道成功上網了。

異地上網問題

接下來我們思考異地上網的事情。

為什麼要分 SGW 和 PGW 呢，一個 GW 不可以嗎？這是因為 SGW 是本機電信業者的裝置，而 PGW 是所屬電信業者的裝置。

假如你在巴塞隆納，一下飛機，手機開機，周圍搜尋到的一定是巴塞隆納的 eNodeB。然後透過 MME 去查尋國內電信業者的 HSS，驗證該手機是否合法，是否還有餘額。如果允許上網，你的手機和巴塞隆納的 SGW 會建立一個隧道，巴塞隆納的 SGW 和國內電信業者的 PGW 會建立一個隧道，然後透過國內電信業者的 PGW 上網。實際過程如圖 5-50 所示。

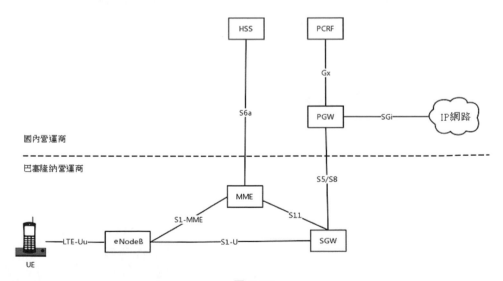

圖 5-50

在這個過程中，判斷手機是否能上網的是國內電信業者的 HSS，控制手機上網策略的是國內電信業者的 PCRF，給手機分配 IP 位址也是國內電信業者的 PGW 負責的，消耗的流量也是國內電信業者統計的。這樣你的上網流量全部透過國內電信業者結算，只不過巴塞隆納電信業者也要和國內電信業者進行流量結算。

由於手機的上網策略是由國內電信業者在 PCRF 中控制的，因而你還是上不了「臉書」。

小結

本節歸納如下：

- 行動網路的發展歷程從 2G 到 3G，再到 4G，功能逐漸從以打電話為主轉變為以上網為主。
- 請記住 4G 網路的結構，有 eNodeB、MME、SGW、PGW 等，分控制面協定和資料面協定，你可以對照這個結構，試著説出手機上網的流程。
- 即使你在國外電信業者的範圍內上網，也要由國內電信業者控制，因而也上不了「臉書」。

思考題

1. 上網都有流量方案，有高月租的，有低月租的，你知道行動網路如何控制不同優先順序使用者的上網流量嗎？
2. 前面講過的所有的網路都是以實體機為基礎的，隨著雲端運算的興起，無論是電子商務還是行動網路都要部署在雲端，你知道雲端網路的設計要點有哪些嗎？

▶5.6 行動網路：去巴塞隆納，手機也上不了「臉書」

Chapter

06

||||||||||||||||||||||||||||

雲端運算中的網路

6.1 雲端網路：自己拿地成本高，購買公寓更靈活

在 5.4 節中，我們知道了資料中心裡面堆著一大片一大片的機器，相互之間用網路連接。如果機器數量非常多，那麼維護起來會很麻煩，有很多不靈活的地方，例如以下幾點。

- 採購不靈活：如果客戶需要一台電腦，那就需要自己採購、上架、插網路、安裝作業系統，週期非常長。一旦採購了，一用就是很多年，不能退貨，哪怕業務不做了，機器還在資料中心裡留著。

- 運行維護不靈活：一旦需要擴充 CPU、記憶體、硬碟，都需要去機房手動弄，非常麻煩。

- 規格不靈活：採購的機器常常動不動幾百 GB 的記憶體，而每個應用常常可能只需要 4 核心 8GB，所以很多應用混合部署在上面，通訊埠可能會相互衝突，容易相互影響。

- 重複使用不靈活：一台機器，一旦一個使用者不用了，給另外一個使用者，就需要重裝作業系統。因為原來的作業系統可能遺留著很多資料，非常麻煩。

從實體機到虛擬機器

為了解決這些問題，人們發明了一種叫虛擬機器的東西，並基於它開發了雲端運算技術。

其實在個人電腦上就可以使用虛擬機器。如果你對虛擬機器沒有什麼概念，可以下載一個桌面虛擬化的軟體，自己動手嘗試一下。它可以讓你靈活地指定 CPU 的數目、記憶體的大小、硬碟的大小，可以有多個網路卡，然後在一台筆記型電腦裡面建立一台或多台虛擬機器。不用的時候，直接刪除就好了。

在資料中心裡面，也有一種類似的開放原始碼技術 qemu-kvm，能讓你在一台極大的實體機裡面虛擬化出一台一台更小的機器。這套軟體就能解決資料中心不靈活的問題：點擊一下就能建立，點擊一下就能銷毀。你想要多大記憶體就有多大記憶體，每次建立的系統還都是新的。

我們常把實體機比喻為自己拿地蓋房子，而虛擬機器則相當於購買公寓，更加靈活方便，隨時可買可賣。那這個軟體為什麼能做到這些事情呢？

它使用的是軟體模擬硬體的方式。剛才說的資料中心裡面用到的 qemu-kvm 從名字上來講，emu 就是 Emulator（模擬器）的意思，主要模擬 CPU、記憶體、網路、硬碟，讓虛擬機器使用者感覺自己在使用獨立的裝置，但是真正使用時，當然還是使用實體的裝置。

舉例來說，多個虛擬機器輪流使用實體 CPU，記憶體也是使用虛擬記憶體對映的方式，最後對映到實體記憶體上。硬碟在一塊大的檔案系統上建立一個 n GB 的檔案，作為虛擬機器的硬碟。

簡單比喻一下，虛擬化軟體就像一個「騙子」，向上「騙」虛擬機器裡面的應用，讓它們感覺獨享資源，其實自己什麼都沒有，都需要向下從實體機裡面取。

虛擬網路卡的原理

那網路是如何「騙」應用的呢？如何將虛擬機器的網路和實體機的網路連接起來呢？

如圖 6-1 所示，首先，虛擬機器要有一張網路卡。對 qemu-kvm 來說，這是透過 Linux 系統上的一種 TUN/TAP 技術來實現的。

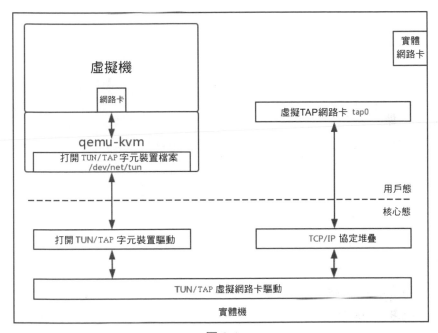

圖 6-1

虛擬機器是實體機上跑著的軟體。這個軟體可以像其他應用開啟檔案一樣，開啟一個名為 TUN/TAP 的字元裝置檔案（Char Dev）。開啟了這個字元裝置檔案之後，在實體機上就能看到一張虛擬 TAP 網路卡，如圖中的 tap0。

虛擬化軟體作為「騙子」，會將開啟的這個檔案在虛擬機器裡面虛擬成一張網路卡，讓虛擬機器裡面的應用覺得它們真的有一張網路卡。於是，所有的網路封包都往這裡發。

當然，網路封包發送到虛擬化軟體這裡，它會將網路封包轉換成為檔案流，寫入字元裝置，就像寫一個檔案一樣。核心中 TUN/TAP 字元裝置驅動會收到這個寫入的檔案流，並把它交給 TUN/TAP 的虛擬網路卡驅動。這個虛擬網路卡驅動將檔案流再次轉成網路封包，交給 TCP/IP 堆疊，最後從虛擬 TAP 網路卡 tap0 發出來，成為標準的網路封包。

就這樣，幾經轉手，資料終於從虛擬機器裡面發到了虛擬機器外面。

將虛擬網路卡連接到雲端

我們就這樣有了虛擬 TAP 網路卡。接下來就要考慮，怎麼將這個虛擬網路卡連線龐大的資料中心網路中。

在連線之前，我們先來看，雲端運算中的網路需要注意什麼。

- 共用：儘管每個虛擬機器都會有一個或多個虛擬網路卡，但是實體機上的網路卡是有限的。那這麼多虛擬網路卡如何共用同一個出口？

- 隔離：分兩個方面，一方面是安全隔離，兩個虛擬機器可能屬於兩個使用者，那怎麼保障一個使用者的資料不被另一個使用者竊聽？另一方面是流量隔離，兩個虛擬機器，如果有一個瘋狂下載電影，會不會導致另外一個上不了網？

- 互通：分兩個方面，一方面如果同一台機器上的兩個虛擬機器屬於同一個使用者的話，這兩個虛擬機器如何相互通訊？另一方面如果不同實體機上的兩個虛擬機器屬於同一個使用者的話，這兩個虛擬機器如何相互通訊？

- 靈活：虛擬機器和實體機不同，會經常建立、刪除，從一台機器漂移到另一台機器，有的互通、有的不通。虛擬機器靈活性比實體機要高得多，可以靈活設定。

共用與互通問題

這些問題，我們一個個來解決。

首先，一台實體機上有多個虛擬機器、多個虛擬網路卡，這些虛擬網路卡如何連在一起，進行相互存取，或存取外網呢？

還記得我們在大學宿舍裡做的事情嗎？你可以想像你的實體機就是你們宿舍，虛擬機器就是你的個人電腦，這些電腦應該怎麼連接起來呢？當然應該買一個交換機。

在實體機上，應該有一個虛擬的交換機，在 Linux 系統上有一個指令 brctl，可以建立虛擬的橋接器 brctl addbr br0。建立出來以後，增加橋接器連接，將兩個虛擬機器的虛擬網路卡都連接到虛擬橋接器 brctl addif br0 tap0 上，這樣將兩個虛擬機器設定相同的子網網段，兩台虛擬機器就能夠相互通訊了，如圖 6-2 所示。

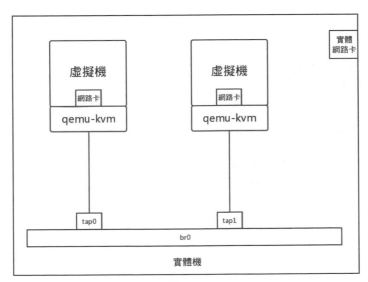

圖 6-2

那這些虛擬機器如何連接外網呢？在桌面虛擬化軟體上面，我們能看到如圖 6-3 所示的選項，特別注意「連接方式」和「介面名稱」這兩個設定。

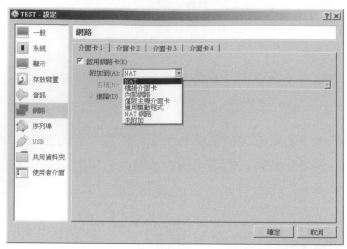

圖 6-3

這裡面，host-only 的網路其實就是指將上面兩個虛擬機器連到一個 br0 虛擬橋接器上，而且不考慮存取外部的場景，只要虛擬機器之間能夠相互存取就可以了。

如果要存取外部，通常有兩種方式。

一種方式稱為橋接。如果在桌面虛擬化軟體上選擇橋接網路，那麼在你的電腦上會形成如圖 6-4 所示的結構。

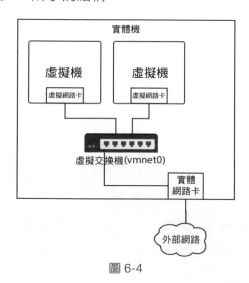

圖 6-4

每個虛擬機器都會有虛擬網路卡，你會發現在你的電腦上多了幾個網路卡，這其實是虛擬交換機。這個虛擬交換機將虛擬機器連接在一起。在橋接模式下，實體網路卡也連接到這個虛擬交換機上。實體網路卡在桌面虛擬化軟體的「介面名稱」那裡選定。

如果使用橋接網路，當你登入虛擬機器裡看 IP 位址時會發現，你的虛擬機器的位址和你的電腦的位址，以及你旁邊的同事的電腦的位址是一個網段。這是為什麼呢？這其實相當於將實體機和虛擬機器放在了同一個橋接器上，這個橋接器上有三台機器，它們是一個網段的，全部打平了。如圖 6-5 所示。

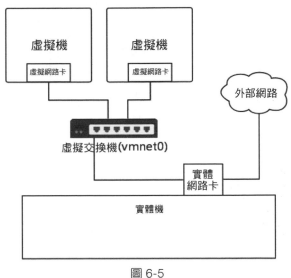

圖 6-5

在資料中心裡面，採取的也是類似的技術，連接方式如圖 6-6 所示，只不過 Linux 系統在每台機器上都建立了橋接器 br0，虛擬機器的網路卡都連到 br0 上，實體網路卡也連到 br0 上，所有的 br0 都透過實體網路卡連接到實體交換機上。

我們換一個角度來看這個拓撲圖。如圖 6-7 所示，同樣是將網路打平，虛擬機器會和實體網路具有相同的網段，就相當於兩個虛擬交換機、一個實

體交換機，一共三個交換機連在一起。兩組四個虛擬機器和兩台實體機都
是在一個二層網路裡面的。

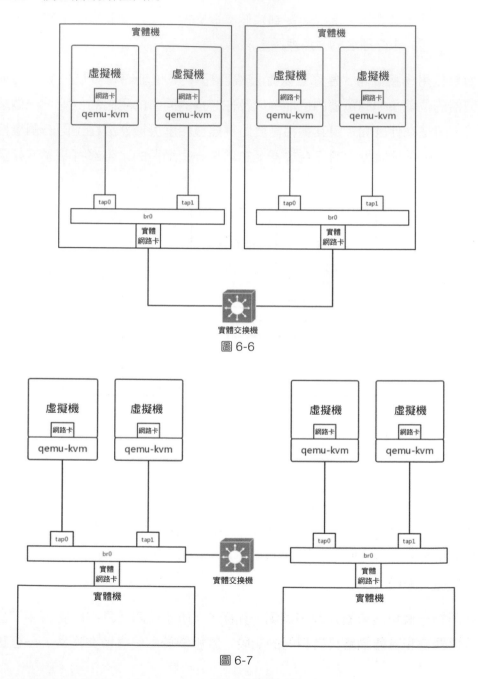

圖 6-6

圖 6-7

在這種方式下，不但解決了同一台機器的互通問題，也解決了跨實體機的互通問題，因為都在一個二層網路裡面，彼此用相同的網段存取就可以了。但是當規模很大時，也會存在問題。

你還記得嗎？在一個二層網路裡面，最大的問題是廣播。一個資料中心的實體機已經很多了，廣播問題已經非常嚴重，需要透過 VLAN 進行劃分。如果使用了虛擬機器，假設一台實體機裡面建立 10 台虛擬機器，全部在一個二層網路裡面，那廣播問題就會很嚴重，所以除非是你的桌面虛擬機器或資料中心規模非常小，才可以使用這種相對簡單的方式。

另外一種方式稱為 NAT（Network Address Translation，網路位址編譯）。如果在桌面虛擬化軟體中使用 NAT，在你的電腦上會出現如圖 6-8 所示的網路結構。

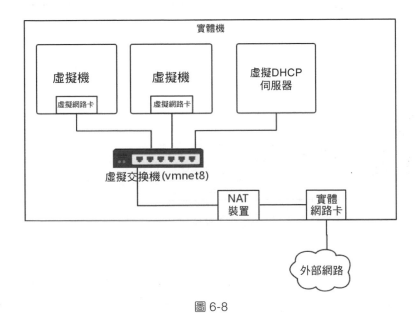

圖 6-8

在這種方式下，登入到虛擬機器裡面檢視 IP 位址，會發現虛擬機器的網路是虛擬機器的，實體機的網路是實體機的，兩者的網路互不相通。虛擬機器要想存取實體機時，需要將位址 NAT 改為實體機的位址。

除此之外，它還會在你的電腦裡內建一個 DHCP 伺服器，為電腦上的虛擬機器動態分配 IP 位址。因為虛擬機器的網路自成系統，需要 IP 管理。為什麼橋接方式不需要呢？因為橋接將網路打平了，虛擬機器的 IP 位址應該由實體網路的 DHCP 伺服器分配。

在資料中心裡面，也是使用類似的方式，如圖 6-9 所示。這種方式更像是將你宿舍裡面的情況搬到一台實體機上來。

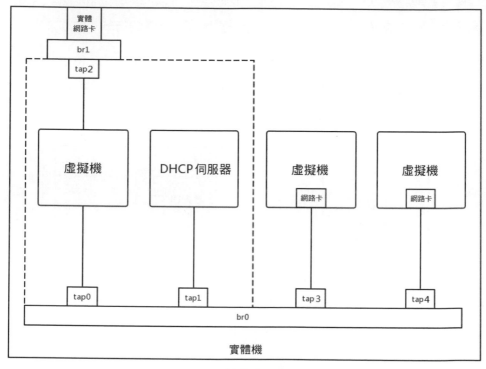

圖 6-9

虛擬機器是你的電腦，路由器和 DHCP 伺服器相當於家用路由器或室長的電腦，實體網路卡相當於你們宿舍的外網網路介面，用於存取網際網路。所有電腦都透過內網網路介面連接到一個橋接器 br0 上，虛擬機器要想存取網際網路，需要透過 br0 連到路由器上。路由器應該有兩個網路卡，一個對內連接 br0 的網路卡，如圖 6-9 中的 tap0，一個對外連接 br1 橋接

器，橋接到實體網路的網路卡，如圖 6-9 中的 tap2，並且在 tap2 上設定 NAT 規則，將虛擬機器網路位址 NAT 成為實體網路的位址，這樣路由器就能從 br0 這一側接收到虛擬機器網路的封包，透過 br1 這一側轉發到實體網路。

如果是你自己登入實體機做個簡單設定，就可以簡化一下。舉例來說，將虛擬機器所在網路的閘道地址直接設定到 br0 上，不用 DHCP 伺服器，手動設定每台虛擬機器的 IP 位址，透過指令 iptables -t nat -A POSTROUTING -o ethX -j MASQUERADE，直接在實體網路卡 ethX 上進行 NAT，所有從這個網路卡出去的封包的位址都將被 NAT 成這個網路卡的位址。透過設定 net.ipv4.ip_forward = 1，開啟實體機的轉發功能，這樣實體機就可以直接做路由器了，而不用設定單獨的路由器，這樣虛擬機器就能直接上網了。如圖 6-10 所示。

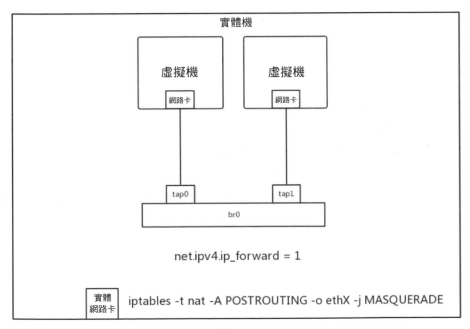

圖 6-10

隔離問題

解決了共用與互通的問題，接下來就是隔離的問題。

若一台機器上的兩個虛擬機器不屬於同一個使用者，怎麼辦呢？好在 brctl 建立的橋接器也是支援 VLAN 功能的，可以設定兩個虛擬機器的 tag，這樣在此虛擬橋接器上，兩個虛擬機器是不互通的。

但是如何跨實體機互通，並且實現 VLAN 的隔離呢？由於 brctl 建立的橋接器上面的 tag 是沒辦法在橋接器之外的範圍有作用的，於是我們需要尋找其他的實現方式。

有一個指令 vconfig，可以以實體網路卡 ethX 建立帶 VLAN 為基礎的虛擬網路卡，所有從這個虛擬網路卡出去的封包，都帶這個 VLAN，如果這樣，跨實體機的互通和隔離就可以透過這個網路卡來實現，如圖 6-11 所示。

首先為每個使用者分配不同的 VLAN，如給一個使用者分配 VLAN 10，另一個使用者分配 VLAN 20。在一台實體機上，基於實體網路卡，為每個使用者用 vconfig 建立一個帶 VLAN 的網路卡。不同的使用者使用不同的虛擬橋接器，帶 VLAN 的虛擬網路卡也連接到虛擬橋接器上。

這樣是否能保障兩個使用者之間的隔離性呢？不同的使用者由於橋接器不通，不能相互通訊，一旦出了橋接器，由於 VLAN 不同，也不會將封包轉發到另一個橋接器上。另外出了實體機，也是帶著 VLAN ID 的。只要實體交換機也是支援 VLAN 的，到達另一台實體機時，VLAN ID 就依然在，但只會將封包轉發給相同 VLAN 的網路卡和橋接器，所以跨實體機的不同的 VLAN 也不會相互通訊。

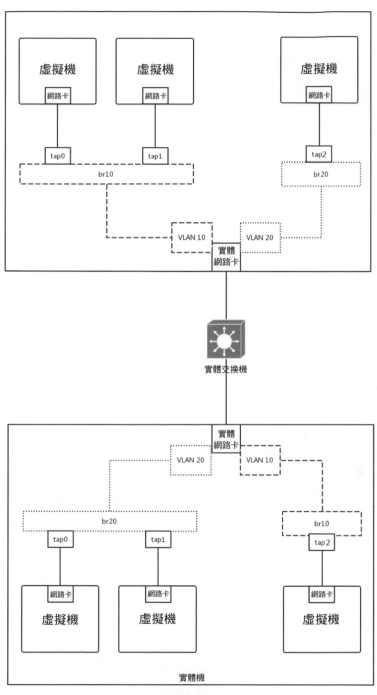

圖 6-11

使用 brctl 建立出來的橋接器功能很簡單，以 VLAN 為基礎的虛擬網路卡也能實現簡單的隔離。但是這都不能滿足大規模雲端平台的需求。一是因為 VLAN 的隔離數目太少，前面我們學過，VLAN ID 只有 4096 個，明顯不夠用。另外一點是因為這個設定不夠靈活，誰和誰通，誰和誰不通，流量的隔離沒有實現，還有大量改進的空間。

小結

本節歸納如下：

- 雲端運算的關鍵技術是虛擬化，這裡我們特別注意的是虛擬網路卡透過開啟 TUN/TAP 字元裝置的方式，將虛擬機器內外連接起來。
- 雲端的網路特別注意四個方面：共用、隔離、互通、靈活。其中共用和互通有兩種常用的方式，分別是橋接和 NAT，隔離可以透過 VLAN 的方式來進行。

思考題

1. 為了更加直觀，本節內容以桌面虛擬化系統為例説明。在資料中心裡面，有一款著名的開放原始碼軟體 OpenStack，本節講的網路連通方式對應 OpenStack 中的哪些模型呢？
2. 本節最後提到了文中提及的網路設定方式不太靈活，你知道什麼更加靈活的方式嗎？

6.2 軟體定義網路：共用基礎設施的社區物業管理辦法

上一節我們了解了使用原生的 VLAN 和 Linux 橋接器的方式來進行雲端平台的管理，但是這種方式在靈活性、隔離性方面都略顯不足，而且整個網路缺少統一的視圖、統一的管理。

可以這樣比喻，雲端運算就像大家一起住公寓，要共用社區裡面的基礎設施，其中網路就相當於社區裡面的電梯、走廊、路、大門等，大家都走，常常會出現問題，尤其在上班尖峰時段，出門的人太多，社區的物業管理就會面臨挑戰。

這時，物業可以派自己的物業管理人員到每個區域的樓梯那裡，將電梯的上下行速度調快一點，可以派人將隔離戶外運動區的門暫時開啟，讓大家可以橫穿社區，直接上捷運，還可以派人將社區的出入口，改成出口多、入口少，如此種種措施。等過了十點半，上班尖峰過去，再派人都改回來。

SDN

這種模式就像傳統的網路裝置和普通的 Linux 橋接器的模式。設定整個雲端平台的網路通道，需要登入到這台機器上設定這個，再登入到另外一個裝置設定那個，才能成功。

如果物業管理人員有一套智慧的控制系統，在物業監控室裡就能看到社區裡每個區域、每個電梯的人流情況，然後在監控室裡，透過遠端控制的方式，點擊一個按鈕，即可調整電梯的速度、門的開閉、出入口的更改。

這就是軟體定義網路（Software Defined Network，SDN），如圖 6-12 所示。它主要有以下 3 個特點。

- 控制與轉發分離：轉發平面就是一個個虛擬的或實體的網路裝置，就像社區裡面的一條條路。控制平面就是統一的控制中心，就像社區物業的監控室。它們原來是一起的，物業管理員要從監控室出來，到路上去管理裝置，但現在控制與轉發是分離的，路就是走人的，控制都在監控室裡進行。

- 控制平面與轉發平面之間的開放介面：控制器向上提供介面被應用層呼叫，就像控制室提供按鈕讓物業管理員使用一樣。控制器向下呼叫介面來控制網路裝置，就像控制室可以遠端控制電梯的速度一樣。如圖 6-12 所示，前面的介面稱為北向介面，後面的介面稱為南向介面。

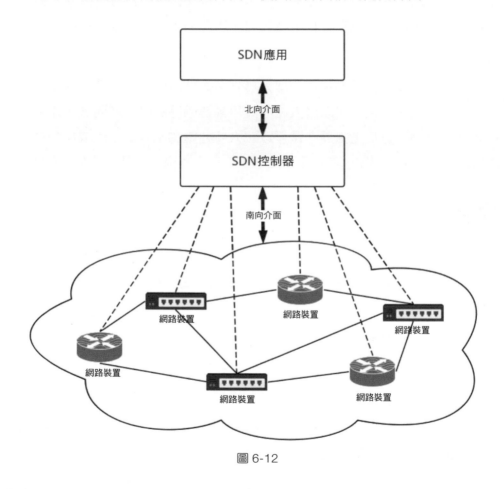

圖 6-12

■ 邏輯上的集中控制：邏輯上集中的控制平面可以控制多個轉發面裝置，
也就是控制整個實體網路，因而可以獲得全域的網路狀態視圖，並根據
該全域網路狀態圖實現對網路的最佳化控制，就像物業管理員在監控室
能夠看到整個社區的情況，並根據情況最佳化出入方案一樣。

OpenFlow 協定和 Open vSwitch

SDN 有很多種實現方式，我們來看一種開放原始碼的實現方式。

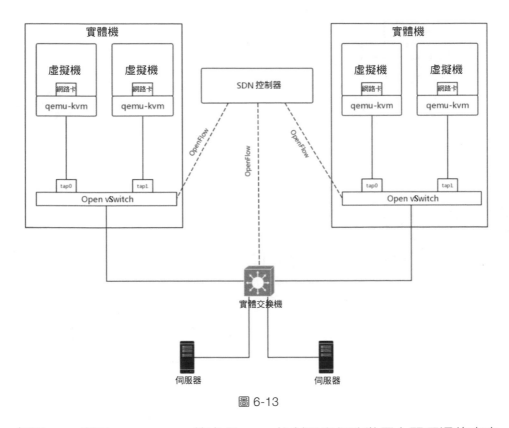

圖 6-13

如圖 6-13 所示，OpenFlow 協定是 SDN 控制器和網路裝置之間互通的南向
介面協定，Open vSwitch 協定用於建立軟體的虛擬交換機。Open vSwitch
是支援 OpenFlow 協定的，當然也有一些硬體交換機也支援 OpenFlow 協

定。它們都可以被統一的 SDN 控制器管理，進一步實現實體機和虛擬機器的網路連通。

SDN 控制器是如何透過 OpenFlow 協定控制網路的呢？

在 Open vSwitch 裡面有一個路由表，裡面有很多的規則，任何透過這個交換機的網路封包，都會使用這些規則進行處理，進一步進行接收、轉發、放棄，如圖 6-14 所示。

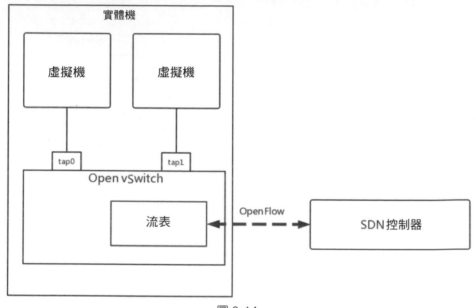

圖 6-14

那路由表長什麼樣呢？如圖 6-15 所示，路由表其實就是一個個表格，每個表格有很多行，每行都是一筆規則。每筆規則都有優先順序，先看優先順序高的規則，再看優先順序低的規則。

對於每一筆規則，要看是否滿足比對條件。這些條件包含：從哪個通訊埠進來的、網路封包表頭裡面有什麼，等等。接下來就要執行一個動作對滿足條件的網路封包進行處理，可以修改封包表頭裡的內容、從某個通訊埠發出，也可以捨棄。

透過這些表格,可以隨意處理收到的網路封包。

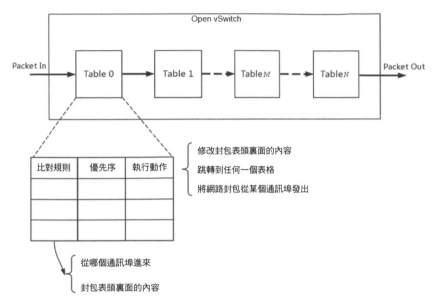

圖 6-15

實際都能做什麼處理呢?透過圖 6-16 可以看出,可以進行的處理覆蓋 TCP/IP 堆疊的四層。

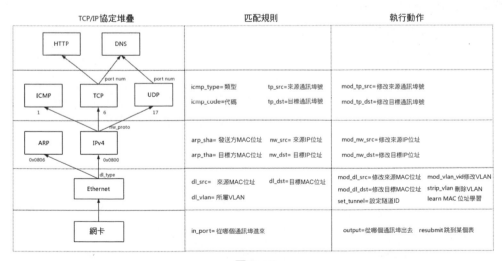

圖 6-16

對於實體層：

- 比對規則包含從哪個通訊埠進來等。
- 執行動作包含從哪個通訊埠出去等。

對於 MAC 層：

- 比對規則包含：來源 MAC 位址是多少（dl_src），目標 MAC 位址是多少（dl_dst），所屬 VLAN 是多少（dl_vlan）等。
- 執行動作包含：修改來源 MAC 位址（mod_dl_src），修改目標 MAC 位址（mod_dl_dst），修改 VLAN（mod_vlan_vid），刪除 VLAN（strip_vlan），MAC 位址學習（learn）等。

對於網路層：

- 比對規則包含：來源 IP 位址是多少（nw_src），目標 IP 位址是多少（nw_dst）等。
- 執行動作包含：修改來源 IP 位址（mod_nw_src），修改目標 IP 位址（mod_nw_dst）等。

對於傳輸層：

- 比對規則包含：來源通訊埠編號是多少（tp_src），目標通訊埠編號是多少（tp_dst）等。
- 執行動作包含：修改來源通訊埠編號（mod_tp_src），修改目標通訊埠編號（mod_tp_dst）等。

總而言之，對於 Open vSwitch 來講，網路封包到了它的手裡，就是一個 Buffer，想怎麼改就怎麼改，想發到哪個通訊埠就發送到哪個通訊埠。

Open vSwitch 有本機的命令列可以進行設定，能夠實現我們前面講過的一些功能。我們可以透過 Open vSwitch 的指令建立一個虛擬交換機。然後將多個虛擬通訊埠增加到這個虛擬交換機上，程式如下所示。

```
ovs-vsctl add-br br0
```

實驗一：用 Open vSwitch 實現 VLAN 的功能

下面我們透過 Open vSwitch 實現 VLAN 的功能。在 Open vSwitch 中，port 分為以下兩種。

第一種是 access port：

- 這個 port 設定 tag，從這個 port 進來的網路封包會被打上這個 tag。
- 如果網路封包本身帶有的 VLAN ID 等於 tag，則會從這個 port 發出。
- 從 access port 發出的網路封包不帶 VLAN ID。

第兩種是 trunk port：

- 這個 port 不設定 tag，設定 trunk。
- 如果設定 trunk 為空，則無論網路封包攜帶任何的 VLAN ID 都是允許通過的，當網路封包從這個 port 發出去時，網路封包裡面原來帶什麼 VLAN ID，發出去後還帶著原來的 VLAN ID，如果沒有設定 VLAN ID，就屬於 VLAN 0。
- 如果設定 trunk 為空，則僅允許帶著這些 VLAN ID 的網路封包通過。

我們透過以下指令建立環境。

```
ovs-vsctl add-port br0 first_br
ovs-vsctl add-port br0 second_br
ovs-vsctl add-port br0 third_br
ovs-vsctl set Port vnet0 tag=101
ovs-vsctl set Port vnet1 tag=102
ovs-vsctl set Port vnet2 tag=103
ovs-vsctl set Port first_br tag=103
ovs-vsctl clear Port second_br tag
ovs-vsctl set Port third_br trunks=101,102
```

另外要設定禁止 MAC 位址學習。

```
ovs-vsctl set bridge br0 flood-vlans=101,102,103
```

最後建立出來的環境如圖 6-17 所示，建立好環境以後，我們來做一個實驗，在實驗的過程中對照圖更容易了解。

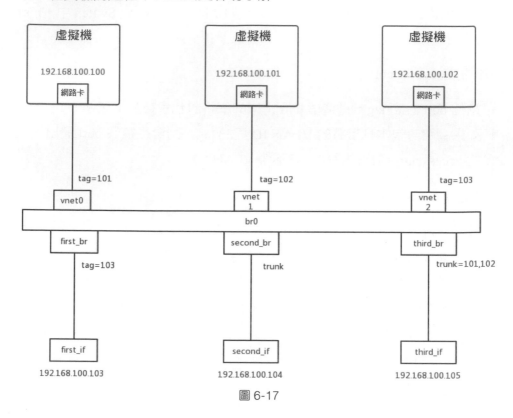

圖 6-17

第 1 步：從 192.168.100.102 來 ping 192.168.100.103，然後用 tcpdump 進行封包截取。由於 192.168.100.102 和 first_br 都設定了 tag103，它們屬於同一個 VLAN，因而 first_if 收到了網路封包。但是根據 access port 的規則，從 first_br 出來的封包表頭是沒有 VLAN ID 的。由於 second_br 是 trunk port，所有的 VLAN 都會放行，因而 second_if 也收到了網路封包。根據 trunk port 的規則，出來的封包表頭是有 VLAN ID 的。由於 third_br 僅設定了允許 VLAN 101 和 102 通過，因而 third_if 收不到網路封包。

第 2 步：從 192.168.100.100 來 ping 192.168.100.105。因為 192.168.100.100 設定了 VLAN 101，因而 second_br 設定了 trunk，全部放行，則 second_if

可以收到網路封包。third_br 設定了可以放行 VLAN 101 和 102，則 third_if 可以收到網路封包。當然是 ping 不通的，因為從 third_br 出來的網路封包是帶 VLAN ID 的，而 third_if 不屬於某個 VLAN。first_br 屬於 VLAN 103，因而 first_if 收不到網路封包。second_if 能夠收到網路封包，而且封包表頭裡面帶 VLAN ID=101。third_if 也能收到網路封包，而且封包表頭裡面帶 VLAN ID=101。

第 3 步：從 192.168.100.101 來 ping 192.168.100.104，因為 192.168.100.101 屬於 VLAN 102，second_if 和 third_if 都設定了 trunk，所以能夠收到網路封包。first_br 屬於 VLAN 103，所以 first_if 收不到網路封包。但是 second_br 能夠收到網路封包，而且封包表頭裡面帶 VLAN ID=102。third_if 也能收到網路封包，而且封包表頭裡面帶 VLAN ID=102。

透過以上實例，我們可以看到，透過 Open vSwitch，不用買一個支援 VLAN 的交換機，你也能學習 VLAN 的工作模式。

實驗二：用 Open vSwitch 模擬網路卡綁定，連接交換機

接下來，我們來做另一個實驗。前面我們說過，為了高可用性，可以使用網路卡綁定連接交換機，Open vSwitch 也可以模擬這一點。

在 Open vSwitch 裡面有一個 bond_mode，可以設定為以下 3 個值：

- active-backup：一個連接是 active，其他的是 backup，當 active 故障時，backup 頂上。
- balance-slb：流量安裝來源 MAC 和 output VLAN 進行負載平衡。
- balance-tcp：必須在支援 LACP 的情況下才可以，可根據二層、三層、四層網路進行負載平衡。

我們架設一個測試環境，如圖 6-18 所示。

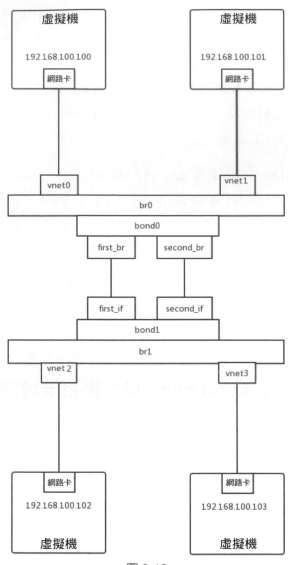

圖 6-18

我們使用下面的指令建立 bond 連接。

```
ovs-vsctl add-bond br0 bond0 first_br second_br
ovs-vsctl add-bond br1 bond1 first_if second_if
ovs-vsctl set Port bond0 lacp=active
ovs-vsctl set Port bond1 lacp=active
```

預設情況下 bond_mode 是 active-backup 模式，一開始 active 的是 first_br 和 first_if。

我們從 192.168.100.100 來 ping 192.168.100.102，以及從 192.168.100.101 來 ping 192.168.100.103 時，透過 tcpdump 可以看到所有的網路封包都從 first_if 透過。

如果把 first_if 設定成 down，則網路封包的走向會變，然後會發現 second_if 開始有流量，192.168.100.100 和 192.168.100.101 似乎沒有受到影響。

如果我們透過以下指令把 bond_mode 設定為 balance-slb，然後同時從 192.168.100.100 來 ping 192.168.100.102，從 192.168.100.101 來 ping 192.168.100.103，透過 tcpdump 就會發現網路封包已經被分流了。

```
ovs-vsctl set Port bond0 bond_mode=balance-slb
ovs-vsctl set Port bond1 bond_mode=balance-slb
```

透過這個實例可以看到，使用 Open vSwitch，不用買兩台支援 bond 的交換機也能看到 bond 的效果。

Open vSwitch 是怎麼做到這些的呢？我們來看 Open vSwitch 的架構圖，如圖 6-19 所示。

Open vSwitch 包含很多模組，在使用者態有兩個重要的處理程序，也有兩個重要的命令列工具。

- 第一個處理程序是 OVSDB 處理程序。ovs-vsctl 命令列會和這個處理程序通訊，建立虛擬交換機、建立通訊埠，然後將通訊埠增加到虛擬交換機上。OVSDB 會將這些拓撲資訊儲存在一個本機的檔案中。

- 第二個處理程序是 vswitchd 處理程序。ovs-ofctl 命令列會和這個處理程序通訊，去下發路由表規則，規則裡面會規定如何處理網路封包，vswitchd 會將路由表放在使用者態路由表中。

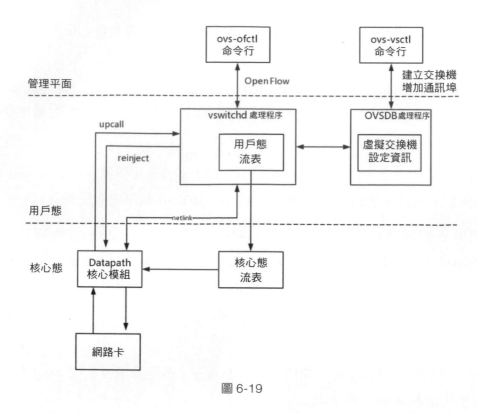

圖 6-19

在核心態，Open vSwitch 有核心模組 OpenvSwitch.ko，對應圖 6-19 中的 Datapath 核心模組部分。在網路卡上註冊一個函數，每當有網路封包到達網路卡時，這個函數就會被呼叫。

在核心的這個函數裡，拿到網路封包後會將各個層次的重要資訊拿出來，例如：

- 實體層：in_port，即網路封包進入網路介面的 ID。
- MAC 層：來源 MAC 位址和目標 MAC 位址。
- IP 層：來源 IP 位址和目標 IP 位址。
- 傳輸層：來源通訊埠編號和目標通訊埠編號。

在核心態中，有一個核心態路由表。核心模組在這個核心路由表中比對規則，如果比對上了，則執行操作、修改網路封包，或轉發或放棄。如果核

心模組沒有比對上規則,則需要進入使用者態,使用者態和核心態之間透過 Linux 系統的 Netlink 機制相互通訊。

核心模組透過 upcall,告知使用者態 vswitchd 處理程序在使用者態路由表裡面去比對規則,這裡面的規則是全量的路由表規則;而在核心態路由表中,為了快速處理,只保留了部分規則,核心中的規則過一段時間就會過期。

當使用者態比對到了路由表規則之後,就在使用者態執行操作,同時將這個比對成功的路由表透過 reinject 下發到核心模組,進一步使接下來的網路封包都能在核心路由表中找到這個規則。

其中呼叫 OpenFlow 協定的是本機的命令列工具,也可以是遠端的 SDN 控制器。OpenDaylight 是一個重要的 SDN 控制器。

圖 6-20 就是 OpenDaylight 中看到的拓撲圖。是不是有種物業管理員在監控室裡的感覺?

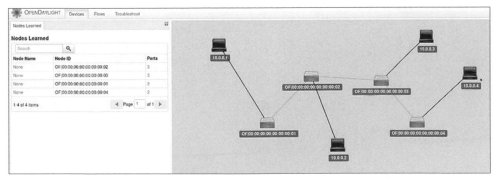

圖 6-20

我們可以在 OpenDaylight 裡將兩個交換機設定互通,也可以設定為不通,還可以設定一個虛擬 IP 位址(Virtual IP Address,VIP),在不同的機器之間實現負載平衡,等等,所有的策略都可以靈活設定。

如何在雲端運算中使用 Open vSwitch

Open vSwitch 這麼厲害，如何在雲端運算中使用呢？圖 6-21 是使用傳統的 VLAN 模式和使用 Open vSwitch 的比較圖。

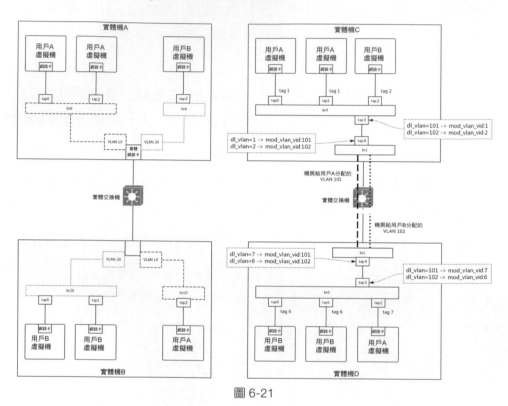

圖 6-21

我們先來討論一下 VLAN 的場景。

在沒有 Open vSwitch 時，如果一個新的使用者要使用一個新的 VLAN，還需要建立一個屬於新的 VLAN 的虛擬網路卡，並且為這個使用者建立一個單獨的虛擬橋接器。這樣，使用者越來越多時，虛擬網路卡和虛擬橋接器就會越來越多，要管理它們就會非常複雜。而且，虛擬機器的 VLAN 和實體環境的 VLAN 是透明傳輸的，即從一開始規劃時，就需要比對起來，將實體環境和虛擬環境強綁定，操作起來就不靈活。

而引用了 Open vSwitch，狀態就獲得了改觀。

首先，由於 Open vSwitch 本身就是支援 VLAN 的，所有的虛擬機器都可以放在一個橋接器 br0 上，透過給不同的使用者設定不同的 tag，就能夠實現隔離。舉例來說，圖 6-21 中左面的部分，使用者 A 的虛擬機器都在 br0 上，使用者 B 的虛擬機器都在 br1 上，有了 Open vSwitch，就可以都放在 br0 上，只用設定不同的 tag，就像圖 6-21 中右側的部分一樣。

另外，還可以建立一個虛擬交換機 br1，將實體網路和虛擬網路進行隔離。實體網路有實體網路的 VLAN 規劃，虛擬機器在一台實體機上，所有的 VLAN 都是從 1 開始的。由於一台機器上的虛擬機器不會超過 4096 個，所以 VLAN 在一台實體機上如果從 1 開始，那就一定夠用。例如在圖 6-21 中右側部分的實體機 C 裡面，使用者 A 被分配的 tag 是 1，使用者 B 被分配的 tag 是 2，而在下面的實體機 D 裡面，使用者 A 被分配的 tag 是 7，使用者 B 被分配的 tag 是 6。

如果實體機之間的通訊和隔離還是透過 VLAN，需要將虛擬機器的 VLAN 和實體環境的 VLAN 對應起來，但為了靈活性，不一定一致，這樣可以分別管理實體機的網路和虛擬機器的網路。好在 Open vSwitch 可以對網路封包的內容進行修改。舉例來說，透過比對 dl_vlan，然後執行 mod_vlan_vid 來改進進出實體機的網路封包。

儘管使用者變多了，實體環境的 VLAN 還是不夠用，但是有了 Open vSwitch 的對映，就可以將實體網路和虛擬網路解耦，讓實體網路可以使用其他技術，同時不影響虛擬網路，這個後續章節還會講到。

小結

本節歸納如下：

- 用 SDN 控制整個雲端裡面的網路，就像社區保全從控制室管理整個物業，將控制面和資料面進行了分離。

- Open vSwitch 是一種開放原始碼的虛擬交換機的實現，它能對經過自己的網路封包做任意修改，進一步使得雲端對網路的控制十分靈活。
- 將 Open vSwitch 引用雲端之後，可以使設定簡單而靈活，並且可以解耦實體網路和虛擬網路。

思考題

1. 在這一節中，提到了虛擬 IP 位址可以透過路由表在不同的機器之間實現負載平衡，你知道怎樣才能做到嗎？
2. 雖然 Open vSwitch 可以解耦實體網路和虛擬網路，但是如果在實體網路裡面使用 VLAN，VLAN 的數目還是不夠，你知道該怎麼辦嗎？

6.3 雲端網路之安全：雖然不是土豪，也需要基本保障

上一節我們看到，做一個社區物業維護一個大家共用的環境，並不容易。如果大家都是遵守規則的住戶那還好，但如果遇上不遵守的住戶就會很麻煩。

就像公有雲的環境，各懷鬼胎的駭客到處都是。他們會掃描你的通訊埠、探測你啟動的應用、檢視是否有系統漏洞。這就像小偷潛入社區後，這裏看看，那裏瞧瞧：窗戶有沒有關好、窗簾有沒有拉上、住戶睡了沒、什麼時機適合潛入室內，等等。

假如你建立了一台虛擬機器，裡面的某個電子商務應用是你業務的關鍵，那麼你一定會額外關注這個電子商務應用的安全強化。但是這台虛擬機器的作業系統裡，不小心安裝了另外一個後台應用，監聽著一個通訊埠，虛擬機器的這個通訊埠是對著公網開放的。如果你對這個後台應用的警惕性

沒有那麼高，碰巧這個後台應用本身有漏洞，駭客就可以掃描到這個通訊埠，然後透過這個後台應用的通訊埠侵入你的機器，將你的電子商務網站「黑」掉。這就像你買了一個五星級的防盜門，卡車都撞不開，但是廁所窗戶的門把手是壞的，小偷就可以從廁所窗戶裡面進來了。

所以對於公有雲上的虛擬機器，我的建議是僅開放需要的通訊埠，將其他的通訊埠一概關閉。這個時候，你只要做好安全措施，守護好這個唯一的入口就可以了。通常採用 ACL（Access Control List，存取控制清單）來控制 IP 和通訊埠。

設定好了這些規則，只有指定的 IP 段能夠存取指定的開放介面，就算有一個有漏洞的後台處理程序在那裡，也會被隱藏掉，這樣駭客就進不來了。在雲端平台上，這些規則的集合常被稱為安全組。那安全組怎麼實現呢？

iptables 對於資料封包的處理過程

我們來複習一下，當一個資料封包進入一台機器時，都會做什麼事情。

首先拿下 MAC 標頭看看，是不是我的。如果是，則拿下 IP 表頭來。獲得目標 IP 位址之後，就開始進行路由判斷。路由判斷之前的這個節點我們稱為 PREROUTING。如果發現 IP 位址是我的，資料封包就應該是我的，就發給上面的傳輸層，這個節點叫作 INPUT。如果發現 IP 位址不是我的，就需要將資料封包轉發出去，這個節點稱為 FORWARD。如果 IP 位址是我的，上層處理完畢後，一般會傳回一個處理結果，這個處理結果會發出去，這個節點稱為 OUTPUT，無論是 FORWARD 還是 OUTPUT，都是路由判斷之後發生的，最後一個節點是 POSTROUTING。

整個過程如圖 6-22 所示。

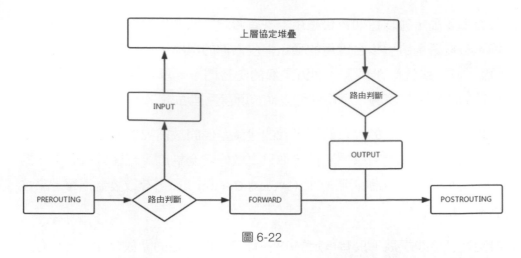

圖 6-22

整個資料封包的處理過程還是原來的過程，只不過為什麼要格外關注這 5 個節點呢？

是因為在 Linux 系統核心中，有一個架構叫 Netfilter。它可以在這些節點插入 hook() 函數。這個函數可以截獲資料封包，對資料封包進行干預。舉例來說，做一定的修改，然後決策是否接著交給 TCP/IP 堆疊處理；或可以交回給協定層，即 ACCEPT；或過濾掉，不再傳輸，即 DROP；或發送給某個使用者態處理程序處理，即 QUEUE。

其中 QUEUE 操作比較難了解，發送給使用者態處理程序做什麼呢？使用者處理程序可以處理協定層處理不了的複雜邏輯，如內部負載平衡，過來的資料封包一會兒傳給目標位址 1，一會兒傳給目標位址 2，而且目標位址的個數和加權都可能變。這個邏輯可以透過 QUEUE，讓使用者態處理程序接管這個資料封包來實現。

有了 Netfilter 架構就可以在 IP 位址轉發的過程中隨時干預這個過程，只要你能實現這些 hook() 函數。

一個著名的實現，就是核心模組 ip_tables。它在這 5 個節點上埋下函數，進一步可以根據規則進行資料封包的處理。這個實現按功能可分為 4 大

類：連接追蹤（conntrack）、資料封包的過濾（filter）、網路位址編譯
（nat）和資料封包的修改（mangle）。其中連接追蹤是基礎功能，被其他功
能所依賴。其他 3 個可以實現資料封包的過濾、修改和網路位址的轉換。

在使用者態，還有一個用戶端程式 iptables，用命令列來干預核心的規則。
核心的功能對應 iptables 的命令列來講，就是表和鏈的概念，如圖 6-23 所
示。

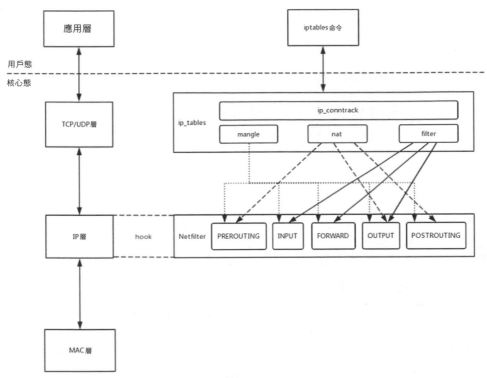

圖 6-23

iptables 的表分為四種：raw → mangle → nat → filter。這四種表的優先順
序是依次降低的，如 nat 表和 filter 表同時出現的時候，總是先使用 nat 表
中的規則，然後再使用 filter 表的規則。其中 raw 不常用，所以圖 6-23 中
沒有，這裡我們重點解析一下其他三種表：mangle、nat 和 filter，這三種
表分別對應核心裡面三大功能，每個表可以設定多個鏈。

filter 表處理過濾功能,主要包含以下三個鏈。

- INPUT 鏈:過濾所有目標位址是本機的資料封包。
- FORWARD 鏈:過濾所有路過本機的資料封包。
- OUTPUT 鏈:過濾所有由本機產生的資料封包。

nat 表主要處理網路位址編譯,可以進行 SNAT(改變來源位址)和 DNAT(改變目標位址),包含以下三個鏈。

- PREROUTING 鏈:可以在資料封包到達時改變目標位址。
- OUTPUT 鏈:可以改變本機產生的資料封包的目標位址。
- POSTROUTING 鏈:在資料封包離開時改變資料封包的來源位址。

mangle 表主要修改資料封包,包含全部的 PREROUTING、INPUT、FORWARD、OUTPUT,和 POSTROUTING 5 個鏈。

將 iptables 的表和鏈加到圖 6-23 中,就形成了圖 6-24。

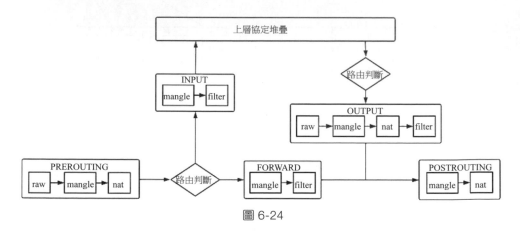

圖 6-24

過程如下所示。

- 資料封包進入時,先進入 mangle 表的 PREROUTING 鏈。在這裡可以根據需要,改變封包表頭內容之後,進入 nat 表的 PREROUTING 鏈。在這裡可以根據需要做 DNAT,也就是目標位址轉換。

- 進入路由判斷，判斷資料封包是進入本機的還是轉發的。
- 如果是進入本機的，就進入 INPUT 鏈，之後按條件過濾限制進入。
- 之後進入本機，再進入 OUTPUT 鏈，按條件過濾限制出去，離開本機。
- 如果是轉發的就進入 FORWARD 鏈，根據條件過濾限制轉發。
- 之後進入 POSTROUTING 鏈，這裡可以做 SNAT，離開網路介面。

如何基於 iptables 實現安全性原則

有了 iptables 指令，就可以在雲端實現一定的安全性原則。舉例來說，我們可以防止駭客「偷窺」。首先我們將所有的門都關閉，程式如下所示。

```
iptables -t filter -A INPUT -s 0.0.0.0/0.0.0.0 -d X.X.X.X -j DROP
```

-s 表示來源 IP 位址段，-d 表示目標位址段，DROP 表示捨棄，也即無論從哪裡來的，要想存取這台機器，全部拒絕，誰也進不來。

但是你會發現 ssh 也進不來了，都不能遠端運行維護了，所以可以開啟一下，程式如下所示。

```
iptables -I INPUT -s 0.0.0.0/0.0.0.0 -d X.X.X.X -p tcp --dport 22 -j ACCEPT
```

如果這台機器提供的是 Web 服務，80 通訊埠也應該開啟，當然一旦開啟，這個 80 通訊埠就需要進行很好的防護，程式如下所示。

```
iptables -A INPUT -s 0.0.0.0/0.0.0.0 -d X.X.X.X -p tcp --dport 80 -j ACCEPT
```

這樣就完成了，其他的窗戶都封死，只留一個防盜門可以進出，只要防盜門是五星級的，網路就比較安全了。

這些規則都可以在虛擬機器裡自己安裝 iptables 並自己設定。但是如果虛擬機器數目非常多，都要設定，對於使用者來講就太麻煩了，能不能讓雲端平台完成這部分工作呢？

當然可以了。在雲端平台上，一般允許一個或多個虛擬機器屬於某個安全組。屬於不同安全組的虛擬機器，如果需要進行相互存取或外網存取虛擬機器，都需要透過安全組進行過濾。

如圖 6-25 所示，我們會建立一系列的網站，前端在 Tomcat 裡對外開放 8080 通訊埠，資料庫使用 MySQL，開放 3306 通訊埠。

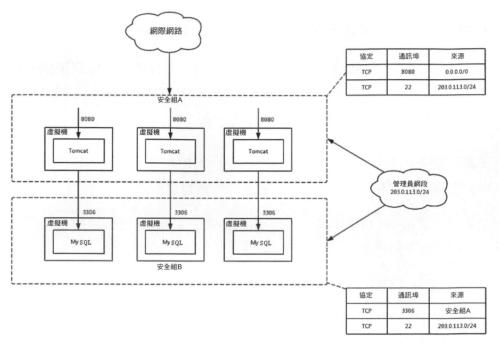

圖 6-25

為了方便運行維護，我們建立兩個安全組，將 Tomcat 所在的虛擬機器放在安全組 A 中。在安全組 A 中，允許任意 IP 位址 0.0.0.0/0 存取 8080 通訊埠，但是對於 ssh 的 22 通訊埠，僅允許管理員網段 203.0.113.0/24 存取。

我們將 MySQL 所在的虛擬機器放在安全組 B 中。在安全組 B 中，僅允許來自安全組 A 的機器存取 3306 通訊埠，但是對於 ssh 的 22 通訊埠，同樣僅允許管理員網段 203.0.113.0/24 存取。

這些安全組規則可以自動下發到每個在安全組裡面的虛擬機器上，進一步控制一大批虛擬機器的安全性原則。這種批次下發是怎麼做到的呢？

如圖 6-26 所示，兩個虛擬機器都透過 tap 網路卡連接到一個橋接器 br0 上，但是橋接器是二層的，兩個虛擬機器之間是可以隨意互通的，因而需要有一個地方統一設定這些 iptables 規則。

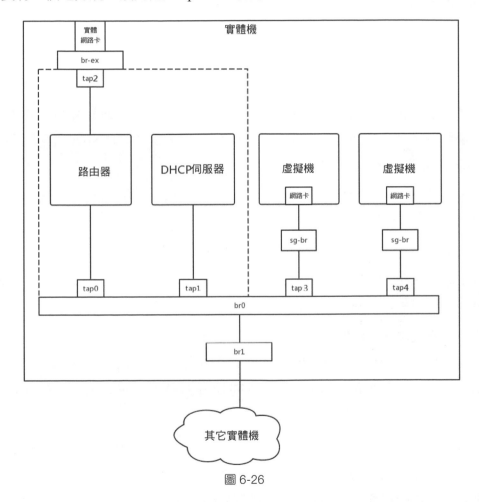

圖 6-26

可以多加一個橋接器 sg-br，在這個橋接器上設定 iptables 規則，將使用者在介面上設定的規則放到這個橋接器上。然後在每台機器上執行一個 Agent，將使用者設定的安全組變成 iptables 規則設定在這個橋接器上。

安全問題解決了，iptables 真強大！別急，iptables 除了 filter 表，還有 nat 表，這個功能也非常重要。

如何基於 iptables 實現 NAT 功能

前面的章節我們說過，在設計雲端平台時，我們想讓虛擬機器之間的網路和實體網路進行隔離，但是虛擬機器畢竟還是要透過實體網路和外界通訊的，因而需要在離開實體網路時，做一次網路位址編譯，即 NAT，這個就可以用 iptables 來做。

我們之前講過，IP 表頭裡面包含來源 IP 位址和目標 IP 位址，這兩種 IP 位址都可以轉換成其他位址。轉換來源 IP 位址的，我們稱為 SNAT；轉換目標 IP 位址的，我們稱為 DNAT。

你有沒有思考過這個問題，TCP 的造訪都是一去一回的，而你在你家裡連接 Wi-Fi 的 IP 位址是一個私網 IP 位址，192.168.1.x。當你透過你們家的路由器存取 163 網站之後，網站的傳回結果如何能夠到達你的筆記型電腦呢？一定不能透過 192.168.1.x，這是個私網 IP 位址，不具有公網上的定位能力，而且用這個網段的人很多，茫茫人海，怎麼能夠找到你呢？

所以當在你家裡造訪 163 網站時，路由器的出口會做一次 SNAT，電信業者的出口也可能再做一次 SNAT——將你的私網 IP 位址轉為公網 IP 位址，然後 163 網站就可以透過這個公網 IP 位址傳回結果，然後再 NAT 回來，直到傳回你的筆記型電腦。

雲端平台裡面的虛擬機器也是這樣子的，如圖 6-27 所示，它只有私網 IP 位址，到達外網網路介面要做一次 SNAT，轉換成為機房（資料中心）網 IP 位址，然後離開資料中心時，再轉為公網 IP 位址。

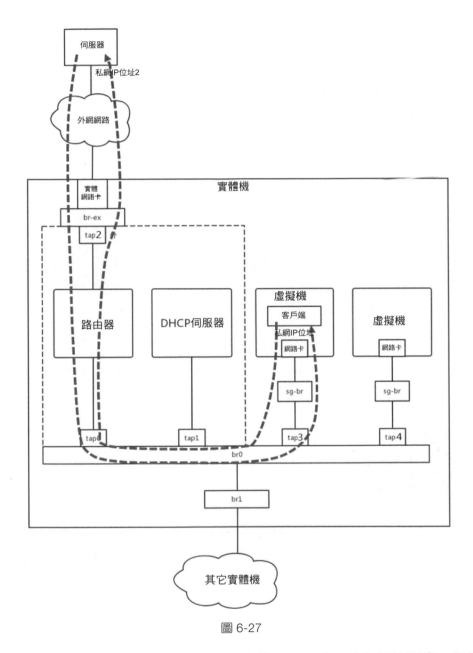

圖 6-27

這裡有一個問題是，在外網網路介面上做 SNAT 時，是全部轉換成一個機
房網 IP 位址呢，還是每個虛擬機器都對應一個機房網 IP 位址，最後對應
一個公網 IP 位址呢？前面也說過了，公網 IP 位址非常貴，虛擬機器也很

多，當然不能每個虛擬機器都有單獨的機房網和公網 IP 位址，於是這種 SNAT 是一種特殊的 SNAT——MASQUERADE（位址偽裝）。

這種方式下，所有的虛擬機器共用一個機房網和公網的 IP 位址，從外網網路介面出去時都轉換成為這個 IP 位址。那又一個問題來了，都變成一個公網 IP 位址了，當 163 網站傳回結果時，給誰呢？NAT 成為哪個私網的 IP 位址呢？

這時就要用到 Netfilter 的連接追蹤（conntrack）功能了。這是個比較複雜的功能。如果編譯核心時開啟了連接追蹤選項，那麼 Linux 系統就會為它收到的每個網路封包記錄這個封包所屬的連接的狀態。

根據上文提到的 Netfilter 的 5 個節點，我們知道，網路封包有以下 3 種路徑。

- 發給我的，從 PREROUTING 到 INPUT，我就接收了。
- 我發給別人的，從 OUTPUT 到 POSTROUTING，即發出去的。
- 從我這裡經過的，從 PREROUTING 到 FORWARD 到 POSTROUTING。

如果要追蹤一個網路封包，對於每一種路徑，都需要設定兩個記錄點，相當於打兩次卡，這樣核心才知道這個封包的狀態。

對於這 3 種路徑，打卡的記錄點設定如下。

- 發給我的，在 PREROUTING 呼叫 ipv4_conntrack_in，建立連接追蹤記錄。在 INPUT 呼叫 ipv4_confirm，將這個連接追蹤記錄掛在核心的連接追蹤表裡面。為什麼不一開始就掛在核心的連接追蹤表裡面呢？因為有 filter 表，一旦把網路封包過濾了，也就是捨棄了，那就根本沒必要記錄這個連接了。
- 我發給別人的，在 OUTPUT 呼叫 ipv4_conntrack_local，建立連接追蹤記錄，在 POSTROUTING 呼叫 ipv4_confirm，將這個連接追蹤記錄掛在核心的連接追蹤表裡面。

■ 從我這裡經過的，在 PREROUTING 呼叫 ipv4_conntrack_in，建立連接
追蹤記錄，在 POSTROUTING 呼叫 ipv4_confirm，將這個連接追蹤記
錄掛在核心的連接追蹤表裡面。

這裡我們重點來看「從我這裡經過的」這種場景，由於要 NAT，因而將
NAT 的過程融入連接追蹤的過程中來：

■ 如果是 PREROUTING，先呼叫 ipv4_conntrack_in，建立連接追蹤記錄。
■ 如果是 PREROUTING，有 NAT 規則，則呼叫 nf_nat_ipv4_in 進行位址
轉換。
■ 如果是 POSTROUTING，有 NAT 規則，則呼叫 nf_nat_ipv4_out 進行位
址轉換。
■ 如果是 POSTROUTING，呼叫 ipv4_confirm，將這個連接追蹤記錄掛在
核心的連接追蹤表裡面。

接下來，看一下這個過程中有關的資料結構，主要有兩個：連接追蹤記錄
和連接追蹤表。

在前文講網路封包處理時提到過，每個網路封包都是一個 struct sk_buff，
它有一個成員變數 _nfct 指向一個連接追蹤記錄 struct nf_conn。當然當一
個網路封包剛剛進來時，是不會指向這樣一個結構的，但是這個網路封
包一定屬於某個連接，因而會去連接追蹤表到裡面去尋找，之後設定值給
sk_buff 的這個成員變數。沒找到的話，説明它是一個新的連接，就會重新
建立一個。

連接追蹤記錄 struct nf_conn 是這個網路封包對應的一去一回的連接追蹤記
錄，這個記錄會放在一個統一的連接追蹤表裡面，這個結構 struct nf_conn
的定義如以下程式所示。

```
struct nf_conn {
  ......
```

```
struct nf_conntrack ct_general;
 ......
struct nf_conntrack_tuple_hash tuplehash[IP_CT_DIR_MAX];
......
unsigned long status;
 ......
}
```

連接追蹤記錄 struct nf_conn 裡面有以下兩個重要的東西。

- nf_conntrack 其實才是 _nfct 變數指向的位址，但是沒有關係，學過 C++ 的話應該明白，對於結構來講，nf_conn 和 nf_conntrack 的起始位址是一樣的。

- tuplehash 雖 然 是 陣 列，但 是 裡 面 只 有 兩 個 元 素，IP_CT_DIR_ORIGINAL 為索引 0，表示連接的發起方向，IP_CT_DIR_REPLY 為索引 1，表示連接的回覆方向。陣列中的每一項都是一個雙向鏈結串列的表頭，每一項後面都掛著一個雙向鏈結串列，鏈結串列中的每一項都是 struct nf_conntrack_tuple_hash 結構。

這裡我們重點看 tuplehash 陣列元素的結構 struct nf_conntrack_tuple_hash，它的定義如下：

```
struct nf_conntrack_tuple_hash {
struct hlist_nulls_node hnnode;
struct nf_conntrack_tuple tuple;
};
```

這個結構的第一項是鏈結串列的鏈，第二項 nf_conntrack_tuple 用來標識是否為同一個連接。

從上面可以看出，連接追蹤表是一個典型的鏈式雜湊表的實現。每當來了一個網路封包時，它都會將網路封包 sk_buff 中的資料分析出來，形成 nf_conntrack_tuple，並根據裡面的內容計算雜湊值。然後在雜湊表中基於這

個雜湊值尋找，如果找到，則說明這個連接出現過；如果沒找到，則產生一個新的結構插入雜湊表。

透過 nf_conntrack_tuple 裡面的內容，可以唯一地標識一個連接：

- src：裡面包含來源 IP 位址。如果是 TCP 或 UDP，則包含來源通訊埠；如果是 ICMP，則包含 ID。
- dst：包含目標 IP 位址。如果是 TCP 或 UDP，則包含目標通訊埠；如果是 ICMP，則包含 type 和 code。

有了這些資料結構，我們接下來看這一去一回的過程。

一個網路封包發送出去，到達 NAT 閘道時，首先經過 PREROUTING，先呼叫 ipv4_conntrack_in。這個時候進來的封包 sk_buff 為：{ 來源 IP 位址 : 用戶端 IP 位址 , 來源通訊埠 : 用戶端通訊埠 , 目標 IP 位址 : 服務端 IP 位址 , 目標通訊埠 : 服務端通訊埠 }。將這個網路封包轉為 nf_conntrack_tuple，然後經過雜湊運算，在連接追蹤表裡面尋找，如果發現沒有，說明這是一個新的連接。

於是，建立一個新的連接追蹤記錄 nf_conn，這裡面有兩個 nf_conntrack_tuple_hash：

- 一去：{ 來源 IP 位址 : 用戶端 IP 位址 , 來源通訊埠 : 用戶端通訊埠 , 目標 IP 位址 : 服務端 IP 位址 , 目標通訊埠 : 服務端通訊埠 }。
- 一回：{ 來源 IP 位址 : 服務端 IP 位址 , 來源通訊埠 : 服務端通訊埠 , 目標 IP 位址 : 用戶端 IP 位址 , 目標通訊埠 : 用戶端通訊埠 }。

接下來經過 FORWARD 過程，假設網路封包沒有被 filter 掉，那麼就要轉發出去，進入 POSTROUTING 的過程。如果有 NAT 規則，則呼叫 nf_nat_ipv4_out 進行位址轉換。這個時候，來源位址要變成 NAT 閘道的 IP 位址，對於 MASQUERADE 來講，會自動選擇一個公網 IP 位址和一個隨機通訊埠。

為了讓網路封包回來的時候能找到連接追蹤記錄，需要將兩個 nf_conntrack_tuple_hash 中傳回的那一項修改為：{ 來源 IP 位址 : 服務端 IP 位址 , 來源通訊埠 : 服務端通訊埠 , 目標 IP 位址 :NAT 閘道 IP 位址 , 目標通訊埠 : 隨機通訊埠 }。

接下來網路封包真正要發出去的時候，除了要修改網路封包裡面的來源 IP 位址和來源通訊埠，還需要將剛才一去一回的兩個 nf_conntrack_tuple_hash 放入連接追蹤表的這個雜湊表中。

當網路封包到達服務端 163 網站之後，回覆一個網路封包時，這個封包的 sk_buff 為：{ 來源 IP 位址 : 服務端 IP 位址 , 來源通訊埠 : 服務端通訊埠 , 目標 IP 位址 :NAT 閘道 IP 位址 , 目標通訊埠 : 隨機通訊埠 }。

將這個封包轉為 nf_conntrack_tuple 後，進行雜湊運算，在連接追蹤表裡面尋找，是能找到對應記錄的，找到 nf_conntrack_tuple_hash 之後，Linux 系統會提供一個函數，程式如下所示。

```
static inline struct nf_conn *
nf_ct_tuplehash_to_ctrack(const struct nf_conntrack_tuple_hash *hash)
{
return container_of(hash, struct nf_conn,
  tuplehash[hash->tuple.dst.dir]);
}
```

可以透過 nf_conntrack_tuple_hash 找到外面的連接追蹤記錄 nf_conn，透過這個可以找到來的方向的那個 nf_conntrack_tuple_hash，{ 來源 IP 位址 : 用戶端 IP 位址 , 來源通訊埠 : 用戶端通訊埠 , 目標 IP 位址 : 服務端 IP 位址 , 目標通訊埠 : 服務端通訊埠 }，這樣就能夠找到用戶端的 IP 位址和通訊埠，進一步可以 NAT 回去，將回覆發給正確的虛擬機器。

這是虛擬機器純做用戶端的情況，如果如圖 6-28 所示，虛擬機器是伺服器呢？也就是說，如果虛擬機器裡面部署的就是 163 網站呢？

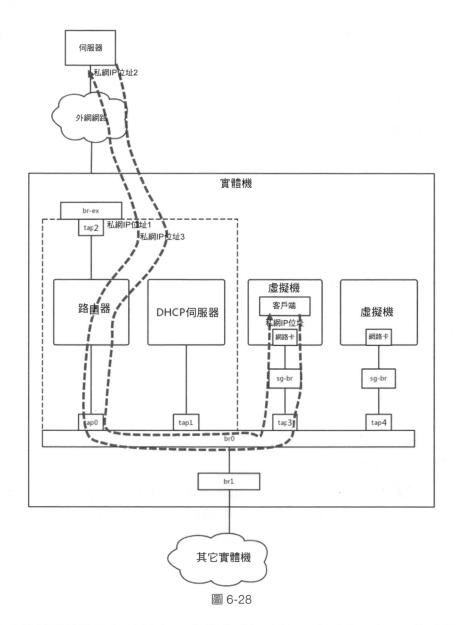

圖 6-28

這時就需要給這個網站設定固定的實體網路的 IP 位址和公網 IP 位址了，並且需要顯性地設定 SNAT 規則和 DNAT 規則。

當外部造訪進來時，外網網路介面會透過 DNAT 規則將公網 IP 位址轉為私網 IP 位址，然後到達虛擬機器，虛擬機器裡面是 163 網站，接著傳回結

果。外網網路介面會透過 SNAT 規則將私網 IP 位址轉為那個分配給它的固定的公網 IP 位址。

類似的規則如下。

- SNAT（來源位址轉換）的規則一般透過以下指令進行設定：

```
iptables -t nat -A -s 私網 IP 位址 -j Snat --to-source 外網 IP 位址
```

- DNAT（目標位址轉換）的規則一般透過以下指令進行設定：

```
iptables -t nat -A -PREROUTING -d 外網 IP 位址 -j Dnat --to-destination 私網 IP 位址
```

到此為止 iptables 解決了非法偷窺隱私的問題。

小結

本節歸納如下：

- 雲端的安全性原則的常用方式是使用 iptables 的規則，請記住它的 5 個 鏈：PREROUTING、INPUT、FORWARD、OUTPUT、POSTROUTING。
- iptables 的表分為 4 種：raw、mangle、nat、filter。其中安全性原則主要在 filter 表中實現，而虛擬網路和實體網路位址的轉換主要在 nat 表中實現。

思考題

1. 這一節中重點講了 iptables 表的 filter 表和 nat 表，iptables 還可以透過 QUEUE 實現負載平衡，你知道怎麼做嗎？

2. 這一節僅說明了雲端偷窺的問題，如果是一個合法的使用者，但是不自覺先佔網路通道，應該採取什麼策略呢？

6.4 雲端網路之 **QoS**：室友瘋狂下電影，我該怎麼辦

在社區裡面，經常有住戶霸佔公共通道，如果你找他理論，他就會說：「公用公用，你用我用，大家都用，我為什麼不能用？」

除此之外，你租房子的時候，有沒有碰到這樣的情況：本來合租共用 Wi-Fi，一個人狂下電影，導致你都不能上網，是不是很懊惱？

在雲端平台上，也有這種現象，好在有一種流量控制的技術，可以實現 QoS（Quality of Service，服務品質），進一步保障大多數使用者的服務品質。

控制一台機器的網路的 QoS 分兩個方向：一個是入方向（Ingress），一個是出方向（Egress），如圖 6-29 所示。

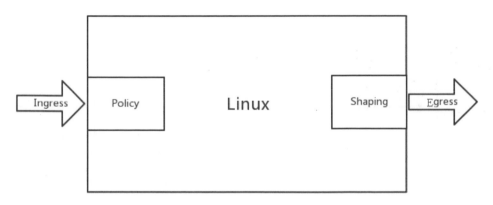

圖 6-29

其實能控制的只有出口流量，透過 Shaping，可以將出口的流量控制成自己想要的大小。而入口流量是無法控制的，只能透過 Policy 將封包捨棄。

控制網路的 QoS 有哪些方式

Linux 系統下可以透過工具 TC（Traffic Control）控制網路的 QoS，主要透過佇列來實現。

無類別排隊規則

第一大類稱為無類別排隊規則（Classless Queuing Discipline），如圖 6-30 所示。還記得我們講 ip addr 時講過的 pfifo_fast 嗎？這是一種不把網路封包分類的技術。

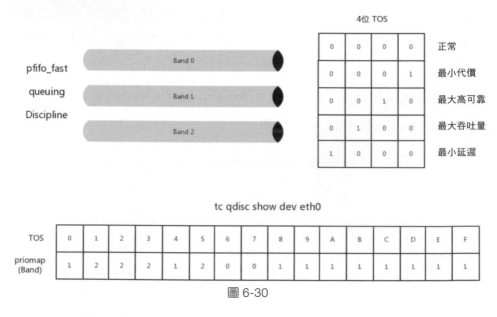

圖 6-30

pfifo_fast 分為 3 個先入先出的佇列，稱為 3 個 Band。根據網路封包裡面的 TOS，看這個封包到底應該進入哪個佇列。TOS 總共 4 位元，每一位元表示的意思不同，總共 16 種類型。

透過命令列 tc qdisc show dev eth0，可以輸出結果 priomap，也是 16 個數字。在 0 到 2 之間，和 TOS 的 16 種類型對應起來，不同的 TOS 對應不同的佇列。其中 Band 0 優先順序最高，發送完畢後才輪到 Band 1 發送，最後才是 Band 2。

另外一種無類別排隊規則叫作隨機公平佇列（Stochastic Fairness Queuing），如圖 6-31 所示。

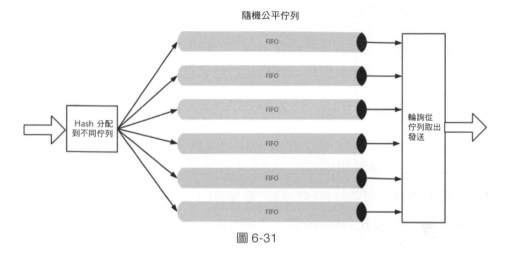

圖 6-31

隨機公平佇列會建立很多的 FIFO 佇列，TCP 階段會計算雜湊值，然後分配到某個佇列。在佇列的另一端，網路封包會透過輪詢策略從各個佇列中取出發送。這樣不會由一個階段佔據所有的流量。

當然如果兩個階段的雜湊值一樣，就會共用一個佇列，也有可能互相影響。hash 函數會經常改變，這樣階段就不會總是相互影響。

還有一種無類別排隊規則稱為權杖桶（Token Bucket Filter）規則，如圖 6-32 所示。

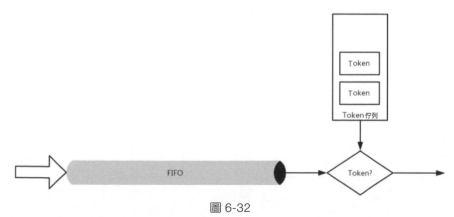

圖 6-32

所有的網路封包排成佇列進行發送，但不是到了列首就能發送，而是需要拿到權杖才可以。同時權杖根據設定的速度產生，所以即使佇列很長，也是按照一定的速度發送的。

當沒有封包在佇列中時，權杖還會以既定的速度產生，但不會無限累積，而會放滿桶為止。如果長時間沒有網路封包發送，就會累積大量的權杖，如果突然來了大量的網路封包，那麼每個封包都能獲得權杖，就會造成瞬間流量大增。而設定桶的大小可以避免這種情況。

以類別為基礎的排隊規則

另外一個大類是以類別為基礎的排隊規則（Classful Queuing Discipline），其中最典型的為 HTB（Hierarchical Token Bucket，分層權杖桶）規則。

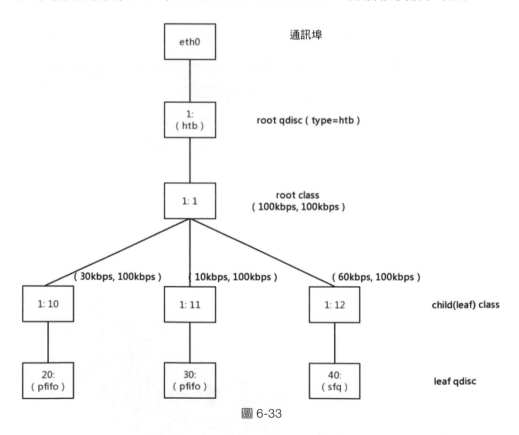

圖 6-33

HTB 常常是一棵樹，如圖 6-33 所示。接下來舉一個實際的實例：透過 TC 如何建置一棵 HT 二元樹。

使用 TC 可以為某個網路卡 eth0 建立一個 HTB 的排隊規則，需要付給它一個控制碼（1:）。

這是整棵樹的根節點，接下來會有分支。舉例來說，圖 6-33 中有三個分支，控制分碼別為（:10）、（:11）、（:12）。最後的參數 default 12 表示預設發送給 1:12，即發送給第三個分支。

透過下面的指令，可以建立 HT 二元樹的根節點。

```
tc qdisc add dev eth0 root handle 1: htb default 12
```

對於這個網路卡，需要規定發送的速度。一般有兩個速度可以設定，一個是 rate，表示一般情況下的速度；一個是 ceil，表示最高的速度。對於根節點來講，這兩個速度是一樣的，於是建立一個 root class，速度為（rate=100kbps，ceil=100kbps）。

透過下面的指令，建立 HTB 根節點下面的 root class，並限制速度為 100kbps。

```
tc class add dev eth0 parent 1: classid 1:1 htb rate 100kbps ceil 100kbps
```

接下來要建立分支，即建立幾個 child class。每個 child class 都有兩個速度。3 個分支分別為（rate=30kbps，ceil=100kbps）、（rate=10kbps，ceil=100kbps）和（rate=60kbps，ceil=100kbps）。

透過下面的指令，在 root class 下面建立了 3 個 child class，並給每個 child class 限制了速度。

```
tc class add dev eth0 parent 1:1 classid 1:10 htb rate 30kbps ceil 100kbps
tc class add dev eth0 parent 1:1 classid 1:11 htb rate 10kbps ceil 100kbps
tc class add dev eth0 parent 1:1 classid 1:12 htb rate 60kbps ceil 100kbps
```

你會發現 3 個 child class 的 rate 加起來，是整個網路卡允許的最大速度。

HTB 有個很好的特性，同一個 root class 下的 child class 可以相互借流量，如果不在排隊規則下面建立 root class，而是直接建立 3 個 class，它們之間是不能相互借流量的。借流量的策略使得目前不使用這個分支的流量時，可以借給另一個分支，進一步不浪費頻寬，使頻寬發揮最大的作用。

最後，建立葉子排隊規則，分別為 fifo 和 sfq，程式如下所示。

```
tc qdisc add dev eth0 parent 1:10 handle 20: pfifo limit 5
tc qdisc add dev eth0 parent 1:11 handle 30: pfifo limit 5
tc qdisc add dev eth0 parent 1:12 handle 40: sfq perturb 10
```

基於這個排隊規則，我們還可以透過 TC 設定發送規則：從 1.2.3.4 來的、發送給 port 80 的網路封包從第一個分支 1:10 走；其他從 1.2.3.4 發送來的網路封包從第二個分支 1:11 走；剩餘的網路封包走預設分支。程式如下所示。

```
tc filter add dev eth0 protocol ip parent 1:0 prio 1 u32 match ip src 1.2.3.4
match ip dport 800xffff flowid 1:10
tc filter add dev eth0 protocol ip parent 1:0 prio 1 u32 match ip src 1.2.3.4
flowid 1:11
```

如何控制 QoS

使用 Open vSwitch 可以將雲端的網路卡連通在一起，那如何控制 QoS 呢？

就像我們上面說的一樣，Open vSwitch 可以針對兩種流量分別制定不同的控制策略：

■ 對於進入的流量，可以設定策略 Ingress policy，程式如下所示。

```
ovs-vsctl set Interface tap0 ingress_policing_rate=100000
ovs-vsctl set Interface tap0 ingress_policing_burst=10000
```

■ 對於發出的流量，可以設定 QoS 規則 Egress shaping，支援 HTB。

我們建置一個拓撲結構圖，如圖 6-34 所示，三台虛擬機器連到同一個虛擬
交換機 br0 上，並透過一條通道向連接到另一個虛擬交換機 br1 上的虛擬
機器同時發送網路封包，以此來競爭唯一的通道，下面我們來看看 Open
vSwitch 的 QoS 的運行原理。

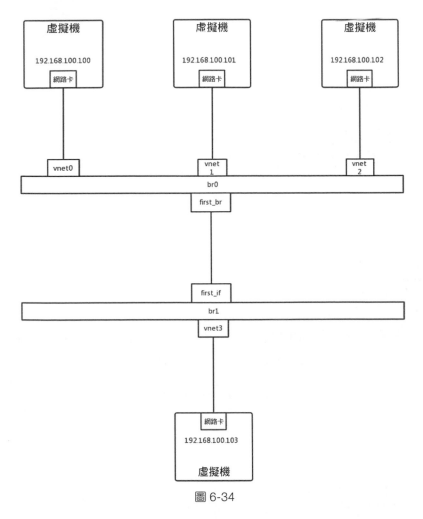

圖 6-34

首先，在虛擬交換機的 port 上建立 QoS 規則，一個 QoS 規則可以有多個
佇列（Queue），如圖 6-35 所示。

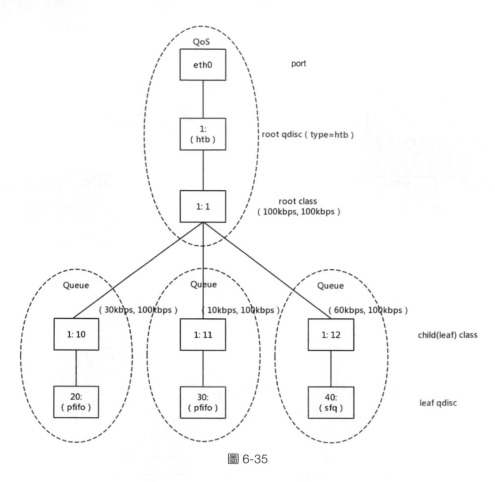

圖 6-35

透過下面的指令，在 br0 的 port first_br 上面建立 QoS 規則，這個規則也是一棵 HT 二元樹，按照圖 6-35 設定，程式如下所示。

```
ovs-vsctl set port first_br qos=@newqos --
--id=@newqos create qos type=linux-htb other-config:max-rate=100000000
queues=0=@q0,1=@q1,2=@q2 --
--id=@q0 create queue other-config:min-rate=30000000 other-config:max-
rate=100000000 --
--id=@q1 create queue other-config:min-rate=10000000 other-config:max-
rate=100000000 --
--id=@q2 create queue other-config:min-rate=60000000 other-config:max-
rate=100000000
```

以上指令建立了一個 QoS 規則，對應 3 個佇列。min-rate 就是之前的 rate，max-rate 就是 ceil。透過交換機的網路封包，要透過路由表規則，比對後進入不同的佇列。增加路由表規則 Flow（first_br 是 br0 上的 port 5）。指令如下所示。

```
ovs-ofctl add-flow br0 "in_port=6 nw_src=192.168.100.100 actions=enqueue:5:0"
ovs-ofctl add-flow br0 "in_port=7 nw_src=192.168.100.101 actions=enqueue:5:1"
ovs-ofctl add-flow br0 "in_port=8 nw_src=192.168.100.102 actions=cnqueue:5:2"
```

接下來，我們分別單獨測試從 192.168.100.100、192.168.100.101、192.168.100.102 到 192.168.100.103 的頻寬，每次測試工具都能將中間通道的頻寬全部佔滿。

如果三台機器的測試工具一起瘋狂發網路封包，你會發現三台機器對於中間通道頻寬的佔用是按照 3:1:6 的比例，這個比例正是根據設定佇列的頻寬比例分配的。

如果 192.168.100.100 和 192.168.100.101 這兩台機器一起測試，就會發現二者頻寬佔用比例為 3:1，但是總和是佔滿了整體流量的，即沒有發送封包的 192.168.100.102 的 60% 的頻寬被借用了，這時 192.168.100.102 這台機器開始發送封包，於是頻寬的佔用比例又變成了 3:1:6，將借出去的 60% 的頻寬要了回來。

同理，如果 192.168.100.100 和 192.168.100.102 這兩台機器一起測試，頻寬佔用比例為 1:2。如果 192.168.100.101 和 192.168.100.102 這兩台機器一起測試，那麼頻寬佔用比例為 1:6。

小結

本節歸納如下：

- 雲端的流量控制主要是透過佇列進行的，排隊規則分為兩大類：無類別排隊規則和以類別為基礎的排隊規則。

■ 在雲端網路 Open vSwitch 中，主要使用 HTB 將整體頻寬在一棵樹上按照設定的比例進行分配，並且在一個分支不使用流量時，借給另外的分支，進一步增強頻寬使用率。

思考題

1. 這一節中提到，出口流量可以極佳地控制，但入口流量其實沒有辦法直接控制，你能想出一個控制雲端虛擬機器的入口流量的方法嗎？
2. 安全性和流量控制問題大致解決了，但是不同使用者在實體網路的隔離問題還是沒有解決，你知道怎麼解決嗎？

6.5 雲端網路之隔離 GRE、VXLAN：雖然住一個社區，也要保護隱私

對於雲端平台中的隔離問題，前面用的策略一直都是 VLAN，但是我們也說過這種策略的問題：VLAN 只有 12 位元，4096 個。雖然當時設計時看起來夠用，但是現在已經不夠用了，那麼該怎麼辦呢？

一種方式是修改這個協定。這種方法通常不可行，因為當這個協定形成一定標準後，千千萬萬裝置上跑的程式都要按照這個協定來執行。現在說改就改，誰去逐一通知這些程式呢？很顯然，這是一項不可能的工程。

另一種方式就是擴充，在傳統封包格式的基礎上擴充出一個頭，裡面包含足夠多的、用於區分租戶的 ID，外層封包的格式儘量和傳統封包的一樣，依然相容原來的格式，一旦遇到需要區分使用者的地方，就用這個特殊的程式來處理這個特殊的封包的格式。

這個概念很像 5.5 節講過的隧道技術理論，還記得自駕遊如何透過輪渡到達海南島的那個故事嗎？在第 5.5 節中提到過，擴充的封包表頭主要用於加密，而我們現在需要封包表頭來區分使用者。

底層的實體網路裝置組成的網路稱為 Underlay 網路，而用於虛擬機器和雲端的這些技術組成的網路稱為 Overlay 網路，這是一種以實體網路為基礎的虛擬化網路實現。這一節我們重點講兩個 Overlay 的網路技術。

GRE

第一個技術是 GRE，全稱 Generic Routing Encapsulation（通用路由封裝），它是一種 IP-over-IP 的隧道技術。它將 IP 封包封裝在 GRE 封包裡，外面加上 IP 表頭，在隧道的一端封裝資料封包，並在這個通道上進行傳輸，到達另外一端時解封裝。你可以認為隧道是一個虛擬的、點對點的連接。

從圖 6-36 中可以看到，在 GRE 標頭中，前 32 位元一定會有，後面的都是可選的。在前 4 位元標識位元中，標識了後面到底有沒有可選項。這裡面有個很重要的 key 欄位，是一個 32 位元的欄位，裡面儲存的常常就是用於區分使用者的隧道 ID。

32 位元夠任何雲端平台用了！下面的格式類型專門用於網路虛擬化的 GRE 封包表頭格式，稱為 NVGRE（Network Virtualization using Generic Routing Encapsulation，使用通用路由封裝的網路虛擬化），給網路 ID 號 24 位元，也完全夠用了。

除此之外，GRE 還需要有一個地方來封裝和解封裝 GRE 的封包，這個地方常常是路由器或有路由功能的 Linux 機器。

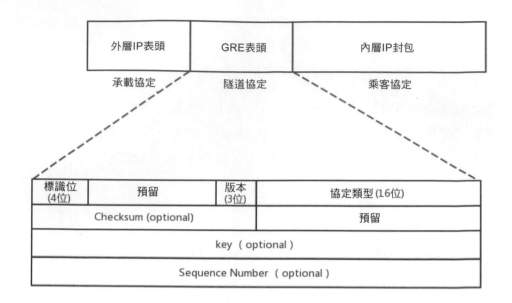

外層IP表頭	GRE表頭	內層IP封包
承載協定	隧道協定	乘客協定

標識位 (4位)	預留	版本 (3位)	協定類型 (16位)	
Checksum (optional)			預留	
key（optional）				
Sequence Number（optional）				

標識位 (4位)	預留	版本 (3位)	協定類型 (16位)	
Virtual Subnet ID（24位）			Flow ID (8位)	

圖 6-36

使用 GRE 隧道，傳輸的過程如圖 6-37 所示。這裡面有兩個網段、兩個路由器，中間要透過 GRE 隧道。當隧道建立之後，會多出兩個隧道通訊埠用於封包解壓縮。

■ 伺服器 A 在左邊的網路，IP 位址為 192.168.1.102，想要存取伺服器 B。伺服器 B 在右邊的網路，IP 位址為 192.168.2.115。於是伺服器 A 發送一個伺服器封包，來源 IP 位址為 192.168.1.102，目標 IP 位址為 192.168.2.115。因為要跨網段存取，於是根據預設的 default 路由表規則，發給預設的閘道 192.168.1.1，即左邊的路由器。

■ 根據路由表，從左邊的路由器，去 192.168.2.0/24 這個網段應該走一條 GRE 的隧道，從隧道一端的網路卡 Tunnel 0 進入隧道。

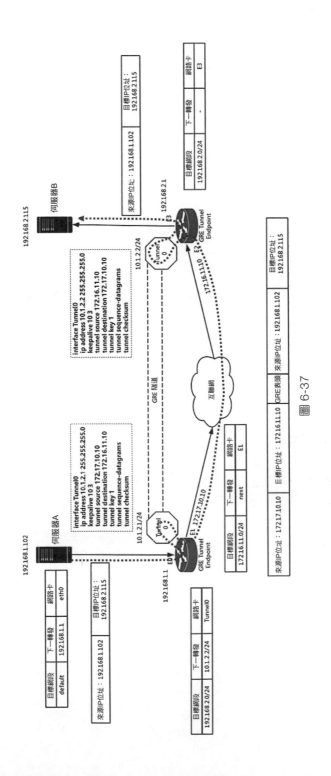

圖 6-37

在隧道的端點進行封包的封裝，在內部的 IP 表頭之外加上 GRE 標頭。對於 NVGRE 來講，是在 MAC 標頭之外加上 GRE 標頭，然後加上外部的 IP 位址，即路由器的外網 IP 位址。來源 IP 位址為 172.17.10.10，目標 IP 位址為 172.16.11.10，然後從 E1 的實體網路卡發送到公共網路裡。

■ 在公共網路裡面，沿著路由器一次轉發一跳地走，全部都按照外部的公網 IP 位址進行。

■ 當網路封包到達對端路由器時，也要到達對端的 Tunnel 0，然後開始解封裝，將外層的 IP 表頭取下來，根據裡面的網路封包及路由表，從 E3 轉發出去到達伺服器 B。

從 GRE 的原理可以看出，GRE 透過隧道的方式，極佳地解決了 VLAN ID 不足的問題。但是 GRE 技術本身還會有一些不足之處。

首先是隧道的數量問題。GRE 是一種點對點隧道，如果有三個網路，就需要在每兩個網路之間建立一個隧道，如圖 6-38 所示。如果網路數目增多，隧道的數目就會呈指數級增長。

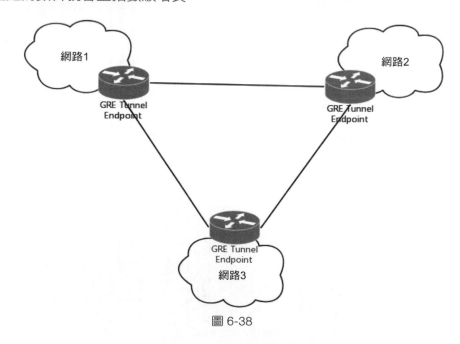

圖 6-38

其次，GRE 不支援多點傳輸，因此一個網路中的虛擬機器發出一個廣播訊框後，GRE 會將其廣播到所有與該節點有隧道連接的節點。

還有另外一個問題，目前還有很多防火牆和三層網路裝置無法解析 GRE，因此它們無法對 GRE 封裝封包做合適的過濾和負載平衡。

VXLAN

第二種 Overlay 的技術稱為 VXLAN。它和三層外面再套三層的 GRE 不同，VXLAN 是從二層外面套了一個 VXLAN 的表頭，這裡面包含的 VXLAN ID 為 24 位元，也夠用了。在 VXLAN 標頭外面還封裝了外層 UDP 標頭、IP 表頭，以及外層的 MAC 標頭，如圖 6-39 所示。

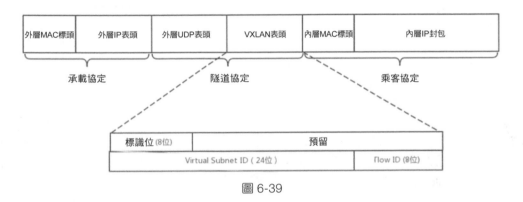

圖 6-39

VXLAN 作為擴充性協定，也需要一個地方對 VXLAN 的封包進行封裝和解封裝，實現這個功能的點稱為 VTEP（VXLAN Tunnel Endpoint，VXLAN 隧道終端）。

VTEP 相當於虛擬機器網路的管家。每台實體機上都可以有一個 VTEP。每個虛擬機器啟動時，都需要向這個 VTEP 管家註冊，每個 VTEP 都知道自己註冊了多少個虛擬機器。當虛擬機器要跨 VTEP 進行通訊時，需要由 VTEP 代理，進一步進行封包的封裝和解封裝。

和 GRE 點對點的隧道不同，VXLAN 不是點對點的，它支援透過多點傳輸來定位目的機器，而並非一定是這一端發出，另一端接收。

當一個 VTEP 啟動時，它們都需要透過 IGMP 加入一個多點傳輸組，就像加入一個郵寄清單，或加入一個微信群一樣。所有發到這個郵寄清單裡面的郵件，或發送到微信群裡面的訊息，大家都能收到。每當一個實體機上的虛擬機器啟動之後，VTEP 就知道，又有一個新的虛擬機器上線了，它歸我管。

如圖 6-40 所示，虛擬機器 1、2、3 屬於雲端同一個使用者的虛擬機器，因而分配相同的 VXLAN ID=101，雲端的介面知道它們的 IP 位址，於是在虛擬機器 1 上 ping 虛擬機器 2。

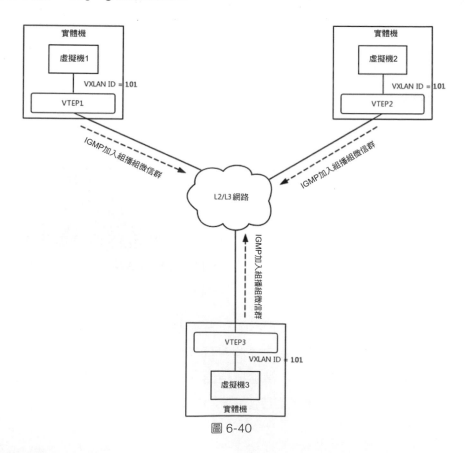

圖 6-40

虛擬機器 1 發現，它不知道虛擬機器 2 的 MAC 位址，因而網路封包沒辦
法發出去，於是要發送 ARP 廣播。過程如圖 6-41 所示。

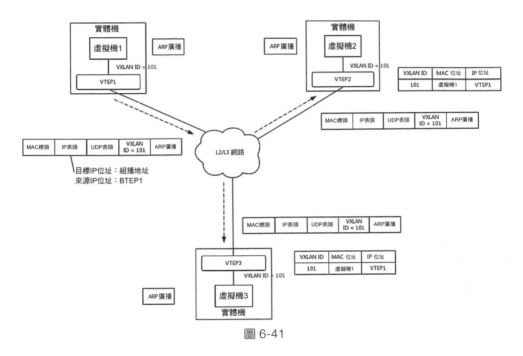

圖 6-41

ARP 請求到達 VTEP1 的時候，VTEP1 想，我這裡有一個虛擬機器，要存
取一個不歸我管的虛擬機器，需要知道 MAC 位址，可是我不知道啊，怎
麼辦呢？

VTEP1 又想，我不是加入了一個「微信群」嗎？可以在裡面 @all，問問
虛擬機器 2 歸誰管。於是 VTEP1 將 ARP 請求封裝在 VXLAN 裡面，多點
傳輸出去。

當然在「微信群」裡面，VTEP2 和 VTEP3 都收到了訊息，因而都會解開
VXLAN 封包，看到裡面是一個 ARP。

VTEP3 在本機廣播了半天，沒人回，都説虛擬機器 2 不歸自己管。

VTEP2 在本機廣播，虛擬機器 2 回了，說虛擬機器 2 歸我管，MAC 位址是這個。透過這次通訊，VTEP2 也知道了，虛擬機器 1 歸 VTEP1 管，以後要找虛擬機器 1，去找 VTEP1 就可以了。

VTEP2 將 ARP 的回覆封裝在 VXLAN 裡面，這次不用多點傳輸了，直接發回給 VTEP1，如圖 6-42 所示。

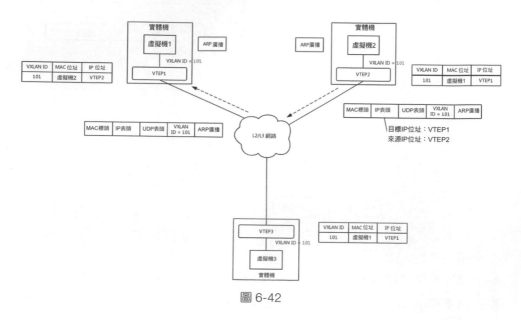

圖 6-42

VTEP1 解開 VXLAN 的封包，發現是 ARP 的回覆，於是發給虛擬機器 1。透過這次通訊，VTEP1 也知道了虛擬機器 2 歸 VTEP2 管，以後找虛擬機器 2，去找 VTEP2 就可以了。

虛擬機器 1 的 ARP 獲得了回覆，知道了虛擬機器 2 的 MAC 位址，於是可以發送網路封包了，如圖 6-43 所示。

虛擬機器 1 發給虛擬機器 2 的網路封包到達 VTEP1，VTEP1 當然記得剛才學到的東西，要找虛擬機器 2，就去 VTEP2，於是將封包封裝在 VXLAN 裡面，外層加上 VTEP1 和 VTEP2 的 IP 位址，發送出去。

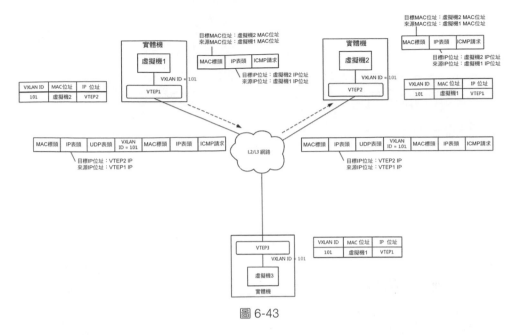

圖 6-43

網路封包到達 VTEP2 之後，VTEP2 解開 VXLAN 封裝，將封包轉發給虛擬機器 2。

虛擬機器 2 回覆的網路封包到達 VTEP2 時，VTEP2 當然也記得剛才學的東西，要找虛擬機器 1，就去 VTEP1，於是將封包封裝在 VXLAN 裡面，外層加上 VTEP1 和 VTEP2 的 IP 位址，發送出去。

網路封包到達 VTEP1 後，VTEP1 解開 VXLAN 封裝，將封包轉發給虛擬機器 1，如圖 6-44 所示。

有了 GRE 和 VXLAN 技術，我們就可以解決雲端運算中 VLAN 的限制了。那如何將這個技術融入雲端平台呢？

還記得將宿舍裡面的所有東西搬到一台實體機上的那個故事嗎？如圖 6-45 所示。

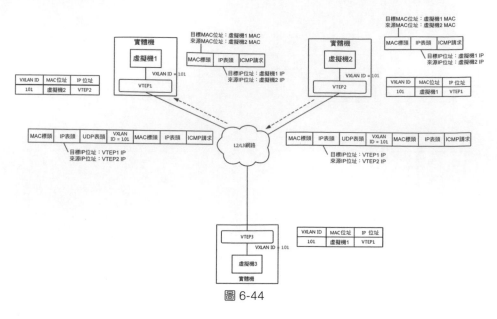

圖 6-44

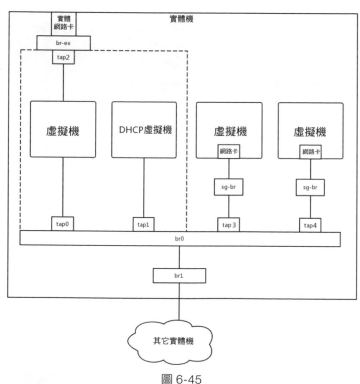

圖 6-45

虛擬機器是你的電腦，路由器和 DHCP 伺服器相當於家用路由器或室長的電腦，外網網路介面存取網際網路，所有的電腦都透過內網網路介面連接到一個交換機 br0 上，虛擬機器要想存取網際網路，需要透過 br0 連到路由器上，然後透過路由器將請求 NAT 後轉發到公網。

接下來的事情就慘了，你們宿舍鬧翻了，要分成三個宿舍住，對應圖 6-45，就有了圖 6-46。舍監即路由器單獨在一台實體機上，其他的室友即虛擬機器分別在兩台實體機上。這樣就把一個完整的 br0 分為三段，每個宿舍都是單獨的一段。

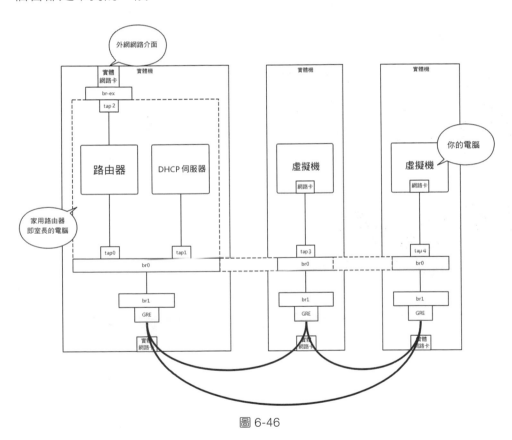

圖 6-46

可是只有舍監有外網網路介面可以上網，於是你偷偷在三個宿舍中間打了一個隧道，用網路線透過隧道將其他兩個宿舍的 br0 連接起來，讓其他室

友的電腦和舍監的電腦看起來還是連在同一個 br0 上，其實中間是透過隧道中的網路線做了轉發。

為什麼要多一個 br1 虛擬交換機呢？主要透過 br1 將虛擬機器之間的互連和實體機之間的互連分成兩層來設計，中間隧道有各種「挖法」，GRE、VXLAN 都可以。

使用了 Open vSwitch 之後，br0 可以使用 Open vSwitch 的隧道功能和 Flow 功能。

Open vSwitch 支援 3 大類隧道：GRE、VXLAN 和 IPsec_GRE。在使用 Open vSwitch 時，虛擬交換機就相當於 GRE 和 VXLAN 封裝的端點。

我們模擬建立一個如圖 6-47 所示的網路拓撲結構，來看隧道應該運行原理。

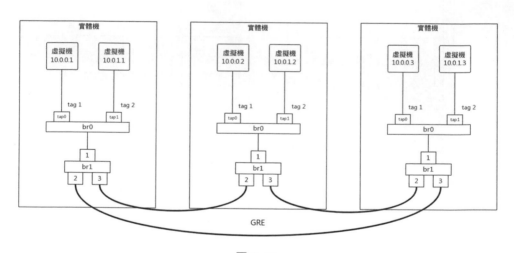

圖 6-47

這 3 台實體機，每台實體機上都有 2 台虛擬機器，分別屬於 2 個不同的使用者，因而 VLAN 的 tag 都得不一樣，這樣才不能相互通訊。但是不同實體機上的相同使用者是可以透過隧道相互通訊的，因而透過 GRE 隧道可以連接到一起。

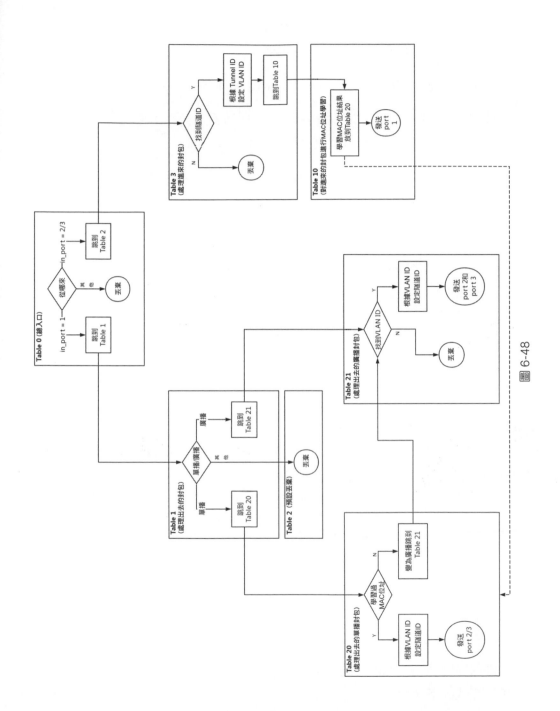

圖 6-48

接下來，將所有的路由表規則都設定在 br1 上，每個 br1 都有 3 個網路卡，其中網路卡 1 對內，網路卡 2 和網路卡 3 對外。

下面實際來看路由表的設計，流程如圖 6-48 所示。

1. Table 0 是所有流量的入口，所有進入 br1 的流量，分為兩種流量，一個是進入實體機的流量，一個是從實體機發出的流量。

   1）從 port 1 進來的，都是發出去的流量，全部由 Table 1 處理。

```
ovs-ofctl add-flow br1 "hard_timeout=0 idle_timeout=0 priority=1 in_port=1
actions=resubmit(,1)"
```

   2）從 port 2/3 進來的，都是進入實體機的流量，全部由 Table 3 處理。

```
ovs-ofctl add-flow br1 "hard_timeout=0 idle_timeout=0 priority=1 in_port=2
actions=resubmit(,3)"
ovs-ofctl add-flow br1 "hard_timeout=0 idle_timeout=0 priority=1 in_port=3
actions=resubmit(,3)"
```

   3）如果都沒比對上，就預設捨棄。

```
ovs-ofctl add-flow br1 "hard_timeout=0 idle_timeout=0 priority=0 actions=drop"
```

2. Table 1 用於處理所有出去的封包，分為兩種情況，一種是單一傳播封包，一種是廣播封包。

   1）對於單一傳播封包，由 Table 20 處理，程式如下所示。

```
ovs-ofctl add-flow br1 "hard_timeout=0 idle_timeout=0 priority=1 table=
1 dl_dst=00:00:00:00:00:00/01:00:00:00:00:00 actions=resubmit(,20)"
```

   2）對於廣播封包，由 Table 21 處理，程式如下所示。

```
ovs-ofctl add-flow br1 "hard_timeout=0 idle_timeout=0 priority=1 table=
1 dl_dst=01:00:00:00:00:00/01:00:00:00:00:00 actions=resubmit(,21)"
```

3. Table 2 是緊接著 Table 1 的，若既不是單一傳播也不是廣播，就預設捨棄，程式如下所示。

```
ovs-ofctl add-flow br1 "hard_timeout=0 idle_timeout=0 priority=0 table=2
actions=drop"
```

4. Table 3 用於處理所有進來的封包，需要將隧道 ID 轉為 VLAN ID。

    1）如果比對不上隧道 ID，就預設捨棄，程式如下所示。

```
ovs-ofctl add-flow br1 "hard_timeout=0 idle_timeout=0 priority=0 table=3
actions=drop"
```

    2）如果比對上了隧道 ID，就轉為對應的 VLAN ID，然後跳到 Table 10，
    程式如下所示。

```
ovs-ofctl add-flow br1 "hard_timeout=0 idle_timeout=0 priority=1 table=3
tun_id=0x1 actions=mod_vlan_vid:1,resubmit(,10)"
ovs-ofctl add-flow br1 "hard_timeout=0 idle_timeout=0 priority=1 table=3
tun_id=0x2 actions=mod_vlan_vid:2,resubmit(,10)"
```

5. 對於進來的封包，Table 10 會進行 MAC 位址學習。這是一個二層交換機應
   該做的事情。學習完了之後，再從 port 1 發出去。

```
ovs-ofctl add-flow br1 "hard_timeout=0 idle_timeout=0 priority=1 table=10
actions=learn(table=20,priority=1,hard_timeout=300,NXM_OF_VLAN_TCI[0..11],
NXM_OF_ETH_DST[]=NXM_OF_ETH_SRC[],load:0->NXM_OF_VLAN_TCI[],load:NXM_NX_TUN_
ID[]->NXM_NX_TUN_ID[],output:NXM_OF_IN_PORT[]),output:1"
```

Table 10 是用來學習 MAC 位址的，學習的結果放在 Table 20 裡面。Table
20 被稱為 MAC Address Learning Table。

學習的策略設定如下。

NXM_OF_VLAN_TCI 是 VLAN tag。在 MAC Address Learning Table 中，
每一行記錄都僅是針對某一個 VLAN 來說的，不同 VLAN 的 Learning
Table 是分開的。在學習結果的記錄中，會標出這一行記錄是針對哪個
VLAN 的。

NXM_OF_ETH_DST[]=NXM_OF_ETH_SRC[] 表示，目前網路封包裡面的
MAC 來源位址會被放在學習結果記錄裡的 dl_dst 中。這是因為每個交換機

都是透過進入的網路封包來學習的。某個 MAC 位址從某個 port 進來，交換機就應該記住，以後發往這個 MAC 位址的封包都要從這個 port 出去，因而來源 MAC 位址就被放在了目標 MAC 位址裡面，是為了發送才這麼做的。

load:0->NXM_OF_VLAN_TCI[] 是說，在 Table 20 中，將網路封包從實體機發送出去時，VLAN tag 設為 0，所以學習完之後，Table 20 中會有 actions=strip_vlan。

load:NXM_NX_TUN_ID[]->NXM_NX_TUN_ID[] 的意思是，在 Table 20 中，將網路封包從實體機發送出去時，設定隧道 ID，進來的時候是多少，發送的時候就是多少，所以學習完之後，Table 20 中會有 set_tunnel。

output:NXM_OF_IN_PORT[] 是發送給哪個 port。舉例來說，是從 port 2 進來的，那學習完了之後，Table 20 中就會有 output:2。

所以如圖 6-49 所示，透過左邊的 MAC 位址學習指令學習到的結果在右邊，這個結果會被放在 Table 20 裡面。

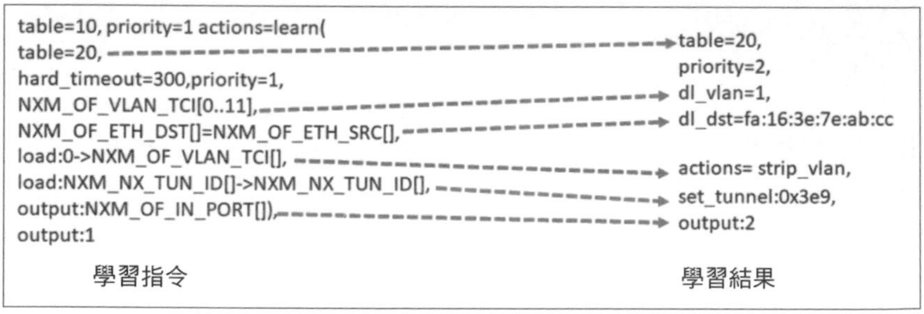

圖 6-49

6. Table 20 是 MAC Address Learning Table。如果不為空，就按照規則處理；如果為空，就說明沒有進行過 MAC 位址學習，只好進行廣播了，因而交給 Table 21 處理。程式如下所示。

```
ovs-ofctl add-flow br1 "hard_timeout=0 idle_timeout=0 priority=0 table=20
actions=resubmit(,21)"
```

7. Table 21 用於處理廣播的封包。

1）如果比對不上 VLAN ID，就預設捨棄，程式如下所示。

```
ovs-ofctl add-flow br1 "hard_timeout=0 idle_timeout=0 priority=0 table=21
actions=drop"
```

2）如果比對上了 VLAN ID，就將 VLAN ID 轉為隧道 ID，從兩個網路卡 port 2 和 port 3 發出去，進行廣播，程式如下所示。

```
ovs-ofctl add-flow br1 "hard_timeout=0 idle_timeout=0 priority=1table=
21dl_vlan=1 ctions=strip_vlan,set_tunnel:0x1,output: 2,output:3"ovs-ofctl
add-flow br1 "hard_timeout=0 idle_timeout=0 priority=1table=21dl_vlan=
2 actions=strip_vlan,set_tunnel:0x2,output: 2,output:3"
```

小結

本節歸納如下：

- 要對不同使用者的網路進行隔離，解決 VLAN 數目有限的問題，需要透過 Overlay 的方式，常使用的是 GRE 和 VXLAN。
- GRE 是一種點對點的隧道模式，VXLAN 是支撐多點傳輸的隧道模式，它們都要在某個隧道通訊埠進行封裝和解封裝，實現跨實體機的互通。
- Open vSwitch 可以作為隧道通訊埠，透過設定路由表規則在虛擬機器網路和實體機網路之間進行轉換。

思考題

1. 雖然 VXLAN 可以支援多點傳輸，但是如果虛擬機器數目比較多，在 Overlay 網路裡廣播風暴問題依然會很嚴重，你能想到什麼辦法解決這個問題嗎？

2. 以虛擬機器為基礎的雲端比較複雜，而且虛擬機器裡面的網路卡到實體網路的轉換層次比較多，有一種比虛擬機器更加輕量級的雲端模式，你知道是什麼嗎？

容器技術中的網路

7.1 容器網路：來去自由的日子，不買公寓去合租

如果説虛擬機器是買公寓，容器則相當於合租，有一定的隔離，但是隔離性沒有那麼好。雲端運算解決了基礎資源層的彈性伸縮問題，卻沒有解決由於基礎資源層彈性伸縮而帶來的 PaaS 層應用批次、快速部署問題。於是，容器應運而生。

容器即 Container，而 Container 的另一個意思是貨櫃。其實容器的思想就是要變成軟體發佈的貨櫃。貨櫃有兩個特點：一是包裝，二是標準。

在沒有貨櫃的時代，假設要將貨物從 A 運到 B，中間要經過三個碼頭、換三次船。那麼每次都要將貨物卸下船來，弄得亂七八糟，然後再搬上船重新擺好，如圖 7-1 所示。在沒有貨櫃的時候，每次換船，船員們都要在岸上待幾天才能幹完活。

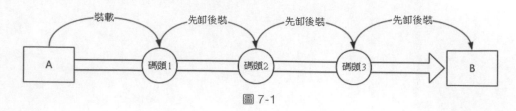

圖 7-1

有了尺寸全部都一樣的貨櫃以後，可以把所有的貨物都包裝在一起，每次換船的時候，把整個貨櫃搬過去就行了，幾個小時就能完成，船員換船時間大幅縮短，如圖 7-2 所示。這是貨櫃的「包裝」和「標準」兩大特點在生活中的應用。

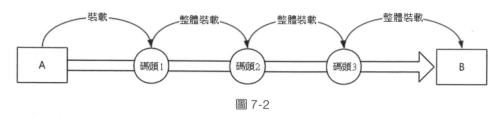

圖 7-2

那麼容器如何對應用包裝呢？

我們先來學習一下貨櫃的包裝過程：首先要有個封閉的環境，將貨物封裝起來，讓貨物之間互不干擾，互相隔離，這樣裝貨卸貨才方便。

在網路中封閉的環境主要靠兩種技術來實現，一種是「看起來」是隔離的技術，稱為 namespace（命名空間），即每個 namespace 中的應用看到的是不同的 IP 位址、使用者空間、處理程序 ID 等。另一種是「用起來」是隔離的技術，稱為 cgroup（網路資源限制），即明明整台機器有很多的 CPU、記憶體，而一個應用只能使用其中的一部分。

有了這兩項技術，就相當於我們焊好了貨櫃。接下來的問題就是如何將這些貨櫃標準化，並在任何船上都能運輸。關於「標準」首先說一下映像檔。

所謂映像檔，就是在焊好貨櫃的那一刻，將貨櫃的狀態儲存下來，就像孫悟空說「定！」，貨櫃裡的狀態就被「定」在了那一刻，然後將這一刻的

狀態儲存成一系列檔案。無論在哪裡執行這個映像檔,都能完整地還原當時的情況。

當程式設計師根據產品設計開發完畢之後,就可以將程式連同執行環境包裝成一個容器映像檔,這個時候貨櫃就焊好了。接下來無論是在開發環境、測試環境,還是生產環境執行程式,都可以使用相同的映像檔,該映像檔就像貨櫃一樣,在開發、測試、生產這三個「碼頭」非常順利地進行整體遷移,這樣產品的發佈和上線速度就加快了,如圖 7-3 所示。

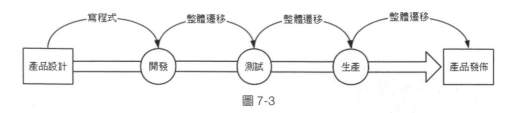

圖 7-3

接下來我們就實際來看看,這兩種網路方面的包裝技術。

namespace

我們首先來看網路 namespace(命名空間)。

namespace 翻譯過來就是命名空間,很多物件導向的程式語言裡面都有。大家一起寫程式,難免會給類別起相同的名字,這時候編譯就會衝突。所以每個功能都要有自己的 namespace,在不同的空間裡面,即使類別名稱相同,也不會衝突。

在 Linux 系統下也是這樣,很多的資源都是全域的。例如處理程序有全域的處理程序 ID,網路也有全域的路由表。但是,當一台 Linux 機器上跑多個處理程序時,如果使用不同的路由策略,這些處理程序就可能會衝突,那就需要將這個處理程序放在一個獨立的 namespace 裡面,這樣就可以獨立設定網路了。

網路的 namespace 由 ip netns 指令操作。它可以建立、刪除、查詢 namespace。

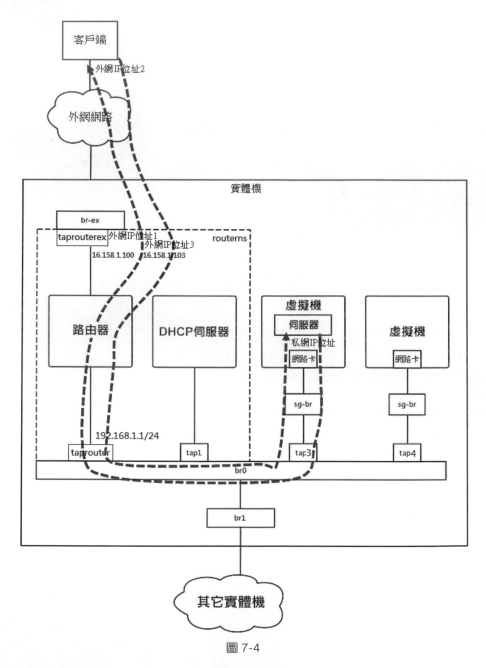

圖 7-4

我們再來看一下將你們宿舍放進一台實體機的那個圖，如圖 7-4 所示。舍監的電腦是一台路由器，你現在應該知道怎麼實現這個路由器吧？可以建立一個虛擬路由器來做這件事情，但是還有一個更加簡單的辦法，即圖 7-4 裡的這條粗體的虛線，這個就是透過 namespace 實現的。

建立一個 routerns，於是一個獨立的網路空間就產生了。你可以在裡面盡情設定自己的規則。程式如下所示。

```
ip netns add routerns
```

既然是路由器，一定要能轉發，因而 forward 開關要開啟，程式如下所示。

```
ip netns exec routerns sysctl -w net.ipv4.ip_forward=1
```

exec 的意思就是進入這個網路空間做點事情。初始化 iptables，因為這裡面要設定 NAT 規則，程式如下所示。

```
ip netns exec routerns iptables-save -c
ip netns exec routerns iptables-restore -c
```

路由器需要有一張網路卡連到 br0 上，因而要建立一個網路卡，程式如下所示。

```
ovs-vsctl -- add-port br0 taprouter -- set Interface taprouter type=internal
-- set Interface taprouter external-ids:iface-status=active -- set Interface
taprouter external-ids:attached-mac=fa:16:3e:84:6e:cc
```

這個網路建立完了，但是這個網路在 namespace 外面，我們如何進去呢？可以透過以下指令實現。

```
ip link set taprouter netns routerns
```

要給這個網路卡設定一個 IP 位址，當然應該是虛擬機器網路的閘道位址。舉例來說，虛擬機器私網網段的 IP 位址為 192.168.1.0/24，閘道的 IP 位址通常是 192.168.1.1，程式如下所示。

```
ip netns exec routerns ip -4 addr add 192.168.1.1/24 brd 192.168.1.255 scope
global dev taprouter
```

為了存取外網，還需要另一個網路卡連在外網橋接器 br-ex 上，並且放在 namespace 裡面，程式如下所示。

```
ovs-vsctl -- add-port br-ex taprouterex -- set Interface taprouterex
type=internal -- set Interface taprouterex external-ids:iface-status=active
-- set Interface taprouterex external-ids:attached-mac=fa:16:3e:68:12:c0
ip link set taprouterex netns routerns
```

我們還需要為這個網路卡分配一個位址，這個位址應該和實體外網網路在一個網段。假設實體外網 IP 位址為 16.158.1.0/24，可以給這個網路卡分配一個外網 IP 位址 16.158.1.100/24，程式如下所示。

```
ip netns exec routerns ip -4 addr add 16.158.1.100/24 brd 16.158.1.255 scope
global dev taprouterex
```

接下來，既然是路由器，就需要設定路由表，路由表如下所示。

```
ip netns exec routerns route -n
Kernel IP routing table
Destination     Gateway        Genmask        Flags Metric Ref    Use Iface
0.0.0.0         16.158.1.1     0.0.0.0        UG    0      0      0 taprouterex
192.168.1.0     0.0.0.0        255.255.255.0  U     0      0      0 taprouter
16.158.1.0      0.0.0.0        255.255.255.0  U     0      0      0 taprouterex
```

路由表中的預設路由是去實體外網的，去 192.168.1.0/24（即虛擬機器私網）走下面的網路卡，去 16.158.1.0/24（即實體外網）走上面的網路卡。

我們在前面的章節講過，如果要在虛擬機器裡面提供服務給外網的用戶端存取，用戶端需要存取外網 IP3，在外網網路介面將實體外網 IP 位址 NAT 成為虛擬機器私網 IP 位址。這個 NAT 規則要在這個 namespace 裡面設定，程式如下所示。

```
ip netns exec routerns iptables -t nat -nvL
Chain PREROUTING
target  prot opt  in  out  source  destination
DNAT  all  --  *  *  0.0.0.0/016.158.1.103 to:192.168.1.3
Chain POSTROUTING
target  prot opt  in  out  source   destination
SNAT  all  --  *  *  192.168.1.3  0.0.0.0/0 to:16.158.1.103
```

這裡面有兩個規則，一個是 SNAT，將虛擬機器的私網 IP 位址 192.168.1.3 NAT 成實體外網 IP 位址 16.158.1.103。另一個是 DNAT，將實體外網 IP 位址 16.158.1.103 NAT 成虛擬機器私網 IP 位址 192.168.1.3。

至此為止，以網路 namespace 為基礎的路由器實現完畢。

cgroup

我們再來看包裝的另一個機制——cgroup（網路資源限制）。

cgroup 全稱 Control Group，是 Linux 系統核心提供的可以限制、隔離處理程序使用的資源機制。

cgroup 能控制哪些資源呢？它有很多子系統。

- CPU 子系統：使用排程程式控制處理程序對 CPU 的存取。
- cpuset：如果是多核心的 CPU，這個子系統會為處理程序分配單獨的 CPU 和記憶體。
- memory 子系統：設定處理程序的記憶體限制以及產生記憶體資源報告。
- blkio 子系統：設定限制每個區塊裝置的輸入輸出控制。
- net_cls：這個子系統使用等級識別符（classid）標記網路封包，可允許 Linux 系統流量控制程式（TC）識別從實際 cgroup 中產生的資料封包。

我們這裡最關心的是 net_cls，它可以和 6.4 節中的 TC 連結起來。

cgroup 提供了一個虛擬檔案系統作為進行分組管理和各子系統設定的使用者介面。要使用 cgroup，必須掛載 cgroup 檔案系統，一般情況下都是掛載到 /sys/fs/cgroup 目錄下。

所以首先我們要掛載一個 net_cls 的檔案系統，程式如下所示。

```
mkdir /sys/fs/cgroup/net_cls
mount -t cgroup -onet_cls net_cls /sys/fs/cgroup/net_cls
```

接下來我們要設定 TC 了。還記得實驗 TC 時的那棵樹嗎？如圖 7-5 所示。

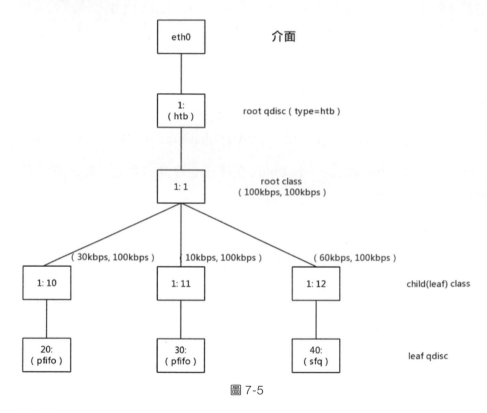

圖 7-5

當時我們透過這個指令設定了規則：從 1.2.3.4 來的，發送給 port 80 的網路封包，從 1:10 走；其他從 1.2.3.4 發送來的網路封包從 1:11 走；剩餘的網路封包走預設分支。程式如下所示。

```
tc filter add dev eth0 protocol ip parent 1:0 prio 1 u32 match ip src 1.2.3.4
match ip dport 800xffff flowid 1:10
tc filter add dev eth0 protocol ip parent 1:0 prio 1 u32 match ip src 1.2.3.4
flowid 1:11
```

這裡是根據來源 IP 位址來設定的，現在有了 cgroup，我們按照 cgroup 再來設定規則。程式如下所示。

```
tc filter add dev eth0 protocol ip parent 1:0 prio 1 handle 1: cgroup
```

假設我們有兩個使用者 a 和 b，要對它們進行頻寬限制。

首先，我們要建立兩個 net_cls，程式如下所示。

```
mkdir /sys/fs/cgroup/net_cls/a
mkdir /sys/fs/cgroup/net_cls/b
```

假設使用者 a 啟動的處理程序 ID 為 12345，把它放在 net_cls/a/tasks 檔案中。同樣假設使用者 b 啟動的處理程序 ID 為 12346，把它放在 net_cls/b/tasks 檔案中。

net_cls/a 目錄下面還有一個檔案 net_cls.classid，將它放在 flowid 1:10 下。net_cls/b 目錄下面，也建立一個檔案 net_cls.classid，將它放在 flowid 1:11 下。

這個數字怎麼放呢？要轉換成一個 0×AAAABBBB 的值，AAAA 對應 class 中冒號前面的數字，BBBB 對應後面的數字。程式如下所示。

```
echo 0x00010010 > /sys/fs/cgroup/net_cls/a/net_cls.classid
echo 0x00010011 > /sys/fs/cgroup/net_cls/b/net_cls.classid
```

這樣使用者 a 的處理程序發的網路封包，會打上 1:10 這個標籤；使用者 b 的處理程序發的網路封包，會打上 1:11 這個標籤。然後 TC 根據這兩個標籤，讓使用者 a 的處理程序發的網路封包走左邊的分支，使用者 b 的處理程序發的網路封包走中間的分支。

容器網路中如何融入實體網路

了解了容器背後的技術，接下來了解一下容器網路究竟是如何融入實體網路的。

如果你使用 docker run 執行一個容器，應該能看到如圖 7-6 所示的拓撲結構。

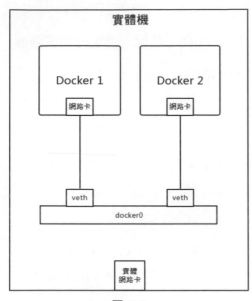

圖 7-6

是不是和虛擬機器很像？容器裡面有張網路卡，容器外有張網路卡，容器外的網路卡連到 docker0 橋接器，透過這個橋接器，容器直接實現相互存取。

如果你用 brctl 檢視 docker0 橋接器，會發現它上面連著一些網路卡。其實這個橋接器和 6.1 節中提及的自己用 brctl 建立的橋接器沒什麼兩樣。

連接容器和橋接器的那個網路卡和虛擬機器一樣嗎？在虛擬機器場景下，有一個虛擬化軟體，透過 TUN/TAP 裝置虛擬一個網路卡給虛擬機器，但是容器場景下並沒有虛擬化軟體，這該怎麼辦呢？

在 Linux 系統下，可以建立一對 veth pair 的網路卡，這樣從一邊發送網路封包，另一邊就能收到。

首先透過以下指令建立一對 veth pair 的網路卡。

```
ip link add name veth1 mtu 1500 type veth peer name veth2 mtu 1500
```

其中一邊可以連到 docker0 橋接器上，程式如下所示。

```
ip link set veth1 master docker0
ip link set veth1 up
```

那另一端如何放到容器裡呢？

一個容器的啟動會對應一個 namespace，我們要先找到這個 namespace。對於 docker 來講，pid 就是 namespace 的名字，可以透過以下指令取得。

```
docker inspect '--format={{ .State.Pid }}' 容器名
```

假設結果為 12065，那麼這個結果就是 namespace 的名字。

預設 Docker 建立的網路 namespace 不在預設路徑下，ip netns 看不到，所以需要 ln 軟連結一下。連結完畢以後，我們就可以透過 ip netns 指令操作了，程式如下所示。

```
rm -f /var/run/netns/12065
ln -s /proc/12065/ns/net /var/run/netns/12065
```

將另一端 veth2 塞到 namespace 中，程式如下所示。

```
ip link set veth2 netns 12065
```

然後，將容器內的網路卡重新命名，程式如下所示。

```
ip netns exec 12065 ip link set veth2 name eth0
```

最後，給容器內的網路卡設定 IP 位址，程式如下所示。

```
ip netns exec 12065 ip addr add 172.17.0.2/24 dev eth0
ip netns exec 12065 ip link set eth0 up
```

這時，一台機器內部容器的互相存取就沒有問題了，那如何存取外網呢？

可以使用虛擬機器裡面的橋接模式和 NAT 模式。Docker 預設使用 NAT 模式。NAT 模式分為 SNAT 和 DNAT，如果是容器內部存取外部，就需要透過 SNAT。

從容器內部的用戶端存取外部網路中的服務端，如圖 7-7 所示。

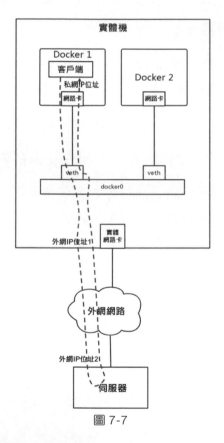

圖 7-7

在宿主機上，有以下 iptables 規則：

```
-A POSTROUTING -s 172.17.0.0/16 ! -o docker0 -j MASQUERADE
```

所有從容器內部發出來的封包，都要做位址偽裝，將來源 IP 位址轉為實體網路卡上的外網 IP 位址。如果有多個容器，所有的容器共用一個外網的 IP 位址，同時在 conntrack 表中記錄這個出去的連接。

當服務端傳回結果時，網路封包到達實體機，接著會根據 conntrack 表中記錄的連接取出原來的私網 IP 位址，然後透過 DNAT 將外網 IP 位址轉為這個私網 IP 位址，透過橋接器 docker0 實現對內的存取。

如果在容器內部部署一個服務，例如部署一個網站，提供給外部進行存取，需要透過 Docker 的通訊埠對映技術將容器內部的通訊埠對映到實體機上來。

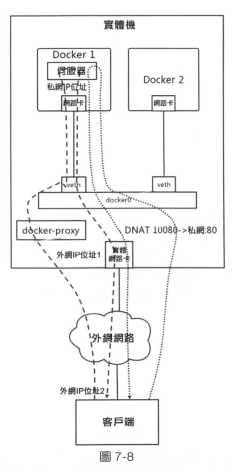

圖 7-8

例如容器內部監聽 80 通訊埠，可以透過 Docker run 指令中的參數 -p 10080:80 將實體機上的 10080 通訊埠和容器的 80 通訊埠對映起來，當外部的用戶端造訪這個網站時，透過存取實體機的 10080 通訊埠，就能存取到容器內的 80 通訊埠了，如圖 7-8 所示。

Docker 有兩種方式來實現實體機和容器之間的通訊埠對映，一種方式是透過處理程序 docker-proxy，它在實體機監聽 10080，負責將網路封包轉發到容器的 80 通訊埠。程式如下所示。

```
/usr/bin/docker-proxy -proto tcp -host-ip 0.0.0.0 -host-port 10080 -container-
ip 172.17.0.2 -container-port 80
```

另外一種方式是透過 DNAT 在實體機上增加一個 -A PREROUTING 階段的 iptables 規則，將目標通訊埠為 10080 的網路封包轉發到容器的 80 通訊埠。程式如下所示。

```
-A DOCKER -p tcp -m tcp --dport 10080 -j DNAT --to-destination 172.17.0.2:80
```

如此就可以實現容器和實體網路之間的互通了。

小結

本節歸納如下：

- 容器是一種比虛擬機器更加輕量級的隔離方式，主要透過 namespace 和 cgroup 技術進行資源的隔離，namespace 負責「看起來」隔離，cgroup 負責「用起來」隔離。
- 容器網路連接到實體網路的方式和虛擬機器很像，通過橋接的方式可以實現一台實體機上容器的相互存取，如果要存取外網，最簡單的方式還是透過 NAT。

思考題

1. 容器內的網路和實體機網路可以使用 NAT 的方式相互存取,透過這種方式部署應用,會有什麼問題呢?
2. 和虛擬機器一樣,不同實體機上的容器需要相互通訊,你知道容器是怎樣做到這一點的嗎?

7.2 容器網路之 Flannel:每人一畝三分地

每一台實體機在安裝好 Docker 以後,都會被預設分配一個 172.17.0.0/16 的網段。這台機器上建立的容器都會被分配一個這個網段上的位址,第一個容器一般都會被分配到 172.17.0.2 這個位址。所有的容器都連接到同一個 docker0 橋接器上,這樣,一台機器上的容器之間相互通訊就沒有問題了。

容器裡面是要部署應用的,就像 7.1 節講過的一樣,它既然是貨櫃,裡面就需要載入貨物,而應用常常是要對外提供服務的。如果這個應用是比較傳統的單體應用,自己就一個處理程序,所有的程式邏輯都在這個處理程序裡面,上面的模式也沒有任何問題,只要透過 NAT 就能存取。但是因為無法解決快速反覆運算和高平行處理的問題,單體應用越來越無法迎合時代發展的需要了。

你可以回想一下,無論是各種網路直播平台,還是共用單車應用,都要在短時間內累積大量使用者,否則就會錯過風口。所以應用不僅需要在很短的時間內快速反覆運算、不斷調整、滿足使用者體驗,還要在很短的時間內具有支撐高平行處理請求的能力。

單體應用個人英雄主義的時代已經過去了。如果所有的程式都在一個工程裡面,開發時必然存在大量衝突,上線時就需要開大會進行協調,一個月

上線一次就很不錯了。而且所有的流量都讓一個處理程序扛，怎麼也扛不住啊！

沒辦法，一個字——拆！拆開了，每個子模組獨自變化，這樣就能減少相互之間的影響；拆開了，原來一個處理程序扛流量，現在多個處理程序一起扛。所以，微服務將個人英雄主義變成了集團軍作戰。

容器作為貨櫃，可以確保應用在不同的環境中快速遷移，加強反覆運算的效率。但是如果要形成容器集團軍，還需要一個指揮集團軍作戰的管理平台，這就是 Kubernetes。它可以靈活地將一個容器排程到任何一台機器上，並且當某個應用扛不住的時候，透過在 Kubernetes 上修改容器的備份數，可以使一個應用馬上變八個，而且每個都能提供服務。

然而集團軍作戰有個重要的問題，就是通訊。這裡面包含兩個問題：第一個是集團軍的 A 部隊如何即時地知道 B 部隊的位置變化，第二個是兩個部隊之間如何相互通訊。

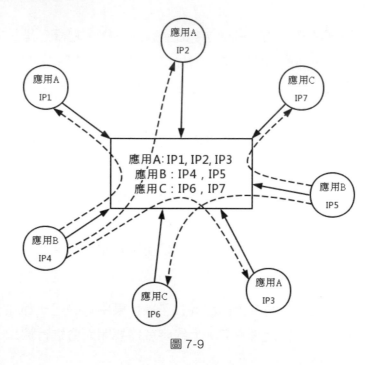

圖 7-9

第一個問題的位置變化常常是透過一個稱為註冊中心的地方統一管理的，這個是應用自己操作的。一個應用啟動時，將自己所在環境的 IP 位址和通訊埠註冊到註冊中心（指揮部），其他的應用請求它時，到指揮部問一下它在哪裡就好了。當某個應用發生了變化，例如一台機器「掛」了，容器要遷移到另一台機器，這個時候 IP 位址改變了，應用會重新註冊，這樣其他的應用請求它時，還能從指揮部獲得它的最新位置，如圖 7-9 所示。

接下來是如何相互通訊的問題。NAT 這種模式，在多個主機的場景下存在很大問題。在實體機 A 上的應用 A 顯示的 IP 位址是容器 A 的，是172.17.0.2，在實體機 B 上的應用 B 顯示的 IP 位址是容器 B 的，不巧也是172.17.0.2，當它們都註冊到註冊中心的時候，註冊中心如圖 7-10 所示。

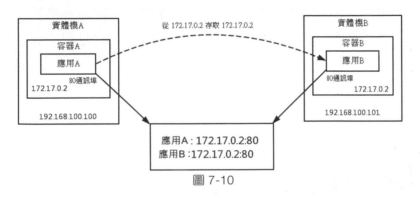

圖 7-10

這時，如果應用 A 要存取應用 B，當應用 A 從註冊中心將應用 B 的 IP 位址讀出來時，就徹底困惑了，這不是自己存取自己嗎？

怎麼解決這問題呢？一種辦法是不註冊容器內的 IP 位址，而是註冊所在實體機的 IP 位址，通訊埠也需要是實體機上對映的通訊埠，如圖 7-11 所示。

這樣存在的問題是，應用是在容器裡面的，它怎麼知道實體機上的 IP 位址和通訊埠呢？這明明是運行維護人員設定的，除非應用配合，讀取容器平台的介面獲得這個 IP 位址和通訊埠。一方面，大部分分散式架構都是容器誕生之前就有了，它們不會轉換這種場景；另一方面，讓容器內的應用意識到容器外的環境，本來就是非常不好的設計。

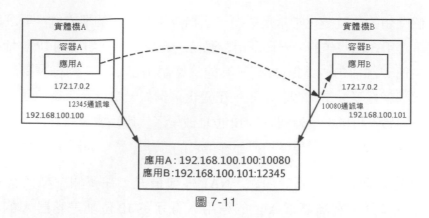

圖 7-11

說好的貨櫃，說好的隨意遷移呢？難道要讓貨櫃內的貨物意識到船的資訊？而且本來 Tomcat 就是監聽 8080 通訊埠的，結果到了實體機上，大家就不能都用這個通訊埠了，否則通訊埠就會衝突。於是就要隨機分配通訊埠，註冊中心就會出現各種各樣奇怪的通訊埠。無論是註冊中心還是呼叫方都會覺得很奇怪，而且不是預設的通訊埠，很多情況下也容易出錯。

這時 Kubernetes 作為指揮集團軍作戰的管理平台，提出了指導意見，說網路模型要平，但是沒說怎麼實現。於是業界就湧現了大量的方案，Flannel 就是其中之一。

對於 IP 位址衝突的問題，如果每一台實體機都在網段 172.17.0.0/16 上，一定會衝突啊，但是這個網段實在太大了，一台實體機上根本啟動不了這麼多的容器，所以能不能每台實體機在這個大網段裡面摳出一個小的網段，這樣每台實體機的網段就都不相同了。自己看好自己的一畝三分地，誰也不和誰衝突。

例如實體機 A 屬於網段 172.17.8.0/24，實體機 B 屬於網段 172.17.9.0/24，這樣兩台機器上啟動的容器 IP 位址一定不一樣。而且根據 IP 位址就能識別出這個容器是本機的還是遠端的。如果是遠端的，可以根據網段識別出它歸哪台實體機管，太方便了。

接下來的問題就是實體機 A 上的容器如何存取到實體機 B 上的容器？

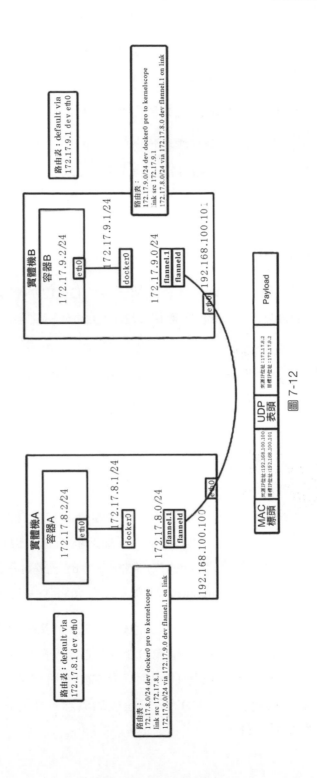

圖 7-12

你是不是想到了熟悉的場景？虛擬機器如果要跨實體機互通，常常透過 Overlay 的方式，容器是不是也可以這樣做呢？

Flannel 使用 UDP 實現 Overlay 網路的方案，如圖 7-12 所示。

在實體機 A 上的容器 A 裡面，能看到容器的 IP 位址是 172.17.8.2，裡面設定了預設的路由規則 default via 172.17.8.1 dev eth0。

如果容器 A 要存取 172.17.9.2，就會發往預設的閘道 172.17.8.1。172.17.8.1 就是實體機上面 docker0 橋接器的 IP 位址，這台實體機上的所有容器都是連接到這個橋接器的。

在實體機上面檢視路由策略，會有這樣一條：172.17.9.0/24 via 172.17.9.0 dev flannel.1 onlink，也就是說發往 172.17.9.2 的網路封包會被轉發到 flannel.1 這個網路卡。

這個網路卡是怎麼出來的呢？在每台實體機上，都會跑一個 flanneld 處理程序，這個處理程序開啟一個 /dev/net/tun 字元裝置時，就會出現這個網路卡。

你有沒有想起 qemu-kvm？開啟這個字元裝置時，實體機上也會出現一個網路卡，所有發到這個網路卡上的網路封包會被 qemu-kvm 接收進來，變成二進位串。接下來 qemu-kvm 會模擬一個虛擬機器裡面的網路卡，將二進位的串變成網路封包，發給虛擬機器裡面的網路卡。但是 flanneld 處理程序不用這樣做，所有發到 flannel.1 這個網路卡的網路封包都會被 flanneld 處理程序讀進去，接下來 flanneld 處理程序要對網路封包進行處理。

■ 實體機 A 上的 flanneld 處理程序會將網路封包封裝在 UDP 封包裡面，然後外層加上實體機 A 和實體機 B 的 IP 位址，發送給實體機 B 上的 flanneld 處理程序。為什麼是 UDP 呢？因為我們不想在 flanneld 處理程序之間建立兩兩連接，而 UDP 沒有連接的概念，任何一台機器都能發送網路封包給另一台。

- 實體機 B 上的 flanneld 收到封包之後，解開 UDP 封包，將裡面的網路封包拿出來，從實體機 B 的網路卡 flannel.1 發出去。
- 在實體機 B 上有路由規則 172.17.9.0/24 dev docker0 proto kernel scope link src 172.17.9.1。
- 將封包發給 docker0，docker0 將封包轉給容器 B。通訊成功。

上面的過程連通性沒有問題，但是由於全部在使用者態，所以效能差了一些。

跨實體機的連通性問題在虛擬機器那裡有成熟的解決方案，就是 VXLAN，那麼，Flannel 能不能也用 VXLAN 呢？

當然可以了，如果使用 VXLAN，就不需要開啟一個 TUN 裝置了，而是要建立一個 VXLAN 的 VTEP。如何建立呢？可以透過 Netlink 通知核心建立一個 VTEP 的網路卡 flannel.1。在我們講 Open vSwitch 時提過，Netlink 是一種使用者態和核心態通訊的機制。

網路封包從實體機 A 上的容器 A 發送給實體機 B 上的容器 B，在容器 A 裡面透過預設路由到達實體機 A 上的 docker0 網路卡，然後根據路由規則在實體機 A 上將封包轉發給網路卡 flannel.1。這個時候網路卡 flannel.1 就是一個 VXLAN 的 VTEP 了，它會將網路封包進行封裝。

內部的 MAC 位址這樣寫：來源位址為實體機 A 的網路卡 flannel.1 的 MAC 位址，目標位址為實體機 B 的網路卡 flannel.1 的 MAC 位址，在外面加上 VXLAN 的表頭。

外層的 IP 位址這樣寫：來源位址為實體機 A 的 IP 位址，目標位址為實體機 B 的 IP 位址，外面加上實體機的 MAC 位址。

這樣就能透過 VXLAN 將網路封包轉發到另一台機器上，從實體機 B 的網路卡 flannel.1 上解壓縮，變成內部的網路封包，透過實體機 B 上的路由轉發到 docker0，然後轉發到容器 B 裡面，通訊成功，如圖 7-13 所示。

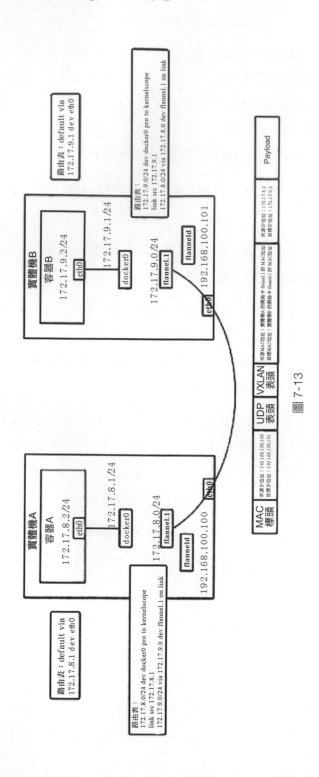

圖 7-13

小結

本節歸納如下：

- 以 NAT 為基礎的容器網路模型在微服務架構下有兩個問題，一個是 IP 位址重疊，另一個是通訊埠衝突，需要透過 Overlay 網路保持跨節點的連通性。
- Flannel 是跨節點容器網路方案之一，它提供的 Overlay 方案主要有兩種方式，一種是 UDP 在使用者態封裝，另一種是 VXLAN 在核心態封裝，而 VXLAN 的效能更好一些。

思考題

1. 透過 Flannel 的網路模型可以實現容器與容器直接跨主機的相互存取，那你知道如果容器內部想要存取外部服務，應該怎樣融合到這個網路模型中嗎？
2. 以 Overlay 為基礎的網路畢竟做了一次網路虛擬化，有沒有更加高效的方案呢？

7.3 容器網路之 Calico：為了高效說出善意的謊言

7.2 節我們講了 Flannel 如何解決容器跨主機互通的問題，這個解決方式其實和虛擬機器的網路互通模式差不多，都是透過隧道進行的。但是 Flannel 有一個非常好的模式，就是給不同的實體機設定不同的網段，這一點和虛擬機器的 Overlay 模式完全不一樣。

在虛擬機器的場景下，整個網段在所有的實體機之間都是可以「飄來飄去」的。網段不同，就給了我們做路由策略的可能。

Calico 網路模型的設計想法

我們看圖 7-14 中的兩台實體機，它們的實體網路卡在同一個二層網路裡面。由於兩台實體機的容器網段不同，完全可以將兩台實體機設定成為路由器，並按照容器的網段設定路由表。

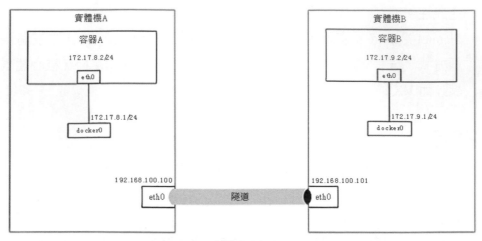

圖 7-14

舉例來說，實體機 A 中可以這樣設定：要想存取網段 172.17.9.0/24，下一次轉發是 192.168.100.101，即實體機 B。

這樣在容器 A 中存取容器 B，當網路封包到達實體機 A 時，就能夠比對到這條路由規則，並將網路封包發給下一次轉發的路由器，即實體機 B。在實體機 B 上也有路由規則，要存取 172.17.9.0/24，從 docker0 的網路卡進去即可。

當容器 B 傳回結果時，在實體機 B 上可以做類似的設定：要想存取網段 172.17.8.0/24，下一次轉發是 192.168.100.100，即實體機 A。

當封包到達實體機 B 時，能夠比對到這條路由規則，將網路封包發給下一次轉發的路由器，即實體機 A。在實體機 A 上也有路由規則，要存取 172.17.8.0/24，從 docker0 的網路卡進去即可。

這就是 Calico 網路的大概想法，不走 Overlay 網路，不引用另外的網路效能損耗，而是將轉發全部用三層網路的路由轉發來實現，只不過實際的實現和上面的過程稍有區別。

首先，如果全部走三層的路由規則，就沒必要每台機器都用一個 docker0，否則就浪費了一個 IP 位址，可以直接用路由轉發到 veth pair 在實體機這一端的網路卡。同樣，在容器內，路由規則也可以這樣設定：把容器外面的 veth pair 網路卡算作預設閘道器，下一次轉發就是外面的實體機。

於是，整個拓撲結構就變成了圖 7-15 中的樣子。

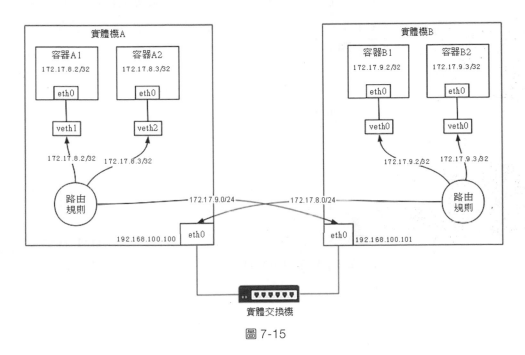

圖 7-15

Calico 網路的轉發細節

我們來看其中的一些細節。

容器 A1 的 IP 位址為 172.17.8.2/32，這裡注意，不是 /24，而是 /32，這裡將容器 A1 作為了一個單點的區域網。

容器 A1 裡面的預設路由，Calico 設定得比較有技巧，如下所示。

```
default via 169.254.1.1 dev eth0
169.254.1.1 dev eth0 scope link
```

預設閘道器的 IP 位址是 169.254.1.1，但是整個拓撲圖中沒有一張網路卡是這個位址。那如何到達這個位址呢？

前面我們講閘道的原理時說過，當一台機器要存取閘道時，首先會透過 ARP 獲得閘道的 MAC 位址，然後將目標 MAC 位址變為閘道的 MAC 位址，而閘道的 IP 位址不會在任何封包表頭裡面出現，也就是說，沒有人在乎這個位址實際是什麼，只要能找到對應的 MAC 位址，回應 ARP 就可以了。

ARP 本機有快取，透過 ip neigh 指令可以檢視，指令如下所示。

```
169.254.1.1 dev eth0 lladdr ee:ee:ee:ee:ee:ee STALE
```

這個 MAC 位址是 Calico 硬塞進去的，但是沒有關係，它能回應 ARP，於是發出的網路封包的目標 MAC 位址就是這個 MAC 位址。

在實體機 A 上檢視所有網路卡的 MAC 位址時，我們會發現 veth1 就是這個 MAC 位址。所以容器 A1 裡發出的網路封包，第一次轉發就是 veth1 這個網路卡，也就到達了實體機 A 這個路由器。

在實體機 A 上有三筆路由規則，分別是去兩個本機容器的路由，以及存取網段 172.17.9.0/24 的下一次轉發為實體機 B，程式如下所示。

```
172.17.8.2 dev veth1 scope link
172.17.8.3 dev veth2 scope link
172.17.9.0/24 via 192.168.100.101 dev eth0 proto bird onlink
```

同理，實體機 B 上也有三筆路由規則，分別是去兩個本機容器的路由，以及存取網段 172.17.8.0/24 的下一次轉發為實體機 A，程式如下所示。

```
172.17.9.2 dev veth1 scope link
172.17.9.3 dev veth2 scope link
172.17.8.0/24 via 192.168.100.100 dev eth0 proto bird onlink
```

如果你覺得這些規則過於複雜，圖 7-14 可以轉為更加容易了解的圖 7-16。

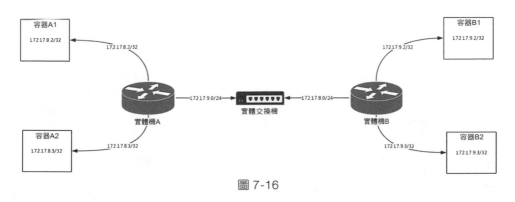

圖 7-16

在這裡，實體機化身為路由器，透過路由器上的路由規則將網路封包轉發到目的地。在這個過程中，沒有隧道封裝解封裝，僅是單純的路由轉發，效能會好很多。但是，這種模式也有很多問題。

Calico 的架構

路由設定元件 Felix

如果我們只有兩台機器，每台機器只有兩個容器，而且保持不變，手動設定一下倒也沒什麼問題。但是如果容器不斷地建立、刪除，節點不斷地加入、退出，情況就會變得非常複雜。

就像圖 7-17 中有 3 台實體機，兩兩之間都需要設定路由，每台實體機上對外的路由就有 2 條。如果有 6 台實體機，則每台實體機上對外的路由就有 5 條。新加入一個節點，需要通知每一台實體機增加一條路由。

這還是在實體機之間，一台實體機上，每建立一個容器，就需要多設定一條指向這個容器的路由。如此複雜，一定不能手動設定，需要每台實體機上有一個 Agent，建立和刪除容器時自動做這件事情。這個 Agent 在 Calico 中稱為 Felix。

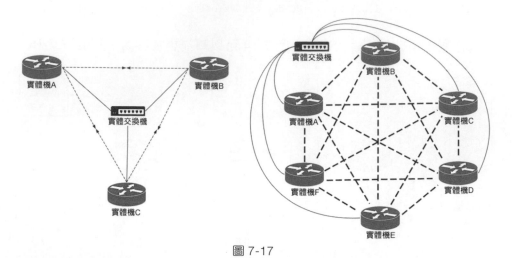

圖 7-17

路由廣播元件 BGP Speaker

當 Felix 設定了路由之後，接下來的問題就是如何將路由資訊（即「如何到達我這個節點，存取我這個節點上的容器」）廣播出去。

你能想起來嗎？這其實就是路由式通訊協定呀！路由式通訊協定就是將「我能到哪裡以及如何能找到我」的資訊廣播給全網，進一步用戶端可以一次次轉發地存取目標位址。路由式通訊協定有很多種，Calico 使用的是 BGP。

在 Calico 中，每個節點上執行一個 BIRD 軟體作為 BGP 的用戶端（或叫作 BGP Speaker）將「如何到達我這個節點，存取我這個節點上的容器」的路由資訊廣播出去。所有節點上的 BGP Speaker 都互相建立連接，就形成了全互連的情況，這樣每當路由有所變化的時候，所有節點就都能夠收到了。

安全性原則元件

Calico 中還實現了靈活設定網路策略（Network Policy），可以靈活設定兩個容器是否連通。這個怎麼實現呢？

如圖 7-18 所示，虛擬機器中的安全組，是用 iptables 實現的。在 Calico 中也是用 iptables 實現的。圖 7-18 中的內容是 iptables 在核心處理網路封包的過程中可以嵌入的處理點。Calico 也是在這些點上設定對應的規則，增加規則後如圖 7-19 所示。

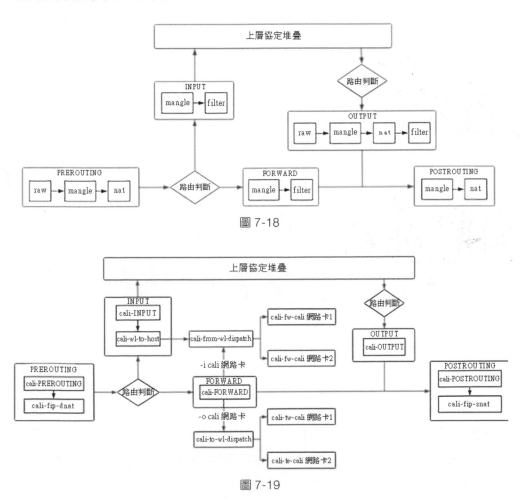

圖 7-18

圖 7-19

當網路封包進入實體機時，進入 PREOUTING 規則，這裡面有一個規則是 cali-fip-dnat，這是實現浮動 IP（Floating IP）地址的場景，主要將外網的 IP 位址 DNAT 為容器內的 IP 位址。在虛擬機器場景下，路由器的網路 namespace 裡面的外網網路卡上也設定過這樣一個 DNAT 規則。

接下來可以根據路由判斷網路封包是到本機的，還是要轉發出去的。

如果是本機的網路封包，則走 INPUT 規則，裡面有個規則是 cali-wl-to-host，wl 的意思是 workload，即容器，也就是說，它用來判斷從容器發到實體機的網路封包是否符合規則。這裡面內嵌一個規則 cali-from-wl-dispatch，也要比對從容器來的封包。如果有兩個容器，則會有兩個容器網路卡，這裡面內嵌有詳細的規則「cali-fw-cali 網路卡 1」和「cali-fw-cali 網路卡 2」，fw 就是 from workload，即比對從容器 1 來的網路封包和從容器 2 來的網路封包。

如果是要轉發出去的網路封包，則走 FORWARD 規則，裡面有個規則是 cali-FORWARD。轉發分兩種情況，一種是從容器裡面發出來，轉發到外面的；另一種是從外面發進來，轉發到容器裡面的。

第一種情況符合的規則仍然是 cali-from-wl-dispatch，即 from workload。第二種情況符合的規則是 cali-to-wl-dispatch，即 to workload。如果有兩個容器，則會有兩個容器網路卡，在這裡面內嵌有詳細的規則「cali-tw-cali 網路卡 1」和「cali-tw-cali 網路卡 2」，tw 就是 to workload，即比對發往容器 1 的網路封包和發往容器 2 的網路封包。

接下來是比對 OUTPUT 規則，裡面有一個規則是 cali-OUTPUT。接著是 POSTROUTING 規則，裡面有一個規則 cali-fip-snat，即發出去的時候，將容器網路 IP 位址轉為浮動 IP 位址。在虛擬機器場景下，路由器的網路 namespace 裡有一個外網網路卡，這個外網網路卡上面也設定過這樣一個 SNAT 規則。

至此為止，Calico 的所有元件基本湊齊。整理如圖 7-20 所示。

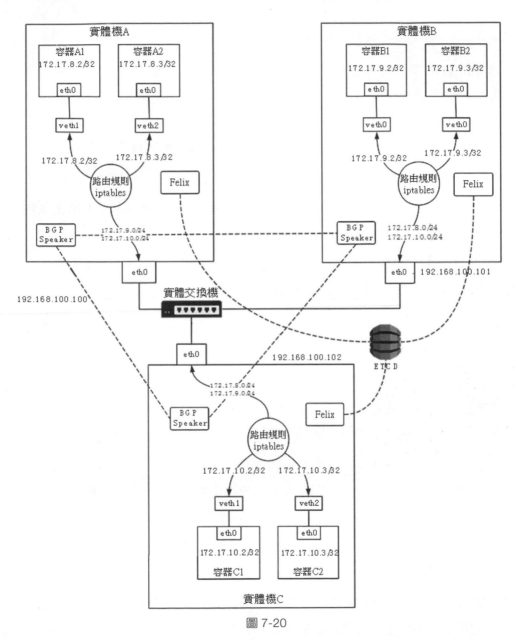

圖 7-20

全連接複雜性與規模問題

這裡面還會有 BGP 全連接的複雜性問題。

剛才的實例裡只有 6 個節點，BGP 的互連就已經如此複雜，如果節點數再多一些，這種全互連的模式一定不行，到時候都成蜘蛛網了。於是多出了一個元件——BGP 路由反射器（Route Reflector），它也是用 BIRD 實現的。有了它，BGP Speaker 就不用全互連了，可以都直連它，它負責將全網的路由資訊廣播出去。

可是問題來了，規模大了，大家都連它，它受得了嗎？這個 BGP 路由反射器會不會成為瓶頸呢？

所以，一定不能讓一個 BGP 路由反射器管理所有的路由分發，而是應該有多個 BGP 路由反射器，每個 BGP 路由反射器管一部分路由分發。

多大算一部分呢？説明資料中心時，説過伺服器都是放在機架上的，每個機架最頂端有個 TOR 交換機。如果將機架上的機器連在一起，一個機架是不是可以作為一個單元，讓一個 BGP 路由反射器來管理呢？如果要跨機架，那麼如何進行通訊呢？這時，就需要 BGP 路由反射器直接進行路由交換。那麼它們之間的交換和一個機架內的交換有什麼關係嗎？

在這個場景下，一個機架就像一個資料中心，可以把它設定為一個 AS（自治系統），而 BGP 路由反射器有點像資料中心的邊界路由器。在一個 AS 內部，即伺服器和 BGP 路由反射器之間使用的是資料中心內部的路由式通訊協定 iBGP，BGP 路由反射器之間使用的是資料中心之間的路由式通訊協定 eBGP。

如圖 7-21 所示，一個機架上有多台機器，每台機器上面啟動多個容器，每台機器上都有可到達這些容器的路由規則。每台機器上都啟動一個 BGP Speaker，然後將這些路由規則上報到這個機架上並連線交換機的 BGP 路

由反射器，將這些路由規則透過 iBGP 告知連線交換機，大多數的連線交換機是有三層路由功能的。

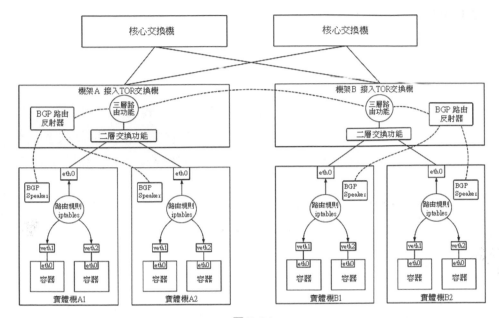

圖 7-21

在連線的交換機之間也建立 BGP 連接，相互告知路由規則，這樣一個機架裡面的路由規則就可以被另外一個機架知道了。多個核心交換機或匯聚交換機將連線交換機連接起來，如果核心和匯聚交換機起二層互通的作用，則連線交換機之間直接交換路由規則即可。如果核心和匯聚交換機起三層路由的作用，則連線交換機之間的路由規則的交換需要透過核心或匯聚交換機進行轉達。

跨網段存取問題

上面的 Calico 模式還有一個問題，就是跨網段問題，這裡的跨網段是指實體機跨網段。

前面那些邏輯成立的條件是我們假設實體機可以當作路由器使用。例

如實體機 A 要告訴實體機 B，你要存取 172.17.8.0/24，下一次轉發是我（192.168.100.100）；同理，實體機 B 要告訴實體機 A，你要存取 172.17.9.0/24，下一次轉發是我（192.168.100.101）。

之所以能夠這樣，是因為實體機 A 和實體機 B 是同一個網段的，連接在同一個交換機上。如果實體機 A 和實體機 B 不在同一個網段呢？

實體機 A 的網段是 192.168.100.100/24，實體機 B 的網段是 192.168.200.101/24，這樣兩台機器就不能透過二層交換機連接起來了，需要在中間放一台路由器，做一次路由轉發，才能跨網段存取，如圖 7-22 所示。

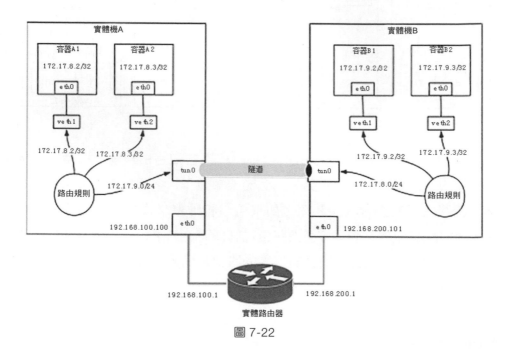

圖 7-22

本來實體機 A 要告訴實體機 B，你要存取 172.17.8.0/24，下一次轉發是我（192.168.100.100）。但是中間多了一台路由器，下一次轉發就不是實體機 B 了，而是中間的這台路由器，這台路由器的下一次轉發，才是實體機 B。這樣之前的邏輯就不成立了。

如圖 7-23 所示，實體機 B 上的容器要存取實體機 A 上的容器，第一次轉發是實體機 B，IP 位址為 192.168.200.101；第二次轉發是中間的實體路由器右面的網路介面，IP 位址為 192.168.200.1；第三次轉發才是實體機 A，IP 位址為 192.168.100.100。

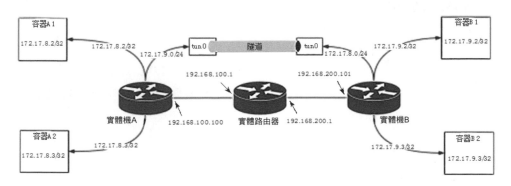

圖 7-23

這是透過拓撲圖看到的，關鍵問題是，在系統中實體機 A 如何告訴實體機 B，怎樣才能讓實體機 B 到達實體機 A？實體機 A 根本不可能知道從實體機 B 出來之後的下一次轉發是誰，現在只是中間隔著一個路由器這種簡單的情況，如果隔著多個路由器呢？誰能把這一連串的路徑告訴實體機 B？

第一種方式，讓中間所有的路由器都來轉換 Calico。本來它們只互相告知實體機的路由規則，現在還要相互告知容器網段的路由規則。這在大部分情況下，是不可能的。

第二種方式，還是在實體機 A 和實體機 B 之間打一個隧道，這個隧道有兩個端點，在端點上進行封裝，將容器的 IP 作為乘客協定放在隧道裡面，而實體機的 IP 放在外面作為承載協定。這樣不管外層的 IP 透過傳統的實體網路經過多少跳到達目標實體機，從隧道兩端看起來，實體機 A 的下一次轉發就是實體機 B，這樣前面的邏輯才能成立。

這就是 Calico 的 IPIP 模式。使用了 IPIP 模式之後，在實體機 A 上，我們能看到如下所示的路由表。

```
172.17.8.2 dev veth1 scope link
172.17.8.3 dev veth2 scope link
172.17.9.0/24 via 192.168.200.101 dev tun0 proto bird onlink
```

這和原來模式的區別在於，下一次轉發不是同一個網段的實體機 B（IP 位址為 192.168.200.101），並且不是從 eth0 跳，而是建立一個隧道的端點 tun0，這裡才是下一次轉發。

如 果 我 們 在 容 器 A1 裡 面 的 172.17.8.2， 去 ping 容 器 B1 裡 面 的 172.17.9.2，首先會到實體機 A。在實體機 A 根據上面的規則，會轉發給 tun0，並在這裡對網路封包做以下封裝。

- 內層來源 IP 位址為 172.17.8.2。
- 內層目標 IP 位址為 172.17.9.2。
- 外層來源 IP 位址為 192.168.100.100。
- 外層目標 IP 位址為 192.168.200.101。

將這個網路封包從 eth0 發出去，在實體網路上會使用外層的 IP 位址進行路由，最後到達實體機 B。在實體機 B 上，tun0 會解封裝，將內層的來源 IP 位址和目標 IP 位址拿出來，轉發給對應的容器。

小結

本節歸納如下：

- Calico 推薦使用實體機作為路由器，這種模式沒有虛擬化負擔，效能比較高。
- Calico 的主要元件包含路由、iptables 的設定元件 Felix、路由廣播元件 BGP Speaker，以及大規模場景下的 BGP 路由反射器。
- 為解決跨網段的問題，Calico 還有一種 IPIP 模式，即在兩台機器之間打一個隧道，兩台機器分別位於隧道兩端，這樣本來不是鄰居的兩台機器，因為隧道變成了相鄰的機器。

思考題

1. 將 Calico 部署在公有雲上時，經常會選擇使用 IPIP 模式，你知道這是為什麼嗎？

2. 容器是用來部署微服務的，微服務之間的通訊，除了網路要互通，還需要高效率地傳輸資訊，例如下單的商品、價格、數量、支付的錢，等等，這些要透過什麼樣的協定來實現呢？

7.4 RPC 概述：遠在天邊，近在眼前

前面我們講了容器網路如何實現跨主機互通，以及微服務之間的相互呼叫。

網路是打通了，那麼圖 7-24 中服務之間的互相呼叫該怎麼實現呢？我們之前學過 socket，如果按照圖 7-25 中 socket 的標準使用流程，將用戶端視為服務的呼叫方，將服務端視為被呼叫方，然後建立一個 TCP 或 UDP 的連接，是不是就可以通訊了？

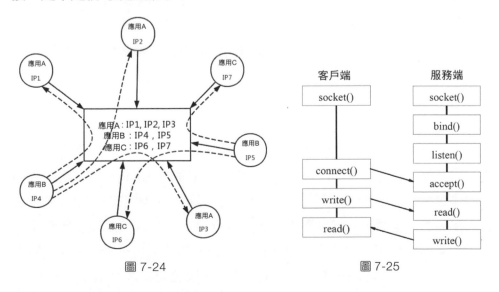

圖 7-24　　　　　　　　　　　圖 7-25

你仔細想一下，這沒這麼簡單。我們就拿最簡單的場景來說，例如用戶端呼叫一個加法函數，將兩個整數加起來，傳回它們的和。

如果放在本機呼叫，就是再簡單不過的事情了，只要稍微學過一種程式語言，三下五除二就搞定了。但是一旦變成了遠端呼叫，門檻一下子就變高了。

首先你要會 socket 程式設計，至少先要看完本書，然後再看很多磚頭厚的 socket 程式設計的書，學會之前提到的幾種 socket 程式設計的模型。這就使得本來大學畢業就能做的一項工作，變成了一項即使擁有 5 年工作經驗都不一定能做好的工作，而且，學會了 socket 程式設計，只是萬里長征的第一步。後面還有很多問題呢！

需要解決的五個問題

問題一：如何規定遠端呼叫的語法

用戶端如何告訴服務端，我是一個加法，而另一個是乘法？如何詢問用戶端，我是用字串 "add" 傳給你，還是傳給你一個整數（例如 1 表示加法，2 表示乘法）？服務端該如何告訴用戶端，我的這個加法，目前只能加整數，不能加小數和字串，而另一個加法能實現小數和整數的混合加法？那麼傳回值是什麼？正確的時候傳回什麼？錯誤的時候又傳回什麼？

問題二：如何傳遞參數

我是先傳兩個整數，然後傳一個運算符號 "add"，還是先傳運算符號，再傳兩個整數？是不是像資料結構裡一樣？如果都是 UDP，想要實現一個逆波蘭運算式，放在一個封包裡面還比較容易實現。如果是 TCP，是一個流，在這個流裡面，如何將兩次呼叫進行分界？什麼時候是頭，什麼時候是尾？萬一這次的參數和上次的參數混在了一起，TCP 一端發送出去的資料，另外一端不一定能一下子全部讀取出來，那麼怎樣才算讀完呢？

問題三：如何表示資料

在這個簡單的實例中，傳遞的是一個固定長度的 int 值，這種情況還好處理。如果是更長的類型，例如一個結構，甚至是一個類別，應該怎麼辦呢？如果是 int 值，不同的平台上的長度也不同，該怎麼辦呢？

如果在網路上傳輸超過 1 位元組的類型，還有大端和小端的問題。

假設我們要在 32 位元（4 位元組）的空間內儲存整數 1，很顯然只要 1 位元組放 1，其他 3 位元組放 0 就可以了。問題是 1 作為最低位元，應該放在 32 位元的最後一個位置呢，還是放在第一個位置呢？

最低位元放在最後一個位置，叫作小端（Little Endian），最低位元放在第一個位置，叫作大端（Big Endian）。TCP/IP 堆疊是按照大端來設計的，而 X86 機器多按照小端來設計，因而發出去時需要做一個轉換。

問題四：發生了錯誤、重傳、封包遺失、影響效能等問題怎麼辦

本機呼叫沒有這個問題，但是在網路上，這些問題就都需要處理，因為網路是不可靠的。雖然在同一個連接中還可以透過 TCP 避免封包遺失、重傳的問題，但是如果伺服器當機了又重新啟動，目前連接中斷了，TCP 就避免不了這些問題，需要應用自己進行重新呼叫、重新傳輸。那麼同樣的操作是否會做兩遍，遠端呼叫效能會不會受影響呢？

問題五：如何知道一個服務端都實現了哪些遠端呼叫，從哪個通訊埠可以存取這個遠端呼叫

假設服務端實現了多個遠端呼叫，每個遠端呼叫可能實現在不同的處理程序中，監聽的通訊埠也不一樣。由於服務端都是自己實現的，不可能使用一個大家公認的通訊埠，而且有可能多個處理程序部署在一台機器上，大家需要先佔通訊埠。為了防止衝突，常常會使用隨機通訊埠，那麼用戶端如何找到這些監聽的通訊埠呢？

協定約定問題

看到這麼多問題，你是不是想起了 1.1 節講過的圖 1-1，為方便閱讀，複製過來，如圖 7-26 所示。

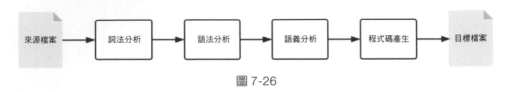

圖 7-26

本機呼叫函數裡有很多問題，例如詞法分析、語法分析、語義分析，等等，這些編譯器本來都能幫你完成。但是在遠端呼叫中，這些問題都需要你額外操心。

很多公司的解決方法是，做一個核心通訊組，裡面的成員都是 socket 程式設計的「高手」。實現一個統一的函數庫，讓其他業務組的人來呼叫，業務組的人不需要知道中間傳輸的細節。通訊雙方的語法、語義、格式、通訊埠、錯誤處理等，都需要呼叫方和被呼叫方開會商量，雙方達成一致。一旦其中一方有變動，就要及時通知對方，否則通訊就會產生問題。

但不是每個公司都有這種「高手」團隊，常常只有大公司才配得起，那麼，有沒有已經實現好的架構可以使用呢？

當然有。「高手」Bruce Jay Nelson 寫了一篇論文 *Implementing Remote Procedure Calls*，定義了 RPC 的呼叫標準。後面所有 RPC 架構，都是按照這個標準模式來的。

如圖 7-27 所示，當用戶端的應用想發起一個遠端呼叫時，它實際上本機呼叫了呼叫方的 Stub。它負責將呼叫的介面、方法和參數透過約定的協定標準進行編碼，並透過本機的 RPCRuntime 進行傳輸，將呼叫網路封包發送到服務端。

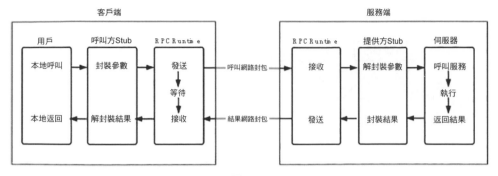

圖 7-27

服務端的 RPCRuntime 收到請求後,交給提供方 Stub 進行解碼,然後呼叫
服務端的方法,服務端執行方法、傳回結果,提供方 Stub 將傳回結果編碼
後發送給用戶端,用戶端 RPCRuntime 收到結果,發給呼叫方 Stub,解碼
獲得結果,傳回給用戶端。

這裡面分了三個層次,使用者和伺服器層都像本機呼叫一樣,專注於業務
邏輯的處理就可以了;Stub 層處理雙方約定好的語法、語義、封裝、解封
裝;RPCRuntime 層主要處理高性能的傳輸,以及網路的錯誤和例外。

RPC 最早的一種實現方式稱為 Sun RPC 或 ONC RPC。Sun 公司是第一個
提供商業化 RPC 函數庫和 RPC 編譯器的公司。這個 RPC 架構是在 NFS
協定中使用的。

NFS(Network File System)就是網路檔案系統。要使 NFS 成功執行,得
啟動兩個伺服器,一個是 mountd,用來掛載檔案路徑;另一個是 nfsd,
用來讀寫檔案。NFS 可以在本機 mount 一個遠端的目錄到本機的目錄,這
樣,本機使用者在這個目錄裡面寫入、讀出任何檔案時,其實操作的是另
一台遠端機器上的檔案。

如圖 7-28 所示,操作遠端機器和遠端呼叫的想法是一樣的,就像操作本
機機器一樣。所以 NFS 協定就是以 RPC 實現為基礎的。當然無論是什麼
RPC,底層都是 socket 程式設計。

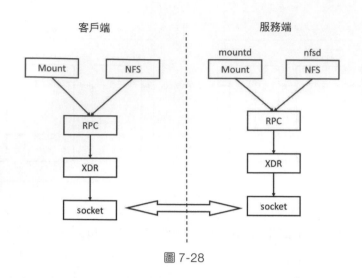

圖 7-28

XDR（External Data Representation，外部資料標記法）是一個標準的資料
壓縮格式，可以表示基本的資料類型，也可以表示結構。

圖 7-29 是幾種基本的資料類型。

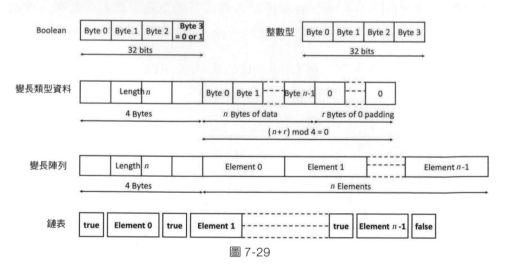

圖 7-29

在 RPC 的呼叫過程中，所有的資料類型都要封裝成類似的格式。而且
RPC 的呼叫和結果傳回也有嚴格的格式，如圖 7-30 所示。

■ XID 唯一標識 RPC 請求和回覆。

- 請求為 0,回覆為 1。
- RPC 有版本編號,兩端要比對 RPC 的版本編號。如果不符合,就會傳回 Deny,原因是 RPC_MISMATCH。
- 服務端程式有編號,如果服務端找不到這個程式,就會傳回 PROG_UNAVAIL。
- 服務端程式有版本編號,如果程式的版本編號不符合,就會傳回 PROG_MISMATCH。
- 一個程式可以有多個方法,方法也有編號,如果找不到方法,就會傳回 PROC_UNAVAIL。
- 呼叫需要認證驗證,如果不通過,則傳回 Deny。
- 最後是參數列表,如果參數無法解析,則傳回 GABAGE_ARGS。

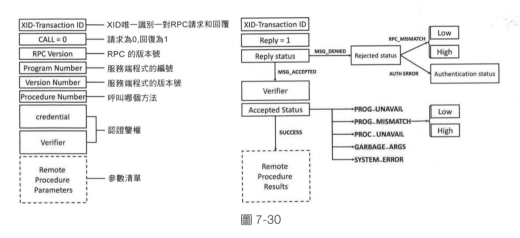

圖 7-30

為了可以成功呼叫 RPC,在用戶端和服務端實現 RPC 時,首先要定義一個雙方都認可的程式、版本、方法、參數等,定義的方法如圖 7-31 所示。

如果還是上面的加法,則雙方約定一個協定定義檔案,同理,如果是 NFS、mount 和讀寫,也會有類似的協定定義檔案。

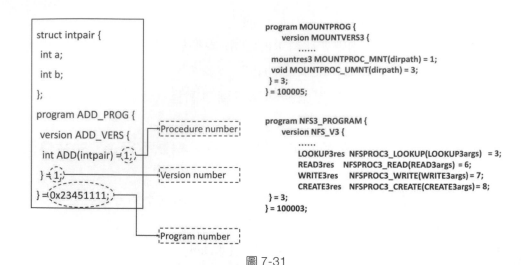

圖 7-31

有了協定定義檔案，ONC RPC 會提供一個工具，根據這個檔案產生用戶端和服務端的 Stub 程式。產生的檔案以及之間的呼叫關係如圖 7-32 所示。

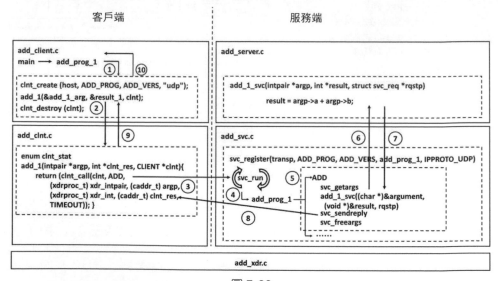

圖 7-32

最下層的是 XDR 檔案，用於編碼和解碼參數。這個檔案是用戶端和服務端共用的，只有雙方一致才能成功通訊。

在用戶端，會呼叫 clnt_create 建立一個連接，然後呼叫 add_1。用戶端呼叫 stub() 函數就像在呼叫本機函數，其實這個函數會發起一個 RPC 呼叫，透過呼叫 clnt_call 來呼叫 ONC RPC 的類別庫，進一步真正發送請求。呼叫的過程非常複雜，一會兒再詳細說明。

當然服務端也有一個 Stub 程式，監聽用戶端的請求，當呼叫到達時進行判斷，如果是 ADD，則呼叫真正的服務端邏輯，即將兩個數加起來。

服務端將結果傳回服務端的 Stub，這個 Stub 程式發送結果給用戶端，用戶端的 Stub 程式正在等待結果，當結果到達用戶端 Stub 時，就將結果傳回給用戶端的應用程式，進一步完成整個呼叫過程。

有了這個 RPC 的架構，前面五個問題中的前三個「如何規定遠端呼叫的語法」「如何傳遞參數」以及「如何表示資料」基本解決了，這三個問題我們統稱為協定約定問題。

傳輸協定問題

但是問題四中的錯誤、重傳、封包遺失、影響效能等問題還沒有解決，這些問題我們統稱為傳輸協定問題。這個就不用 stub() 函數操心了，它是由 ONC RPC 的類別庫來實現的。這是「高手」們實現的，我們只要呼叫就可以了。

如圖 7-33 所示，在這個類別庫中，為了解決傳輸協定問題，每一個用戶端都會建立一個傳輸管理層，而每一次 RPC 呼叫，都會建立一個工作。在傳輸管理層，你可以看到熟悉的佇列機制、擁塞視窗機制等。

由於在網路傳輸時，經常需要等待，同步的方式常常效率比較低，因而也就有了之前講的非同步模型。為了能夠實現非同步處理，遠端呼叫常常是透過狀態機來實現的，即只有滿足某個狀態的時候，才會進行下一步；如果不滿足狀態，就會將資源預留出來，用來處理其他的 RPC 呼叫。

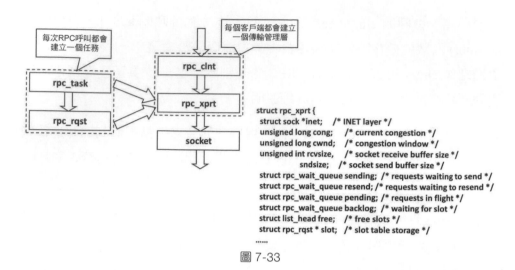

圖 7-33

從圖 7-34 可以看出，這個狀態轉換圖很複雜。

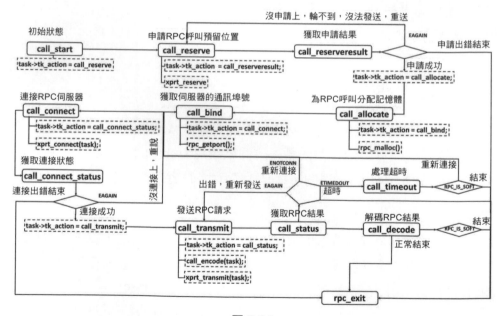

圖 7-34

首先，進入初始狀態，檢視 RPC 的傳輸層佇列中有沒有空閒的位置可以處理新的 RPC 工作。如果沒有，說明太忙了，直接結束或重試；如果申請成功，就可以分配記憶體，取得服務端的通訊埠編號，然後連接 RPC 服務端。

連接需要一段時間，我們要等待連接的結果。如果連接失敗，直接結束或重試；如果連接成功，則開始發送 RPC 請求，然後等待取得 RPC 結果，這個過程也需要一定的時間。如果發送出錯，可以重新發送；如果連接中斷，可以重新連接；如果逾時，也可以重新連接；如果取得到結果，就可以解碼，正常結束。

這裡處理了連接失敗、重試、發送失敗、逾時、重試等場景。不是「高手」真寫不出來，所以實現一個 RPC 的架構，其實很有難度。

服務發現問題

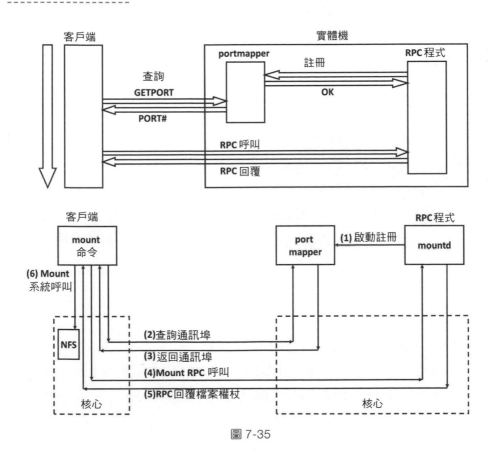

圖 7-35

傳輸協定問題解決了，我們還遺留一個問題，就是問題五，如何知道一個服務端都實現了哪些遠端呼叫，從哪個通訊埠可以存取這個遠端呼叫？這個問題我們稱為服務發現問題。在 ONC RPC 中，服務發現是透過 portmapper 實現的。

如圖 7-35 所示，portmapper 會在一個眾所皆知的通訊埠上啟動，由於 RPC 程式是使用者自己寫的，會在一個隨機通訊埠上監聽，但是 RPC 程式啟動時，會向 portmapper 註冊。用戶端要存取 RPC 服務端這個程式時，首先查詢 portmapper，取得 RPC 服務端程式的隨機通訊埠，然後向這個隨機通訊埠建立連接，開始進行 RPC 呼叫。從圖 7-35 中可以看出，mount 指令的 RPC 呼叫就是這樣實現的。

小結

本節歸納如下：

- 遠端呼叫看起來用 socket 程式設計就可以了，其實是很複雜的，要解決協定約定問題、傳輸協定問題和服務發現問題。
- Bruce Jay Nelson 的論文、早期 ONC RPC 架構，以及 NFS 的實現，列出了解決這三大問題的示範性實現，即協定約定要公用協定描述檔案並透過這個檔案產生 Stub 程式，RPC 的傳輸一般需要一個狀態機，同時需要另外一個處理程序專門做服務發現。

思考題

1. 本節中 mount 透過系統呼叫最後呼叫到 RPC 層。一旦 mount 完畢之後，用戶端就像寫入本機檔案一樣寫入 NFS，這個過程是如何觸發 RPC 層的呢？
2. ONC RPC 是早期的 RPC 架構，你覺得它有哪些問題？

微服務相關協定

8.1 以 XML 為基礎的 SOAP：不要説 NBA，請説美國職業籃球聯賽

7.4 節我們講了 RPC 的經典模型和設計要點，並以早期的 ONC RPC 為例，詳述了實際的實現。

ONC RPC 存在哪些問題

ONC RPC 將用戶端要發送的參數及服務端要發送的回覆都壓縮為一個二進位串，這樣固然能夠解決雙方協定約定的問題，但是仍然不方便。

首先，需要雙方的壓縮格式完全一致，一點都不能差。一旦有少許的差錯，多一位元、少一位元或錯一位元，都可能造成無法解壓縮。當然，我們可以透過加強傳輸層的可用性，以及加入驗證值等方式來減少傳輸過程中的差錯。

其次，協定修改不靈活。除了傳輸過程中造成的差錯，用戶端因為業務邏輯的改變增加或刪除了欄位，或服務端增加或刪除了欄位而沒有及時通知對方，或線上系統沒有及時升級，都會造成解壓縮不成功。

因而，當業務發生改變，需要多傳輸或少傳輸一些參數時，都需要及時通知對方，並且根據約定好的協定檔案重新產生雙方的 Stub 程式。自然，這樣操作的靈活性比較差。

如果僅是溝通的問題還好解決，更難處理的是版本的問題。例如在服務端提供一個服務，參數的格式是版本 1 的，已經有 50 個用戶端在線上呼叫了。現在有一個用戶端有一個需求，要加一個欄位，怎麼辦呢？這可是一個大工程，所有的用戶端都要轉換這個，重新寫程式，哪怕不需要這個欄位的用戶端也要加上這個欄位，並傳輸 0，這些程式設計師就很委屈，本來沒我什麼事，為什麼我躺著也中槍？

最後，ONC RPC 的設計明顯是針對函數的，而非物件導向。而目前物件導向的業務邏輯設計與實現方式已經成為主流。

這一切的根源就在於壓縮。就像平時我們愛用縮寫字。如果是籃球同好，你直接説 NBA（National Basketball Association，美國職業籃球聯賽），他馬上就知道什麼意思，但是如果你和一個大媽説 NBA，她可能就聽不懂。

所以，這種 RPC 架構只能用於用戶端和服務端全由一批人開發的場景，或至少用戶端和服務端的開發人員要密切溝通，相互合作，有大量的共同語言，才能按照既定的協定順暢地進行工作。

XML 與 SOAP

但是，一般情況下，我們做一個服務，都是要提供給陌生人用的，你和客戶不會經常溝通，也沒有什麼共同語言。這時就不適合用縮寫字，就像你給別人介紹 NBA，你要説美國職業籃球聯賽，這樣不管他是做什麼的，都能聽得懂。

放到我們的場景中，就是用文字類別的方式進行傳輸。無論哪個用戶端獲得這個文字，都能夠知道它的意義。

一種常見的文字類別格式是 XML。我們這裡舉一個實例，程式如下。

```
<?xml version="1.0" encoding="UTF-8"?>
<geek:purchaseOrder xmlns:xsi="http://www.w3.org/2001/XMLSchema-instance"
xmlns:geek="http://www.***.com/geek">
    <order>
        <date>2018-07-01</date>
        <className> 趣談網路通訊協定 </className>
        <Author> 劉超 </Author>
        <price>68</price>
    </order>
</geek:purchaseOrder>
```

這裡不會詳細説明 XML 的語法規則，但是看完下面的內容，即使沒有學過 XML，也能看懂這段 XML 描述的是什麼，不像上一節的二進位串，你看到的都是 010101，不知所云。

有了這個，ONC RPC 存在的那幾個問題就都不是問題了。

首先，壓縮格式沒必要完全一致。例如如果我們把 price 和 author 換個位置，並不影響用戶端和服務端解析這個文字，也根本不會誤會，以為這個課程的作者名字叫 68。

其次，協定修改較為靈活，如果有的用戶端想增加一個欄位，例如增加一個推薦人欄位，只需要在上面的檔案中加一行 <recommended>Gary</recommended>。對於不需要這個欄位的用戶端，不解析這一行就可以。只需要簡單地處理，就不會出現錯誤。

最後，這種表述方式顯然是描述一個訂單物件的，是一種物件導向的、更加接近使用者場景的表示法。

既然 XML 這麼好，接下來我們來看看怎麼把它用在 RPC 中。在這個過程中，主要有以下 3 個問題：傳輸協定問題、協定約定問題、服務發現問題。

傳輸協定問題

我們先解決第一個傳輸協定的問題。

以 XML 為基礎的最著名的通訊協定就是 SOAP 了，即簡單物件存取協定（Simple Object Access Protocol）。它使用 XML 撰寫簡單的請求和回覆訊息，並用 HTTP 進行傳輸。

SOAP 將請求和回覆放在一個信封裡面，就像傳遞一個郵件一樣。信封裡面的內容分為抬頭和正文，程式如下所示。

```
POST /purchaseOrder HTTP/1.1
Host: www.***.com
Content-Type: application/soap+xml; charset=utf-8
Content-Length: nnn

<?xml version="1.0"?>
<soap:Envelope xmlns:soap="http://www.w3.org/2001/12/soap-envelope"
soap:encodingStyle="http://www.w3.org/2001/12/soap-encoding">
   <soap:Header>
       <m:Trans xmlns:m="http://www.w3schools.com/transaction/"
 soap:mustUnderstand="1">1234
 </m:Trans>
   </soap:Header>
   <soap:Body xmlns:m="http://www. ***.com/perchaseOrder">
       <m:purchaseOrder">
           <order>
               <date>2018-07-01</date>
               <className> 趣談網路通訊協定 </className>
               <Author> 劉超 </Author>
               <price>68</price>
           </order>
       </m:purchaseOrder>
   </soap:Body>
</soap:Envelope>
```

HTTP 我們學過，這個請求使用 POST 方法，發送一個格式為 application/
soap+xml 的 XML 正文給 www. ***.com，進一步下一個訂單，這個訂單封
裝在 SOAP 的信封裡面，並且表明這是一筆交易（transaction），而且訂單
的詳情都已經寫明了。

協定約定問題

接下來我們解決第二個問題，雙方的協定約定是什麼樣的？

因為服務開發出來是給陌生人用的，就像上面下單的那個 XML 檔案，用
戶端如何知道應該怎樣拼裝成上面的格式呢？這時就需要對服務進行描
述，因為呼叫的人不認識你，所以沒辦法找到你，問你的服務應該如何呼
叫。

當然你可以寫文件，放在官方網站上，但是你的文件不一定更新得那麼及
時，而且你寫的文件也不一定那麼嚴謹，所以常常會有偵錯不成功的情
況。因而，我們需要一種相對比較嚴謹的網路服務描述語言，即 WSDL
（Web Service Description Language）。它也是一個 XML 檔案。

在這個檔案中，要定義一個類型 order，與上面的 XML 對應起來，程式如
下所示。

```
<wsdl:types>
<xsd:schema targetNamespace="http://www.***.org/geektime">
<xsd:complexType name="order">
<xsd:element name="date" type="xsd:string"></xsd:element>
<xsd:element name="className" type="xsd:string"></xsd:element>
<xsd:element name="Author" type="xsd:string"></xsd:element>
<xsd:element name="price" type="xsd:int"></xsd:element>
</xsd:complexType>
</xsd:schema>
</wsdl:types>
```

接著，需要定義一個 message 的結構，程式如下所示。

```
<wsdl:message name="purchase">
<wsdl:part name="purchaseOrder" element="tns:order"></wsdl:part>
</wsdl:message>
```

接下來，應該曝露一個通訊埠，程式如下所示。

```
<wsdl:portType name="PurchaseOrderService">
<wsdl:operation name="purchase">
<wsdl:input message="tns:purchase"></wsdl:input>
<wsdl:output message="......"></wsdl:output>
</wsdl:operation>
</wsdl:portType>
```

然後，我們來撰寫一個 binding，將上面定義的資訊綁定到 SOAP 請求的 body 裡面，程式如下所示。

```
<wsdl:binding name="purchaseOrderServiceSOAP"type= "tns:PurchaseOrder Service">
<soap:binding style="rpc"
transport="http://schemas.xmlsoap.org/soap/http" />
<wsdl:operation name="purchase">
<wsdl:input>
<soap:body use="literal" />
</wsdl:input>
<wsdl:output>
<soap:body use="literal" />
</wsdl:output>
</wsdl:operation>
</wsdl:binding>
```

最後，我們需要撰寫 service，程式如下所示。

```
<wsdl:service name="PurchaseOrderServiceImplService">
<wsdl:port binding="tns:purchaseOrderServiceSOAP" name="PurchaseOrder
ServiceImplPort">
<soap:address location="http://www.***.com:8080/purchaseOrder" />
</wsdl:port>
</wsdl:service>
```

WSDL 雖然有些複雜，不過好在有工具可以產生。

對於某個服務，哪怕是一個陌生人，都可以透過在服務位址後面加上 "?wsdl" 來取得到這個檔案，但是這個檔案比較複雜，不太容易看懂。不過好在有工具可以根據 WSDL 產生用戶端 Stub，讓用戶端透過 Stub 進行遠端呼叫，就和呼叫本機的方法一樣。

服務發現問題

最後解決第三個問題，服務發現問題。

這裡有一個 UDDI（Universal Description, Discovery, and Integration），即統一描述、發現和整合協定。它其實是一個註冊中心，服務提供方可以將上面的 WSDL 描述檔案發佈到這個註冊中心，註冊完畢後，服務使用方可以尋找到服務的描述，然後封裝為本機的用戶端進行呼叫。

小結

本節歸納如下：

- 原來的二進位 RPC 有很多缺點：格式要求嚴格、修改過於複雜、不物件導向。於是產生了以文字為基礎的呼叫方式——以 XML 為基礎的 SOAP。
- SOAP 的三大要素：協定約定用 WSDL、傳輸協定用 HTTP、服務發現用 UDDL。

思考題

1. HTTP 有多種方法，但是 SOAP 只用了 POST，這樣會有什麼問題嗎？
2. 以文字為基礎的 RPC 雖然解決了二進位的問題，但是 SOAP 還是有點複雜，還有一種更便捷的介面規則，你知道是什麼嗎？

8.2 以 JSON 為基礎的 RESTful 介面協定：我不關心過程，請給我結果

8.1 節我們講了以 XML 為基礎的 SOAP，SOAP 中 S 的意思是 Simple，但是好像一點都不簡單啊！

你會發現，對於 SOAP 來講，無論 XML 中呼叫的是什麼函數，多是透過 HTTP 的 POST 方法發送的。但是之前學習 HTTP 時，我們知道 HTTP 除了 POST，還有 PUT、DELETE、GET 等方法，這些也可以是一個個動作，而且基本滿足增刪查改的需求——增 POST、刪 DELETE、查 GET、改 PUT。

傳輸協定問題

對於 SOAP 來講，建立一個訂單用 POST，POST 不代表建立訂單這個動作，動作是寫明在 XML 裡面的，為 CreateOrder；刪除一個訂單，還是用 POST，同樣動作是寫明在 XML 裡面的，為 DeleteOrder。建立訂單也完全可以使用 POST 動作，在 XML 裡面就沒有必要寫明動作了，放一個訂單的資訊即可；刪除用 DELETE 作為一個動作，在 XML 裡面也只需要放一個訂單的 ID 即可。

於是 SOAP 就變成如下所示的簡單模樣。

```
POST /purchaseOrder HTTP/1.1
Host: www.***.com
Content-Type: application/xml; charset=utf-8
Content-Length: nnn

<?xml version="1.0"?>
 <order>
    <date>2018-07-01</date>
```

```
    <className> 趣談網路通訊協定 </className>
    <Author> 劉超 </Author>
    <price>68</price>
</order>
```

而且 XML 也可以用另外一種簡單的文字化的物件表示格式 JSON 來表示，程式如下所示。

```
POST /purchaseOrder HTTP/1.1
Host: www.***.com
Content-Type: application/json; charset=utf-8
Content-Length: nnn

{
 "order": {
  "date": "2018-07-01",
  "className": " 趣談網路通訊協定 ",
  "Author": " 劉超 ",
  "price": "68"
 }
}
```

經常寫 Web 應用的讀者應該已經發現，這就是 RESTful 格式的 API 的樣子。

協定約定問題

RESTful 不僅是一種 API，也是一種架構風格，全稱 Representational State Transfer，表述性狀態傳輸，這種架構風格來自一篇重要的論文《架構風格與以網路為基礎的軟體架構設計》（*Architectural Styles and the Design of Network-based Software Architectures*）。

這篇論文從深層次抽象地論證了網際網路應用應該有的設計要點，而這些設計要點成了後來我們能看到的所有高平行處理應用設計都必須要考慮的

內容，再加上 RESTful API 比較簡單直接，所以後來幾乎成為網際網路應用的標準介面。

因此，REST 和 SOAP 不一樣，它不是一種嚴格規定的標準，而是一種設計風格。如果按這種風格進行設計，RESTful 介面和 SOAP 介面都能做到，只不過後面的架構是 REST 宣導的，而 SOAP 相比較較關注前面的介面。

由於透過 WSDL 能夠產生用戶端的 Stub，SOAP 常常使用與傳統 RPC 類似的方式，即呼叫遠端和呼叫本機是一樣的。

然而本機呼叫和遠端跨網路呼叫畢竟不一樣，這裡的不一樣不僅會造成由網路導致的用戶端和服務端的分離而帶來的網路效能問題。更需要考慮的問題是，用戶端和服務端誰來維護狀態。所謂的狀態就是指目前對某個資料處理到了什麼程度。

舉例來說，瀏覽到了哪個目錄、看到了第幾頁、買了多少東西、需要扣減多少庫存，這些都是狀態。本機呼叫其實不用糾結這個問題，因為資料都在本機，誰處理都一樣，而且一邊處理了，另一邊馬上就能看到。

有了 RPC 之後，我們本來期望對上層透明，所以使用 RPC 時，對於狀態的問題也沒有太多的顧慮。

就像 NFS 一樣，用戶端會告訴服務端它要進入哪個目錄。服務端必須要為某個用戶端維護一個狀態，即目前這個用戶端瀏覽的目錄。舉例來說，用戶端 A 輸入 cd hello，服務端要在某個地方記住，用戶端 A 上次瀏覽到了 /root/liuchao，因而用戶端 A 的這次輸入，應該給它顯示 /root/liuchao/hello 下面的檔案清單。而如果有另一個用戶端 B，同樣輸入 cd hello，服務端也在某個地方記住，用戶端 B 上次瀏覽到 /var/lib，因而現在要給用戶端 B 顯示的是 /var/lib/hello。

不光 NFS，如果瀏覽翻頁，我們經常要實現函數 next()，即在一個列表中取下一頁，但是這就需要服務端記住，用戶端 A 上次瀏覽到 20 ～ 30 頁

了，那它呼叫函數 next()，應該顯示 30 ～ 40 頁，而用戶端 B 上次瀏覽到
100 ～ 110 頁了，呼叫函數 next() 應該顯示 110 ～ 120 頁。

上面的實例都是在 RPC 場景下由服務端來維護狀態的，很多 SOAP 介面
設計時，也常常按照這種模式。這種模式原來沒有問題是因為用戶端和服
務端之間的比例沒有失衡。因為一般不會有太多的用戶端同時連上來，所
以 NFS 還能把每個用戶端的狀態都記住。

公司內部使用的 ERP 系統（Enterprise Resource Planning，企業資源計畫）
如果使用 SOAP 的方式實現，服務端會為每個登入的使用者維護瀏覽到報
表那一頁的狀態，由於一個公司內部的人不會太多，把 ERP 放在一個強大
的實體機上，也能記得過來。

但是網際網路場景下，用戶端和服務端就徹底失衡了。你可以想像「雙
11」時，那麼多人同時來購物，服務端能記得過來嗎？當然不可能，所以
只好由多個服務端同時提供服務，大家分擔一下。但是這就存在一個問
題，一個服務端怎麼把自己記住的用戶端狀態告訴另一個服務端呢？或
説，你讓我給你分擔工作，你也要把工作的前因後果給我説清楚啊！

那服務端就要想了，既然這麼多用戶端，那大家就分分工吧。服務端只記
錄資源的狀態，例如檔案的狀態、報表的狀態、庫存的狀態。而用戶端自
己維護自己的狀態，例如存取到了哪個目錄、報表的哪一頁，等等。

這樣對 API 也有影響，也就是説，如果用戶端維護了自己的狀態，就不
能這樣呼叫服務端了。例如用戶端説：「我想存取目前的目錄下的 hello 路
徑。」服務端説：「我怎麼知道你的目前路徑？」所以用戶端先要知道自己
目前的路徑是 /root/liuchao，然後告訴服務端：「我想存取 /roo/liuchao/hello
路徑。」再舉例來説，用戶端説：「我想存取下一頁。」服務端説：「我怎麼
知道你目前存取到哪一頁了？」所以用戶端先要知道自己存取到了 100 ～
110 頁，然後告訴服務端：「我想存取 110 ～ 120 頁。」

這就是服務端的無狀態化。這樣服務端就可以水平擴充了，一百個服務端一起服務，不用交接，每個服務端都能處理。

所謂的無狀態，其實是服務端維護資源的狀態、用戶端維護階段的狀態。對服務端來講，只有資源的狀態改變了，用戶端才會呼叫 POST、PUT、DELETE 方法來找它。如果資源的狀態沒變，只是用戶端的狀態變了，就不用告訴服務端，對於用戶端來說都可以統一呼叫 GET 方法。

雖然這樣只改進了 GET 方法，但是已經帶來了很大的進步。因為對於網際網路應用，大多數是讀多寫少的。而且只要服務端的資源狀態不變，就給了我們快取的可能。例如可以將狀態快取到連線層，甚至快取到 CDN 的邊緣節點。

按照這種想法，對於 API 的設計，就慢慢變成了以資源為核心，而非以過程為核心。也就是説，用戶端只要告訴服務端想讓資源狀態最後變成什麼樣子就可以了，而不用告訴它過程和動作。

還是檔案目錄的實例。用戶端應該指定一個狀態，即需要存取到某個絕對路徑；而非只是指定一個動作，例如進入某個資料夾。再如，庫存的呼叫，應該檢視目前的庫存數目，然後用它減去購買的數量，就可以獲得最後的庫存數。這個時候用戶端應該設定目標庫存數（但是與目前庫存數要比對），而非告知減去多少庫存數。

這種 API 的設計需要實現冪等，如果網路不穩定，就會經常出錯，所以需要重試。但是一旦重試，就會存在冪等的問題，也就是同一個呼叫，多次呼叫的結果應該一樣。不能因為支付呼叫了三次就變成了支付三次，不能因為進入 cd a 做了三次就變成了 cd a/a/a，也不能因為扣減庫存呼叫了三次就扣減三次庫存。

當然按照這種設計模式，無論 RESTful API 還是 SOAP API 都可以將架構實現成無狀態的、針對資源的、冪等的、水平擴充的、可快取的。

SOAP 的 XML 正文中是可以寫入任何動作的，例如 \<ADD\>、\<MINUS\>
等。這就方便使用 SOAP 的人將大量的動作放在 API 裡面。RESTful 沒
這麼複雜，也沒給客戶提供這麼多的可能性，正文裡 JSON 只能描述資源
的狀態，沒辦法描述動作，而且能夠發出的動作只有 CRUD，即 POST、
GET、PUT、DELETE，也就是改變狀態的動作。

所以，從介面角度就讓你死了這條心。當然也有很多有技巧的方法，在使
用 RESTful API 的情況下依然提供以動作為基礎的有狀態請求，這就屬於
反模式了。

服務發現問題

對於 RESTful API 來講，我們已經解決了傳輸協定的問題——基於 HTTP，
協定約定問題——基於 JSON，最後要解決的是服務發現問題。

有個著名的以 RESTful API 為基礎的跨系統呼叫架構是 Spring Cloud。
在 Spring Cloud 中有一個元件叫 Eureka。傳說，阿基米德在洗澡時發現
了浮力原理，高興得來不及穿上褲子，跑到街上大喊：「Eureka（我找到
了）！」Eureka 是用來實現註冊中心的，負責維護註冊的服務清單。

服務中有兩方：服務提供方和服務消費方，服務提供方向 Eureka 做服務註
冊、續約和下線等操作。註冊的主要資料封包含服務名稱、機器 IP 位址、
通訊埠編號、域名，等等。

服務消費方向 Eureka 取得服務提供方的註冊資訊。為了實現負載平衡和容
錯，服務提供方可以註冊多個。

服務消費方要呼叫服務時，會從註冊中心讀出多個服務。那怎麼呼叫呢？
當然是用 RESTful 方式。Spring Cloud 提供了一個 RestTemplate 工具，
將請求物件轉為 JSON，並發起 RESTful 呼叫。RestTemplate 的呼叫也分
POST、PUT、GET 和 DELETE，當結果傳回時，根據傳回的 JSON 解析
成物件。

透過這樣的封裝，呼叫起來也很方便。

小結

本節歸納如下。

- SOAP 過於複雜，而且設計是針對動作的，因而常常因為架構問題導致平行處理量上不去。
- RESTful 不僅是一個 API，還是一種架構模式，主要針對資源提供無狀態服務，有利於水平擴充應對高平行處理。

思考題

1. 在討論 RESTful 模型時，舉了一個庫存的實例，但是這種方法有很大問題，那你知道為什麼要這樣設計嗎？
2. 以文字為基礎的 RPC 雖然解決了二進位的問題，但它本身也有問題，你能列出一些實例嗎？

8.3 二進位類別 RPC 協定：還是叫 NBA，總說全稱多費勁

前面講了兩個常用文字類別的 RPC 協定，陌生人之間的溝通，用 NBA、CBA 這樣的縮寫字，會使協定約定非常不方便。

在講 CDN 和 DNS 的時候，我們講過連線層的設計，對於靜態資源或動態資源靜態化的部分都可以做快取。但是對於下單、支付等交易場景，還是需要呼叫 API。

API 需要一個 API 閘道統一管理微服務的架構。API 閘道有多種實現方式，Nginx 或 OpenResty 結合 Lua 指令稿是常用的方式。在 8.2 節講過的 Spring Cloud 系統中，有個元件 Zuul 也是做這個的。

資料中心內部是如何相互呼叫的

API 閘道用來管理 API，但是 API 的實現一般在一個叫作 Controller 層的地方。這一層對外提供 API。由於目的是讓陌生人存取，目前業界主流 API 基本都是 RESTful 的 API，是針對大規模網際網路應用的，架構如圖 8-1 所示。

Controller 層中是網際網路應用的業務邏輯實現。8.2 節講 RESTful 時，説過業務邏輯的實現最好是無狀態的，這樣可以水平擴充，但是資源的狀態還需要服務端去維護。資源的狀態不應該在業務邏輯層，而應該在最底層的持久化層維護，一般會使用分散式資料庫和 ElasticSearch。

這些服務端的狀態，例如訂單、庫存、商品等狀態，都是重中之重，都需要持久化到硬碟上，不能遺失資料。但是由於硬碟讀寫效能差，因而持久化層的傳輸量常常不能達到網際網路應用要求的傳輸量，因而前面要有一層快取層，使用 Redis 或 Memcached 將請求攔截一部分，不能讓所有的請求都進入資料庫中軍大營。

快取層之上一般是基礎服務層，這裡面提供一些原子化的介面，例如對於使用者、商品、訂單、庫存的增刪查改。基礎服務層可以隱藏快取和資料庫對再上層的業務邏輯的影響，有了這一層，上層業務邏輯看到的都是介面，不必呼叫資料庫和快取。快取層的擴充、資料庫的分函數庫分表等所有的改變，都截止到這一層，這樣有利於將來快取和資料庫的運行維護。

再往上就是組合服務層。基礎服務層只提供簡單的介面，實現簡單的業務邏輯，而複雜的業務邏輯，例如下單（要扣優惠券，減庫存等），就要在組合服務層實現。

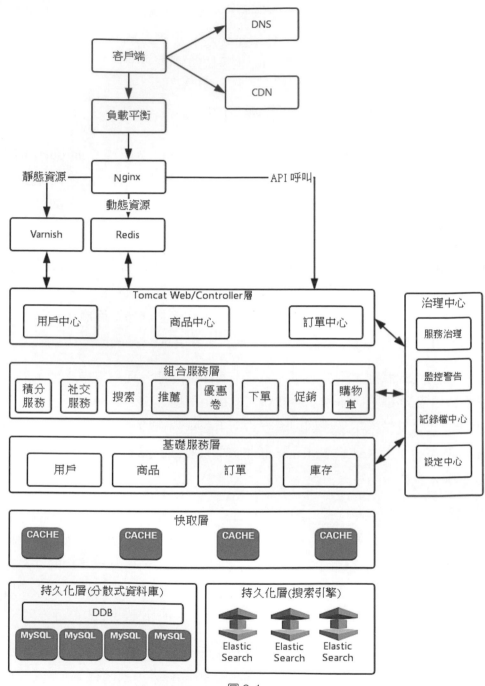

圖 8-1

這樣，Controller 層、組合服務層、基礎服務層就會相互呼叫，這個呼叫是在資料中心內部的，量也會比較大，是使用 RPC 的機制來實現的。

由於服務比較多，需要一個單獨的註冊中心來做服務發現。服務提供方會將自己提供哪些服務註冊到註冊中心中去，如果服務消費方訂閱這個服務，就可以對這個服務進行呼叫。

呼叫時有一個問題，執行 RPC 呼叫時應該用二進位還是文字類別？文字類別最大的問題是佔用空間大。例如數字 123，二進位 8 位元就夠了。如果變成文字，就成了字串 123，如果使用 UTF-8 編碼，就是 3 位元組；如果使用 UTF-16 編碼，就是 6 位元組。同樣的資訊，要浪費很多的空間，傳輸起來佔頻寬更多，延遲也更大。

因而對於資料中心內部的相互呼叫，很多公司選型時，還是希望採用更加省空間和頻寬的二進位方案。

一個著名的實例就是 Dubbo 服務化架構的二進位 RPC 方式，如圖 8-2 所示。

Dubbo 會在用戶端的本機啟動一個 Proxy，其實就是用戶端的 Stub，遠端的呼叫都透過這個 Stub 進行封裝。

接下來，Dubbo 會從註冊中心取得服務端的清單，根據路由規則和負載平衡規則，在多個服務端中選擇一個最合適的服務端進行呼叫。

呼叫服務端時，首先要進行編碼和序列化，形成 Dubbo 標頭和序列化的方法和參數。將編好碼的資料交給網路用戶端進行發送，網路服務端收到訊息後進行解碼。然後將工作分發給某個執行緒進行處理，在執行緒中會呼叫服務端的程式邏輯，最後傳回結果。

這個過程和經典的 RPC 模式何其相似！

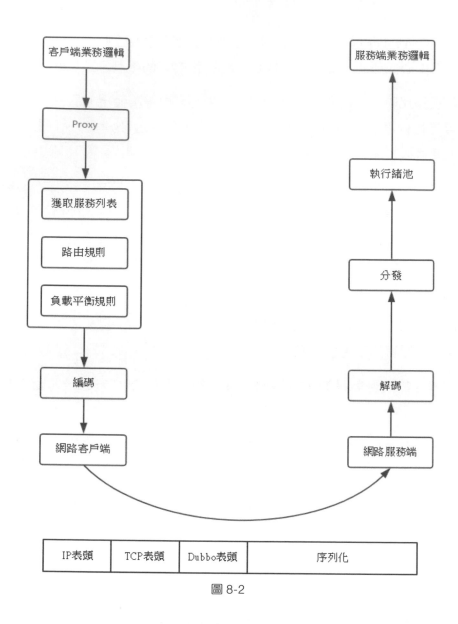

圖 8-2

如何解決 Dubbo 的協定約定問題

服務發現問題已經透過註冊中心解決了。我們下面就來看一下 Dubbo 的協定約定問題。

Dubbo 中預設的 RPC 協定是 Hessian2。為了確保傳輸的效率，Hessian2 將遠端呼叫序列化為二進位格式進行傳輸，並且可以進行一定的壓縮。這時你可能會疑惑，同為二進位的序列化協定，Hessian2 和前面的二進位的 RPC 有什麼區別呢？

原來的 RPC 協定，為了使用戶端和服務端形成一致的協定，需要事先定義一個協定檔案，然後透過這個協定檔案產生用戶端和服務端的 Stub，這樣才能按照約定的協定進行相互呼叫，但是一旦協定發生改變，就需要重新定義協定檔案，重新產生用戶端和服務端的 Stub，這樣就很不方便。Hessian2 解決了這個問題，它不需要定義這個協定檔案，因為它是自描述的。

所謂自描述就是，關於呼叫哪個函數、參數是什麼，另一方不需要借助某個協定檔案，僅根據 Hessian2 的規則，就能自己解析出來。

有協定檔案的場景，就像兩個人事先將規則約定好，例如一方連續發出來 3 個數字，第一個數字 0 表示加法，後面的兩個數字表示兩個加數，服務端收到後將兩個加數相加，然後把結果傳回。如果一方發送 012，另一方就知道這是要把 1 和 2 加起來，傳回 3。但是如果服務端沒有這個協定檔案，就不知道這個約定，當它收到 012 時，完全不知道代表什麼意思。

而自描述的場景，就像兩個人說的每句話都附帶前因後果。舉例來説，傳遞的資訊是：「函數 add()，第一個參數 1，第二個參數 2。」這樣無論誰拿到這個表述，都知道是什麼意思，但是它是以二進位的形式編碼的，相當於綜合了 XML 和二進位共同優勢的協定。

Hessian2 是如何做到這一點的呢？需要去看 Hessian2 序列化的語法描述檔案，如圖 8-3 所示。

```
top              # starting production
      ::= value                                          long             # 64-bit signed long integer
                                                             ::= 'L' b7 b6 b5 b4 b3 b2 b1 b0
                 # 8-bit binary data split into 64k chunks    ::= [xd8-xef]            # -x08 to x0f
binary  ::= x41 b1 b0 <binary-data> binary # non-final chunk  ::= [xf0-xff] b0         # -x800 to x7ff
        ::= 'B' b1 b0 <binary-data>        # final chunk      ::= [x38-x3f] b1 b0      # -x40000 to x3ffff
        ::= [x20-x2f] <binary-data>        # binary data of   ::= x59 b3 b2 b1 b0      # 32-bit integer cast to long
                                           #   length 0-15
        ::= [x34-x37] <binary-data>        # binary data of map              # map/object
                                           #   length 0-1023  ::= 'M' type (value value)* 'Z' # key, value map pairs
                                                              ::= 'H' (value value)* 'Z'      # untyped key, value
                 # boolean true/false
boolean ::= 'T'                            null             # null value
        ::= 'F'                                ::= 'N'

                 # definition for an object (compact map) object           # Object instance
class-def ::= 'C' string int string*           ::= 'O' int value*
                                               ::= [x60-x6f] value*
                 # time in UTC encoded as 64-bit long milliseconds since
                 #   epoch                     ref              # value reference (e.g. circular trees and graphs)
date    ::= x4a b7 b6 b5 b4 b3 b2 b1 b0        ::= x51 int              # reference to nth map/list/object
        ::= x4b b3 b2 b1 b0    # minutes since epoch
                                               string           # UTF-8 encoded character string split into 64k chunks
                 # 64-bit IEEE double             ::= x52 b1 b0 <utf8-data> string # non-final chunk
double  ::= 'D' b7 b6 b5 b4 b3 b2 b1 b0          ::= 'S' b1 b0 <utf8-data>        # string of length
        ::= x5b              # 0.0                                                #   0-65535
        ::= x5c              # 1.0                 ::= [x00-x1f] <utf8-data>      # string of length
        ::= x5d b0           # byte cast to double                               #   0-31
                             #   (-128.0 to 127.0)    ::= [x30-x34] <utf8-data>  # string of length
        ::= x5e b1 b0        # short cast to double                             #   0-1023
        ::= x5f b3 b2 b1 b0  # 32-bit float cast to double
                                               type             # map/list types for OO languages
                 # 32-bit signed integer            ::= string               # type name
int     ::= 'I' b3 b2 b1 b0                       ::= int                  # type reference
        ::= [x80-xbf]        # -x10 to x3f
        ::= [xc0-xcf] b0     # -x800 to x7ff    value            # main production
        ::= [xd0-xd7] b1 b0  # -x40000 to x3ffff   ::= null
                                                  ::= binary
                 # list/vector                    ::= boolean
list    ::= x55 type value* 'Z'  # variable-length list  ::= class-def value
        ::= 'V' type int value*  # fixed-length list     ::= date
        ::= x57 value* 'Z'       # variable-length untyped list ::= double
        ::= x58 int value*       # fixed-length untyped list    ::= int
        ::= [x70-77] type value* # fixed-length typed list      ::= list
        ::= [x78-7f] value*      # fixed-length untyped list    ::= long
                                                  ::= map
                                                  ::= object
                                                  ::= ref
                                                  ::= string
```

圖 8-3

圖 8-3 看起來很複雜，但在編譯原理裡是有這樣的語法規則的。我們從 top 看起，最後一層是 value，直到形成一棵樹。為了防止問題，每一個類型的起始數字都要設定為獨一無二的。這樣，解析時看到這個數字就知道後面跟的是什麼。

這裡還是以加法為例，add(2,3) 被序列化之後是什麼樣的呢？程式如下所示。

```
H x02 x00  # Hessian 2.0
C          # RPC call
 x03 add   # method "add"
 x92       # two arguments
 x92       # 2 - argument 1
 x93       # 3 - argument 2
```

以上程式解析如下。

- H 開頭，表示使用的協定是 Hessian，H 的二進位是 0x48。
- C 開頭，表示這是一個 RPC 呼叫。
- 0x03，表示方法名稱是 3 個字元。
- 0x92，表示有兩個參數。其實這裡存的應該是 2，加上 0x90 是為了防止問題，表示這裡一定是一個 int。
- 第一個參數是 2，編碼為 0x92；第二個參數是 3，編碼為 0x93。

這就叫作自描述。

另外，Hessian2 是物件導向的，可以傳輸一個物件，程式如下所示。

```
class Car {
 String color;
 String model;
}
out.writeObject(new Car("red", "corvette"));
out.writeObject(new Car("green", "civic"));
---
C                  # object definition (#0)
 x0b example.Car   # type is example.Car
 x92               # two fields
 x05 color         # color field name
 x05 model         # model field name

O                  # object def (long form)
 x90               # object definition #0
 x03 red           # color field value
 x08 corvette      # model field value

x60                # object def #0 (short form)
 x05 green         # color field value
 x05 civic         # model field value
```

首先，定義一個類別，把類別的定義也傳給接收方，所以它也是自描述的。類別名稱為 example.Car，字元長 11 位元，因而前面長度為 0x0b 位

元。它有兩個成員變數，一個是 color，另一個是 model，字元長 5 位元，因而前面長度為 0x05 位元。

然後，傳輸的物件參考這個類別。由於類別定義在位置 0，因而物件會指向這個位置 0，編碼為 0x90。後面 red 和 corvette 是兩個成員變數的值，字元長分別為 3 位元和 8 位元。

接著又傳輸一個屬於相同類的物件。這時就不儲存對於類別的參考了，只儲存一個 0x60，表示同上就可以了。

可以看出，Hessian2 真的是能壓縮就儘量壓縮，多一位元組都不傳。

如何解決 Dubbo 的 RPC 傳輸問題

接下來，我們再來看 Dubbo 的 RPC 傳輸問題。前面我們有提到，以 socket 實現一個高性能為基礎的服務端，是很複雜的一件事情，在 Dubbo 裡面，使用了 Netty 的網路傳輸架構。

Netty 是一個非阻塞的以事件為基礎的網路傳輸架構，在服務端啟動時，會監聽一個通訊埠。

- 當收到用戶端的連接事件時，會呼叫 void connected(Channel channel)。
- 當寫入事件觸發時，會呼叫 void sent(Channel channel, Object message)，服務端向用戶端傳回回應資料。
- 當讀取事件觸發時，會呼叫 void received(Channel channel, Object message)，服務端收到用戶端的請求資料。
- 當發生例外時，會呼叫 void caught(Channel channel, Throwable exception)。

當事件觸發之後，服務端在這些函數中的邏輯可以選擇直接在這個函數裡面操作，將請求分發到執行緒池去處理。一般非同步的資料讀寫都需要另外的執行緒池參與，在執行緒池中會呼叫真正的服務端業務程式邏輯並傳回結果。

Hessian2 是 Dubbo 預設的 RPC 序列化方式，當然還有其他選擇。舉例來說，Dubbox 從 Spark 那裡參考了 Kryo 來實現高性能的序列化。

到這裡，我們說明了資料中心裡面的相互呼叫。為了實現高性能，大家都願意用二進位，但是為什麼後期 Spring Cloud 又興起了呢？這是因為，平行處理量越來越大，已經到了微服務的階段。微服務粒度更細，模組之間的關係更加複雜。

在上面的架構中，如果使用二進位的方式進行序列化，雖然不用協定檔案來產生 Stub，但是對於介面的定義，以及 DTO（Data Transfer Object，資料傳輸物件），還是需要共用 JAR 套件。因為只有用戶端和服務端都有這個 JAR 套件，才能成功地進行序列化和反序列化。

但關係複雜時，JAR 套件的依賴也會變得例外複雜，難以維護，如果因為在 DTO 裡加了一個欄位而使雙方的 JAR 套件沒有比對好，最後也會導致序列化不成功，而且還有可能造成循環依賴。這時一般有以下兩種選擇。

第一種，建立嚴格的專案管理流程。

- 不允許循環呼叫，不允許跨層呼叫，只允許上層呼叫下層，不允許下層呼叫上層。
- 介面要保持相容性，如遇到介面無法相容的情況，常常採取不改變原來的介面而是新增加一個介面的模式，並要求使用原有介面的應用逐漸成為使用新的介面。在這個過程中應該對介面的呼叫情況進行監控，發現原有介面不再被任何應用呼叫的時候，就可以下線原有介面。
- 升級的時候，先升級服務提供端，再升級服務消費端。

第二種，改用 RESTful 的方式。

- 使用 Spring Cloud，服務消費端和服務提供端不用共用 JAR 套件，各自分別宣告，只要能變成 JSON 即可，而且 JSON 也比較靈活。

■ 使用 RESTful 的方式，效能會降低，所以需要透過水平擴充來抵消單機
的效能損耗。

這個時候，就看架構師的選擇了！

小結

本節歸納如下：

■ RESTful API 對於連線層和 Controller 層之外的呼叫，已基本形成事實
標準，但隨著內部服務之間的呼叫越來越多，效能也越來越重要，於是
Dubbo 的 RPC 架構有了用武之地。

■ Dubbo 透過註冊中心解決服務發現問題，透過 Hessian2 序列化解決協
定約定的問題，透過 Netty 解決網路傳輸的問題。

■ 在更加複雜的微服務場景下，Spring Cloud 的 RESTful 方式在內部呼叫
時也會被考慮，重要的是 JAR 套件的依賴和管理問題。

思考題

1. 對於微服務模式下的 RPC 架構的選擇，Dubbo 和 Spring Cloud 各有優缺
點，你能做個詳細的比較嗎？

2. 到目前為止，我們講過的 RPC，還沒有跨語言呼叫的場景，你知道如果跨
語言呼叫應該怎麼辦嗎？

8.4 跨語言類別 RPC 協定：交流之前，雙方先交換一下專業術語表

到目前為止，我們已經說明了 4 種 RPC 協定，分別是 ONC RPC、以 XML 為基礎的 SOAP、以 JSON 為基礎的 RESTful 和 Hessian2。

透過學習，我們可以看到不同類別的 RPC 協定各有各的優勢和劣勢：二進位協定的傳輸效能好，而文字類別協定的傳輸效能差一些；二進位協定難以跨語言，而文字類別協定就比較容易實現；需要寫協定檔案的協定嚴謹一些，不用寫協定檔案的協定就靈活一些；所有的協定都有服務發現機制，有的協定可以進行服務治理，有的則沒有服務治理機制。

我們也看到了 RPC 從最初的用戶端伺服器模式，最後演進到了微服務。在這個過程中，對於 RPC 的要求越來越多了，實際有哪些呢？

- 首先，傳輸效能很重要。服務之間的呼叫如此頻繁，所以還是使用二進位，越快越好。
- 其次，能夠跨語言很重要。因為服務多了，用什麼語言寫的都有，而且不同的語言適用於不同的場景，不能一個語言走到底。
- 最好既嚴謹又靈活，增加欄位時不用重新編譯和發佈程式。
- 最好既有服務發現，也有服務治理，就像 Dubbo 和 Spring Cloud 一樣。

Protocol Buffers

下面就來介紹一個向理想邁進的 gRPC。

gRPC 首先滿足二進位和跨語言這兩條，二進位說明壓縮效率高，跨語言說明更靈活。但是又是二進位，又是跨語言，這就相當於兩個人溝通，你不但說方言，還說縮寫字，人家怎麼能聽懂呢？所以，最好雙方做一個協定約定檔案，裡面規定好雙方溝通的專業術語，這樣溝通就順暢多了。

對於 gRPC 來講，二進位序列化協定是 Protocol Buffers。首先，需要定義一個協定檔案 .proto。

我們還是看一下買極客時間專欄的這個實例，程式如下所示。

```
syntax = "proto3";
package com.geektime.grpc
option java_package = "com.geektime.grpc";
message Order {
 required string date = 1;
 required string classname = 2;
 required string author = 3;
 required int price = 4;
}

message OrderResponse {
  required string message = 1;
}

service PurchaseOrder {
  rpc Purchase (Order) returns (OrderResponse) {}
}
```

在這個協定檔案中，首先指定使用 proto3 的語法，然後使用 Protocol Buffers 的語法定義兩個訊息的類型，一個是發出去的參數，一個是傳回的結果。裡面的每一個欄位，例如 date、classname、author、price 都有唯一的數位識別碼，這樣在壓縮時，就不用傳輸欄位名稱了，只傳輸這個數位識別碼即可，能節省很多空間。

最後定義一個服務，裡面會有一個 RPC 呼叫的宣告。

無論使用什麼語言，都有對應的工具產生用戶端和服務端的 Stub 程式，這樣用戶端就可以像呼叫本機服務一樣呼叫遠端的服務了。

協定約定問題

Protocol Buffers 是一款壓縮效率極高的序列化協定，有很多設計精巧的序列化方法。

對於 32 位元的 int 類型，一般都需要 4 位元組進行儲存。在 Protocol Buffers 中，使用的是變長整形。每位元組的 8 位元，都有特殊的含義。如果該位元為 1，表示這個數字沒完，後續的位元組也屬於這個數字；如果該位元為 0，則這個數字到此結束。其他的 7 位元才是用來表示數字的內容。因此，小於 128 的數字都可以用 1 位元組表示；大於 128 的數字，例如 130，會用 2 位元組來表示。

對於每一個欄位，Protocol Buffers 使用的是 TLV（Tag，Length，Value）的儲存辦法。

其中 Tag = (field_num << 3) | wire_type。field_num 就是在 proto 檔案中給每個欄位指定唯一的數位識別碼，而 wire_type 用於標識後面的資料類型。對應關係如圖 8-4 所示。

Wire Type	對應的 protobuf 類型	編碼長度
WIRETYPE_VARINT = 0	int32, int64, uint32, uint64, sint32, sint64, bool, enum	變長整數
WIRETYPE_FIXED64 = 1	fixed64, sfixed64, double	定長64位
WIRETYPE_LENGTH_DELIMITED = 2	string, bytes, embedded messages, packed repeated fields	變長, Tag後面會有Length
WIRETYPE_START_GROUP = 3	groups (deprecated)	已廢棄
WIRETYPE_END_GROUP = 4	groups (deprecated)	已廢棄
WIRETYPE_FIXED32 = 5	fixed32, sfixed32, float	定長32位

圖 8-4

舉例來説，對於 string author = 3，在這裡 field_num 為 3，string 的 wire_type 為 2，於是 (field_num << 3) | wire_type = (11000) | 10 = 11010 = 26。接

下來是 Length，最後是 Value 為 liuchao，如果使用 UTF-8 編碼，長度為 7 個字元，則 Length 為 7。

可見，在序列化效率方面，Protocol Buffers 簡直做到了極致。

在靈活性方面，這種以協定檔案為基礎的二進位壓縮協定常常存在不方便更新的問題。舉例來說，用戶端和服務端因為需求的改變需要增加或刪除欄位時應如何處理？

這一點上，Protocol Buffers 考慮了相容性。在上面的協定檔案中，每一個欄位都有修飾符號。例如：

- required：這個值不能為空，一定要有這樣一個欄位出現。
- optional：可選欄位，可以設定，也可以不設定，如果不設定，則使用預設值。
- repeated：可以重複 0 到多次。

如果我們想修改協定檔案，對於指定替某個標籤的數字，例如 string author=3，就不要修改了，因為這個數字一旦改變就無法識別；也不要增加或刪除 required 欄位，因為解析時，如果沒有這個欄位就會顯示出錯。對於 optional 和 repeated 欄位，可以刪除，也可以增加，這就給了用戶端和服務端升級的可能性。

舉例來說，我們在協定裡面新增一個 string recommended 欄位，表示這個課程是由誰推薦的，可以將這個欄位設定為可選的（optional）。為了啟用這個新增的欄位，我們需要對用戶端和服務端進行升級。我們可以選擇先升級服務端，這個時候由於用戶端尚未升級，用戶端發送的訊息是沒有這個欄位的，沒關係，既然這個欄位是可選的，服務端會將這個欄位設定為一個預設值。我們也可以選擇先升級用戶端，這個時候用戶端發送的訊息是有這個欄位的，而服務端由於沒有升級，因此無法識別這個欄位，也沒關係，既然這個欄位是可選的，服務端會選擇忽略這個欄位。

至此，我們解決了協定約定的問題。

傳輸協定問題

接下來，我們來看傳輸協定的問題。

如果是 Java 技術堆疊，gRPC 的用戶端和服務端之間透過 Netty Channel 作為資料通道，每個請求都被封裝成 HTTP 2.0 的流。

Netty 是一個高效的、以非同步 I/O 為基礎的網路傳輸架構，8.3 節已經介紹過了。HTTP 2.0 在 4.1 節也已經介紹過了。HTTP 2.0 將一個 TCP 的連接切分成多個流，每個流都有自己的 ID，而且流是有優先順序的。流可以是用戶端發往服務端，也可以是服務端發往用戶端。它其實只是一個虛擬的通道。

HTTP 2.0 還將所有的傳輸資訊分割為更小的訊息和訊框，並對它們採用二進位格式進行編碼。

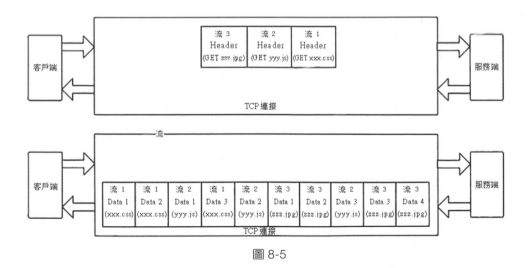

圖 8-5

透過這兩種機制，HTTP 2.0 的用戶端可以將多個請求分到不同的流中，然後將請求內容拆成訊框，進行二進位傳輸。這些訊框可以打散亂數發送，

然後根據每個訊框表頭的流識別符號重新組裝，並且可以根據優先順序決定優先處理哪個流的資料。如圖 8-5 所示。

由於基於 HTTP 2.0，gRPC 和其他的 RPC 不同，可以定義以下 4 種服務方法。

第一種也是最常用的方式，是單向 RPC，即用戶端發送一個請求給服務端，從服務端取得一個回應，就像一次普通的函數呼叫，程式如下所示。

```
rpc SayHello(HelloRequest)returns (HelloResponse){}
```

第二種方式是服務端流式 RPC，即服務端傳回的不是一個結果，而是一批。用戶端發送一個請求給服務端，可取得一個資料流程來讀取一系列訊息。用戶端從傳回的資料流程裡一直讀取，直到沒有更多訊息為止，程式如下所示。

```
rpc LotsOfReplies(HelloRequest) returns (stream HelloResponse){}
```

第三種方式為用戶端流式 RPC，即用戶端的請求不是一個，而是一批。用戶端用提供的資料流程寫入並發送一系列訊息給服務端。一旦用戶端完成訊息寫入，就等待服務端讀取這些訊息並傳回回應，程式如下所示。

```
rpc LotsOfGreetings(stream HelloRequest) returns (HelloResponse) {}
```

第四種方式為雙向流式 RPC，即兩邊都可以透過一個讀寫資料流程來發送一系列訊息。這兩個資料流程操作是相互獨立的，所以用戶端和服務端能按其希望的任意順序讀寫，服務端可以等待所有的用戶端訊息都被自己接收後再寫回應，或它可以先讀一個訊息再寫一個訊息，或使用讀寫相結合的其他方式。每個資料流程裡訊息的順序會被保持，程式如下所示。

```
rpc BidiHello(stream HelloRequest) returns (stream HelloResponse){}
```

基於 HTTP 2.0，用戶端和服務端之間的對話模式要豐富得多，不僅可以單方向遠端呼叫，還可以在服務端狀態改變時主動通知用戶端。

至此，傳輸協定問題獲得了解決。

服務發現問題

最後是服務發現問題。

gRPC 本身沒有提供服務發現的機制，需要借助其他的元件發現要存取的服務端，在多個服務端之間進行容錯和負載平衡。

其實負載平衡本身比較簡單，LVS、HAProxy、Nginx 都可以做，關鍵問題是如何發現服務端，並根據服務端的變化，動態修改負載平衡器的設定。

在這裡我們介紹一種對 gRPC 支援比較好的負載平衡器 Envoy。其實 Envoy 不僅是負載平衡器，它還是一個高性能的由 C++ 撰寫的 Proxy 轉發器，可以設定非常靈活的轉發規則。

這些規則可以是靜態的、放在設定檔中的，在啟動時載入。要想重新載入，一般需要重新啟動，但是 Envoy 支援熱載入和熱重新啟動，這在某種程度上解決了這個問題。

當然，最好的方式是將規則設定為動態的，放在統一的地方維護。這個地方在 Envoy 中被稱為服務發現（Discovery Service），過一段時間去這裡拿一下設定，就可以修改轉發策略。

無論是靜態的，還是動態的規則，常常會設定以下 4 項。

■ Listener：Envoy 既然也是 Proxy 轉發器，專門做轉發，就得監聽一個通訊埠，連線請求，然後才能夠根據策略轉發，這個監聽的通訊埠就稱為 Listener。
■ Endpoint：目標 IP 位址和通訊埠。這個是 Proxy 最後將請求轉發到的地方。

- Cluster：一個 Cluster 是具有完全相同行為的多個 Endpoint，即如果有 3 個服務端在執行，就會有 3 個 IP 位址和通訊埠，但是會有完全相同的 3 個服務被部署，它們組成一個 Cluster，從 Cluster 到 Endpoint 的過程稱為負載平衡，可以輪詢。

- Route：有時候多個 Cluster 具有類似的功能，但是它們的版本編號不同，可以透過 Route 規則選擇將請求路由到某一個版本編號，即某一個 Cluster 上。

如果這些規則是靜態的，則將後端的服務端 IP 位址拿出，然後放在設定檔裡面即可。如果是動態的，就需要設定一個服務註冊治理中心。這個服務註冊治理中心要實現 Envoy 的 API，Envoy 可以主動去服務註冊治理中心拉取轉發策略。如圖 8-6 所示。

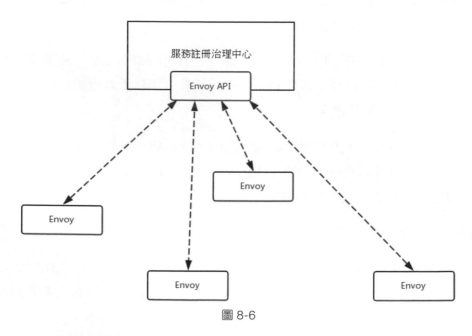

圖 8-6

看來，Envoy 處理程序和服務註冊治理中心之間要經常相互通訊、互相發送資料，所以 Envoy 在控制面與服務註冊治理中心進行溝通時，就可以使用 gRPC，也就天然具備在使用者面支撐 gRPC 的能力。

Envoy 如果複雜地設定，都能做什麼事情呢？

一種常見的規則是設定路由策略。例如後端的服務有兩個版本，可以透過設定 Envoy 的路由來設定兩個版本之間，即兩個 Cluster 之間的路由規則，一個佔 99% 的流量，另一個佔 1% 的流量。

另一種常見的規則就是負載平衡策略。對於一個 Cluster 下的多個 Endpoint，可以設定負載平衡機制和健康檢查機制，每當新增了一個服務端，或「掛」了一個服務端，都能夠及時設定 Envoy，進行負載平衡。如圖 8-7 所示。

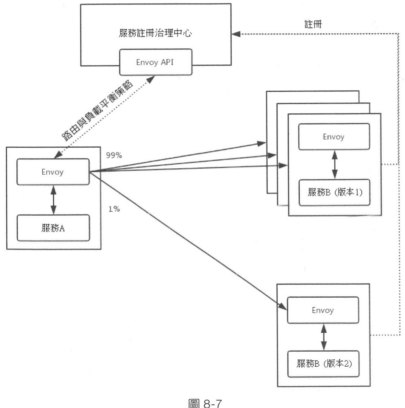

圖 8-7

所有這些節點的變化都會上傳到服務註冊治理中心，所有這些策略都可以透過服務註冊治理中心進行下發。

Envoy 這麼好，服務之間的相互呼叫是不是能夠全部由它代理？如果這樣，服務就不用像以 Dubbo 或 Spring Cloud 開發為基礎的應用一樣，需要自己寫程式、做大量的修改才能感知服務註冊治理中心。如果服務能夠在意識不到服務治理中心存在的情況下直接進行 gRPC 的呼叫，註冊和治理動作全部被代理，事情就會變得簡單很多。

這就是未來服務治理的趨勢 Serivce Mesh，即應用之間的相互呼叫全部由 Envoy 代理，服務之間的治理也被 Envoy 代理，完全將服務治理抽象出來，到平台層解決。如圖 8-8 所示。

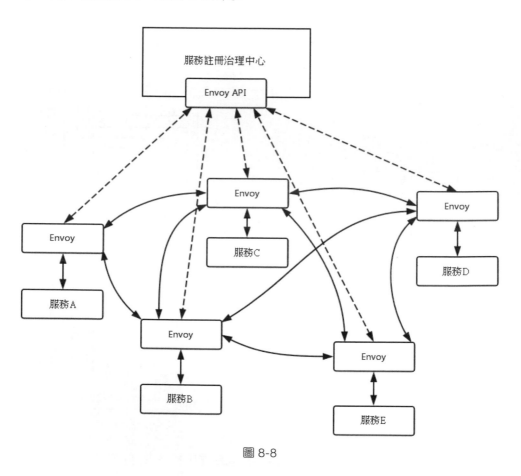

圖 8-8

至此 RPC 架構中有治理功能的 Dubbo、Spring Cloud、Service Mesh 就聚齊了。

小結

本節歸納如下：

- gRPC 是一種二進位、效能好、跨語言、更靈活，同時可以進行服務治理的多快好省的 RPC 架構，唯一的不足就是要寫協定檔案。
- gRPC 在序列化時使用 Protocol Buffers，網路傳輸時使用 HTTP 2.0，服務治理時可以使用以 Envoy 為基礎的 Service Mesh。

本書已經接近尾聲。你還記得開始時我們講過的那個「雙 11」下單的故事嗎？第 9 章開始，會將這個過程有關的網路通訊協定細節全部串聯起來，給你還原一個完整的網路通訊協定使用場景。

思考題

1. 在説明 Service Mesh 時，我們提到，希望 Envoy 能夠在服務不感知服務註冊治理中心的情況下，將服務之間的呼叫全部代理了，你知道怎麼做到這一點嗎？

網路通訊協定知識串講

9.1 知識串講：用「雙 11」的故事串起網路通訊協定的碎片知識（上）

基本的網路知識都講完了，還記得最初舉的那個「雙 11」下單的實例嗎？本章會詳細地說明這個過程，用這個過程將我們講過的網路通訊協定知識連貫起來。

從雲端平台中部署一個電子商務平台開始，到 BGP 路由廣播，再到 DNS 域名解析；從客戶看商品圖片，到最後下單的整個過程，每一步都會詳細說明。本章會把這個過程細分為 10 個階段，本節我們先來看前 3 個階段。

部署一個高可用高平行處理的電子商務平台

首先，要有個電子商務平台。假設我們已經有了一個特別大的電子商務平台，這個平台應該部署在哪裡呢？如果使用公有雲，一般會部署在多個位置，例如華東、華北、華南。我們的電子商務是要服務全國的，所以部署範圍要廣。同時，我們把主網站放在華東，如圖 9-1 所示。

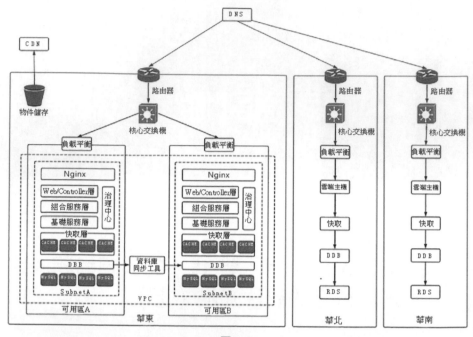

圖 9-1

為了每個網站都能「雨露均沾」，也為了高可用性，常常需要多個機房，形成多個可用區（Available Zone）。由於我們的應用是分佈在兩個可用區的，所以即使某一個可用區「掛」了，應用也不會受影響。

5.4 節講資料中心時提到過，每個可用區裡面有一片一片的機架，每個機架上有一排一排的伺服器，每個機架上都有一個連線交換機，由一個匯聚交換機將多個機架連在一起，如圖 9-2 所示。

這些伺服器裡面部署的都是計算節點，每個伺服器上面都有 Open vSwitch 建立的虛擬交換機，將來在這個機器上建立的虛擬機器，都會連到 Open vSwitch 上。

接下來，在雲端運算的介面上建立一個 VPC（Virtual Private Cloud，虛擬私有網路），指定一個 IP 段，這樣以後部署的所有應用都會在這個 VPC 裡使用這個 IP 段。為了使不同的 VPC 之間相互隔離，每個 VPC 之間都會被

分配一個 VXLAN 的 ID。儘管不同使用者的虛擬機器有可能在同一個實體機上，但是不同的 VPC 二層是完全不通的。

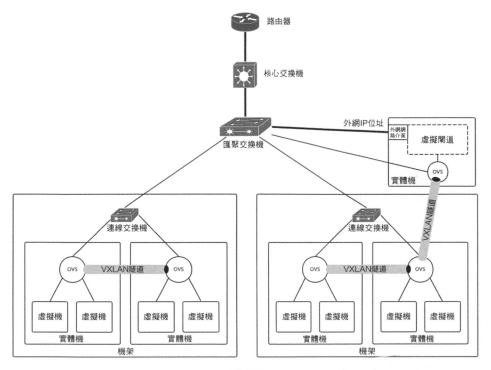

圖 9-2

由於有兩個可用區，在這個 VPC 裡面要為每一個可用區分配一個 Subnet，也就是在大的網段裡分配兩個小的網段。當兩個可用區裡面的網段不同時，就可以分別設定路由策略，策略裡面規定存取另外一個可用區時，走策略中的某一筆路由規則。

接下來，應該建立資料庫持久化層。大部分雲端平台都會提供 PaaS 服務，也就是說，我們可以直接採用雲端平台提供的資料庫服務，而不需要自己架設資料庫，並且單機房的主備切換都是預設做好的，資料庫也是部署在虛擬機器裡面的，只不過從介面上，我們看不到資料庫所在的虛擬機器而已。

雲端平台會給每個 Subnet 的資料庫實例分配一個域名。建立資料庫實例時，需要指定可用區和 Subnet，這樣建立出來的資料庫實例才可以根據這個 Subnet 的私網 IP 位址進行存取。

為了分函數庫分表實現高平行處理的讀寫，在建立的多個資料庫實例之上，會建立一個分散式資料庫的實例，也需要指定可用區和 Subnet，還會為分散式資料庫分配一個私網 IP 位址和域名。

對於高可用性要求比較高的資料庫，需要實現跨機房高可用，因而兩個可用區都要部署一套資料庫服務，其中一個是資料庫的主節點，另外一個是資料庫的備節點。雲端平台常常會提供主節點和備節點之間的資料庫同步工具，將應用寫入主節點的資料同步給備節點。

接下來是建立快取叢集。雲端平台也會提供 PaaS 服務，也需要每個可用區和 Subnet 建立一套快取叢集。快取的資料在記憶體中，由於讀寫效能要求高，一般不要求跨可用區讀寫。

再往上就是部署自己寫的程式了。基礎服務層、組合服務層、Controller 層，以及 Nginx 層、API 閘道，等等，這些都是部署在虛擬機器裡面的。它們之間透過 RPC 相互呼叫，需要到註冊中心進行註冊。

服務之間的網路通訊是虛擬機器和虛擬機器之間的通訊。如果通訊發生在同一台實體機上，則那台實體機上的 OVS（Open vSwitch）就能轉發過去；如果發生在不同的實體機上，這台實體機的 OVS 和另一台實體機的 OVS 中間會有一個 VXLAN 的隧道，透過它將請求轉發過去。

再往外就是負載平衡了，負載平衡也是雲端平台提供的 PaaS 服務，也是屬於某個 VPC 的。負載平衡部署在虛擬機器裡面，但是它有一個外網的 IP 位址在閘道節點的外網網路介面上。在閘道節點上會有 NAT 規則，將外網 IP 位址轉為 VPC 裡面的私網 IP 位址，透過這些私網 IP 位址存取到虛擬機器上的負載平衡節點，然後透過負載平衡節點轉發到 API 閘道的節點。

閘道節點的外網網路介面是帶公網 IP 位址的，裡面有一個虛擬閘道轉發模組，還會有一個 OVS 將私網 IP 位址放到 VXLAN 隧道中，進而轉發到虛擬機器上，進一步實現外網和虛擬機器網路之間的互通。

不同的可用區之間透過核心交換機連在一起，核心交換機之外是邊界路由器。

在華北、華東、華南同樣也部署了一整套雲端平台，每個地區都建立了 VPC，這就需要有一種機制將這些 VPC 連接到一起。雲端平台一般會使用硬體將 VPC 進行互連，當然也可以使用軟體，也就是使用 VPN 閘道，透過 IPSec VPN 將不同地區的不同 VPC 連接起來。

我們希望不同地區和不同電信業者的使用者能夠就近造訪到網站。但是當一個網站出故障時，我們希望能夠在不同的地區之間進行切換。這就需要有智慧 DNS，它也是雲端平台提供的。

一些靜態資源可以儲存在物件儲存裡面，透過 CDN 下發到邊緣節點，這樣用戶端就能儘快載入出來。

大聲告訴全世界，可到我這裡買東西

當電子商務應用架設完畢之後，接下來需要將如何造訪到這個電子商務網站廣播給全網。

圖 9-2 畫的是一個可用區的情況。對於多個可用區，我們可以隱去計算節點的情況，將外網存取區域放大，如圖 9-3 所示。

外網 IP 位址是放在虛擬閘道的外網網路介面上的，這個 IP 位址如何讓全世界知道呢？當然是透過 BGP 路由式通訊協定了。

每個可用區都有自己的匯聚交換機，如果機器數目比較多，可以直接用核心交換機，每個區域（Region）都有自己的核心交換區域。

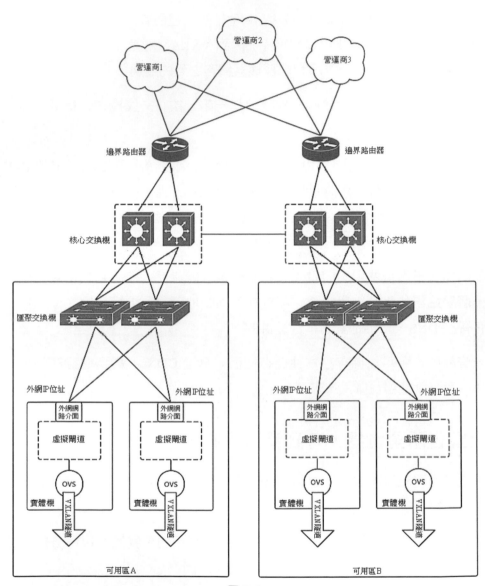

圖 9-3

在核心交換區域外面是安全裝置，然後就是邊界路由器。邊界路由器會和多個電信業者連接，這樣每個電信業者都能夠造訪到這個網站。邊界路由器可以透過 BGP 將自己資料中心裡面的外網 IP 位址向外廣播，也就是告訴全世界，如果要存取這些外網 IP 位址，都來我這裡。

每個電信業者都連接著很多的路由器、很多的網站，於是就可以將如何到達這些 IP 位址的路由資訊廣播到全國乃至全世界。

開啟手機來上網，域名解析得地址

這個時候，不但你的這個網站的 IP 位址全世界都知道了，你打的廣告可能大家也都看到了，於是有客戶下載 App 來買東西，過程如圖 9-4 所示。

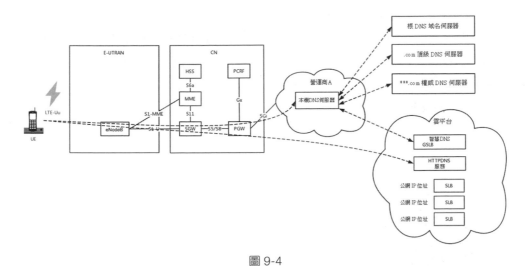

圖 9-4

客戶的手機開機以後，在附近尋找基地台 eNodeB，發送請求、申請上網。基地台將請求發給 MME，MME 對手機進行認證和驗證，還會請求 HSS 看一下客戶的帳戶裡有沒有餘額，是在哪裡上網的。

當 MME 對手機的認證透過之後，就開始建立隧道，建設的資料通道分兩段路，也就是兩段隧道。第一段是從 eNodeB 到 SGW，第二段是從 SGW 到 PGW，在 PGW 之外就是網際網路。

PGW 會為手機分配一個 IP 位址，手機上網都是帶著這個 IP 位址的。

在手機上開啟一個 App 時，用戶端首先要做的事情就是解析這個 APP 網站的域名。

在手機電信業者所在的網際網路區域裡，有一個本機的 DNS 伺服器，手機會向這個本機 DNS 伺服器請求解析域名。如果它在本機有快取，則直接傳回；如果沒有快取，本機 DNS 伺服器需要遞迴地從根 DNS 伺服器查到 .com 頂級 DNS 伺服器，最後查到權威 DNS 伺服器。

如果你使用雲端平台時設定了智慧 DNS 和 GSLB，在權威 DNS 伺服器中，一般透過設定 CNAME 的方式給原來的域名起一個別名，例如 vip.***.com，然後告訴本機 DNS 伺服器，接著讓本機 DNS 伺服器請求 GSLB 解析這個別名的域名，GSLB 就可以在解析這個域名的過程中透過自己的策略實現負載平衡。

GSLB 透過檢視請求它的本機 DNS 伺服器所在的電信業者和位址，就可以知道使用者所在的電信業者和位址，然後將距離使用者位置比較近的區域內的 3 個 SLB 的公網 IP 位址傳回給本機 DNS 伺服器。本機 DNS 解析器將結果快取後，傳回給用戶端。

對手機 App 來說，可以繞過剛才的傳統 DNS 解析機制，直接呼叫 HTTPDNS 伺服器，獲得這 3 個 SLB 的公網 IP 位址。

看，經過了如此複雜的過程，我們的萬里長征還沒邁出第一步，剛剛獲得 IP 位址，網路封包還沒發呢？話說手機 App 拿到了公網 IP 位址，接下來應該做什麼呢？

9.2 知識串講:用「雙 11」的故事串起網路通訊協定的碎片知識(中)

上一節我們講到,手機 App 經過了一個複雜的過程,終於拿到了電子商務網站的 SLB 的 IP 位址,是不是該下單了?

別急,俗話說得好,買東西要貨比三家。大部分客戶在購物之前要看很多商品圖片,比來比去,最後好不容易才下定決心,點了下單按鈕。下單按鈕一按,就要開始建立連接。建立連接這個過程也很複雜,最後還要經過層層封裝,我們才能建置出一個完整的網路封包。本節就來介紹一下這個過程。

購物之前看圖片,靜態資源 CDN

客戶想要在購物網站買一件東西時,一般是先去詳情頁看圖片,看看是不是自己想買的那一款。

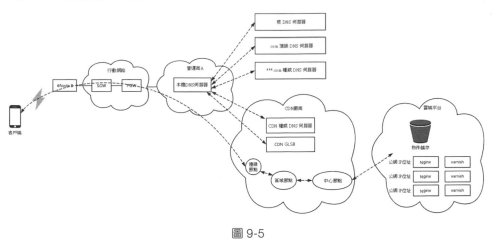

圖 9-5

如圖 9-5 所示,我們部署電子商務應用的時候,一般會把靜態資源儲存在兩個地方:靜態頁面會被儲存在連線層 Nginx 後面的 varnish 快取裡面;

比較大的、不經常更新的靜態圖片會被儲存在物件儲存裡面。這兩個地方的靜態資源都會設定 CDN，將資源下發到邊緣節點。

設定了 CDN 之後，權威 DNS 伺服器上會為靜態資源設定一個 CNAME 別名，指向另外一個域名 cdn.com，傳回給本機 DNS 伺服器。

本機 DNS 伺服器拿到這個新的域名時，需要繼續解析這個新的域名。接下來要存取的就不是原來的權威 DNS 伺服器了，而是 cdn.com 的權威 DNS 伺服器。這是 CDN 自己的權威 DNS 伺服器。

在這個伺服器上，還是會設定一個 CNAME 別名，指向另外一個域名，即 CDN 網路的 GLSB。

本機 DNS 伺服器去請求 CDN 的 GSLB 解析域名，GSLB 會為使用者選擇一個合適的快取伺服器提供服務，將 IP 位址傳回給用戶端，之後用戶端會存取這個邊緣節點去下載資源。最後快取伺服器回應使用者請求，將使用者所需內容傳送到使用者終端。

如果這個快取伺服器上並沒有使用者想要的內容，那麼這個伺服器就要向它的上一級快取伺服器請求內容，直到追溯到網站的原始伺服器，將內容拉到本機。

看上寶貝點下單，雙方開始建連接

如果你瀏覽了很多圖片，發現真的很喜歡某個商品，於是決定下單購買。

電子商務網站針對下單的情況提供了 RESTful 的下單介面，而對於下單這種需要保密的操作，要透過 HTTPS 進行請求。

在進行所有這些操作之前，首先要做的事情是建立連接，過程如圖 9-6 所示。

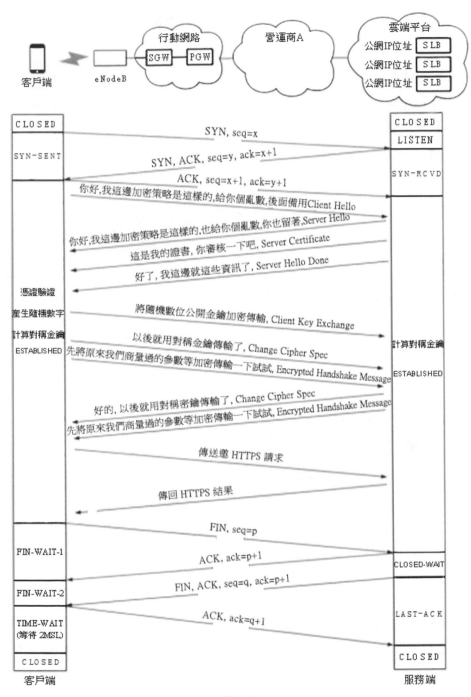

圖 9-6

HTTPS 是以 TCP 為基礎的，因而要先建立 TCP 的連接。在這個實例中，TCP 的連接是建立在手機 App 和 SLB 之間的。

儘管這個過程中間要經過很多的路由器和交換機，但是 TCP 的連接是點對點的。TCP 這一層和更上層的 HTTPS 無法看到中間網路封包傳輸的過程。建立連接時，所有網路封包都需要在這些路由器和交換機之間進行轉發，轉發的細節我們放到下單請求的發送過程中詳細解讀，這裡只看點對點的行為。

對於 TCP 連接來講，需要經過三次驗證才能建立連接，為了維護這個連接，雙方都需要在 TCP 層維護一個連接的狀態機。

一開始，用戶端和服務端都處於 CLOSED 狀態。服務端先是主動監聽某個通訊埠，處於 LISTEN 狀態。然後用戶端主動發起連接 SYN，之後處於 SYN-SENT 狀態。服務端收到發起的連接，傳回 SYN，並且 ACK 用戶端的 SYN，之後處於 SYN-RCVD 狀態。

用戶端收到服務端發送的 SYN 和 ACK 之後，發送 ACK 的 ACK，之後處於 ESTABLISHED 狀態。這是因為它一發一收成功了。服務端收到 ACK 的 ACK 之後，處於 ESTABLISHED 狀態，因為它的一發一收也成功了。

當 TCP 層的連接建立完畢之後，接下來輪到 HTTPS 層建立連接了，在 HTTPS 的交換過程中，TCP 層始終處於 ESTABLISHED 狀態。

對於 HTTPS，用戶端會發送 Client Hello 訊息到服務端，用明文傳輸 TLS 版本資訊、加密封包候選清單、壓縮演算法候選清單等資訊。另外，還會有一個亂數，在協商對稱金鑰的時候使用。

然後，服務端會傳回 Server Hello 訊息，告訴用戶端，服務端選擇使用的協定版本、加密封包、壓縮演算法等資訊。還有一個亂數，用於後續的金鑰協商。

然後，服務端會給用戶端一個服務端的憑證，然後說：「我這邊就這些資訊了，Server Hello Done。」

用戶端當然不相信這個憑證，於是從自己信任的 CA 倉庫中，拿 CA 憑證裡面的公開金鑰去解密電商網站的憑證。如果能夠成功，則說明電子商務網站是可信的。這個過程中，用戶端可能會不斷往上追溯 CA、CA 的 CA、CA 的 CA 的 CA，直到一個授信的 CA，就可以了。

憑證驗證完畢之後，覺得這個服務端是可信的，於是用戶端計算產生亂數 Pre-master，發送 Client Key Exchange，用憑證中的公開金鑰加密，再發送給服務端，服務端可以透過私密金鑰解密。

接下來，無論是用戶端還是服務端，都有了 3 個亂數，分別是：自己的、對端的，以及剛產生的 Pre-Master 亂數。透過這 3 個亂數，用戶端和服務端可以產生相同的對稱金鑰。

有了對稱金鑰，用戶端就可以說：「以後就用對稱金鑰傳輸了，Change Cipher Spec。」

然後用戶端發送一個 Encrypted Handshake Message，將已經商定好的參數等資訊，採用協商金鑰進行加密，發送給服務端用於資料與驗證交握。

同樣，服務端也可以發送 Change Cipher Spec，說：「好的，以後就用對稱金鑰傳輸了，Change Cipher Spec。」並且也發送 Encrypted Handshake Message 的訊息。

當雙方驗證結束之後，就可以透過對稱金鑰進行加密傳輸了。

關於真正的下單請求封裝成網路封包的發送過程，我們先放一放，我們來接著講這個網路封包的故事。

發送下單請求網路封包，西行需要出閘道

當用戶端和服務端之間建立連接之後，接下來就要發送下單請求的網路封包了。

在使用者層發送的是 HTTP 的網路封包，因為服務端提供的是 RESTful API，所以 HTTP 層發送的是一個請求，程式如下所示。

```
POST /purchaseOrder HTTP/1.1
Host: www.***.com
Content-Type: application/json; charset=utf-8
Content-Length: nnn

{
 "order": {
  "date": "2018-07-01",
  "className": " 趣談網路通訊協定 ",
  "Author": " 劉超 ",
  "price": "68"
 }
}
```

HTTP 的封包大概分為三大部分。第一部分是請求行，第二部分是請求的表頭欄位，第三部分才是請求的正文實體。

在請求行中，URL 就是 www. ***.com/purchaseOrder，版本為 HTTP 1.1。

請求的類型為 POST，它會主動告訴服務端一些資訊，而非從服務端取得資訊。需要告訴服務端的資訊一般會放在正文裡面。正文可以有各種各樣的格式，常見的格式是 JSON。

請求行下面就是表頭欄位。表頭是 key value，透過冒號分隔。

Content-Type 指正文的格式。舉例來說，我們進行 POST 的請求，如果正文的格式是 JSON，那麼我們就應該將這個值設定為 JSON。

接下來是正文，這裡是一個 JSON 字串，裡面透過文字的形式描述了客戶要買哪個課程、作者是誰、多少錢。

這樣，HTTP 請求的封包格式就拼湊好了。接下來瀏覽器或 App 會把它交給下一層傳輸層。

怎麼交給傳輸層呢？可以用 socket 進行程式設計。如果用的是瀏覽器，這些程式不需要你自己寫，有人已經幫你寫好了；如果用的是 App，一般會用一個 HTTP 的用戶端工具來發送，並且幫你封裝好。

HTTP 是以 TCP 為基礎的，所以它使用連線導向的方式發送請求，透過二進位流的方式傳給對方。當然，到了 TCP 層，它會把二進位流變成一個一個的封包段發送給服務端。

在 TCP 標頭裡面，會有來源通訊埠編號和目標通訊埠編號，目標通訊埠編號一般是服務端監聽的通訊埠編號，來源通訊埠編號在手機端，常常是隨機分配的。用戶端和服務端根據通訊埠編號判斷請求和傳回的網路封包應該發給哪個應用。

在 IP 表頭裡面，需要加上自己的 IP 位址（即來源 IP 位址）和想要去的地方（即目標 IP 位址）。當一個手機上線時，PGW 會給這個手機分配一個 IP 位址，即來源 IP 位址，而目標 IP 位址則是雲端平台負載平衡器的外網 IP 位址。

在 IP 層，用戶端需要檢視目標 IP 位址和自己是否在同一個區域網，計算目標 IP 位址和自己是否在同一個網段，這個過程常常需要透過 CIDR 和子網路遮罩來進行計算。

在下單場景下，目標 IP 位址和來源 IP 位址不會在同一個網段上，因而需要發送網路封包到預設的閘道。一般在透過 DHCP 分配 IP 位址時，同時設定預設閘道器的 IP 位址。

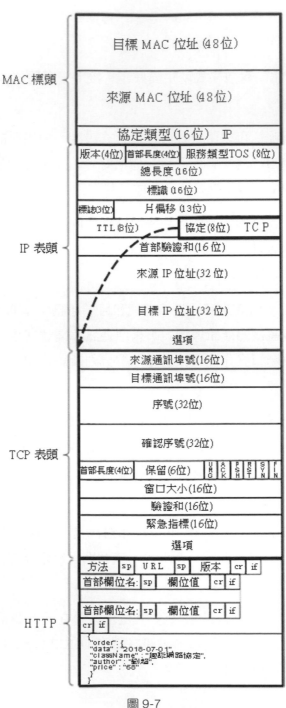

圖 9-7

但是用戶端不會直接使用預設閘道器的 IP 位址，而是會發送 ARP 來取得閘道的 MAC 位址，然後將閘道的 MAC 位址作為目標 MAC 位址，將自己的 MAC 位址作為來源 MAC 位址，放入 MAC 標頭中，發送出去。

一個完整的網路封包的格式如圖 9-7 所示。

真不容易啊，本來以為上篇就可以發送下單封包了，結果到中篇這個封包還沒發送出去，只是封裝了一個如此長的網路封包。別著急，你可以自己先預想一下，接下來該做什麼？

9.3 知識串講：用「雙 11」的故事串起網路通訊協定的碎片知識（下）

上一節我們封裝了一個長長的網路封包，「大炮」準備完畢，開始發送。

發送時可以說是重重關隘，從手機到行動網路、網際網路，還要經過多個電信業者才能到達資料中心，到達資料中心就進入了又一個複雜的過程，從閘道到 VXLAN 隧道，到負載平衡，到 Controller 層、組合服務層、基礎服務層，最後才能下單入庫。本節就來看一下這最後一段路程。

一座座城池一道道關，流量控制擁塞與重傳

網路封包已經組合完畢，接下來我們來看，如何經過一道道城關到達目標公網 IP 位址。

對於手機來講，預設的閘道在 PGW 上。在行動網路裡面，從手機到 SGW 以及到 PGW 之間是有一條隧道的。在這條隧道裡面，會將網路封包作為隧道的乘客協定，外面在核心網路機房的 IP 位址中封裝了 SGW 和 PGW，直到 PGW（隧道的另一端）才會將裡面的網路封包解出來，轉發到外部網路。

所以，從手機發送出來的時候，網路封包的結構如下。

- 來源 MAC 位址：手機，即 UE 的 MAC 位址。
- 目標 MAC 位址：閘道 PGW 上面的隧道端點的 MAC 位址。
- 來源 IP 位址：UE 的 IP 位址。
- 目標 IP 位址：SLB 的公網 IP 位址。

進入隧道之後，要封裝外層的網路位址，因而網路封包的格式如下。

- 外層來源 MAC 位址：eNodeB 的 MAC 位址。
- 外層目標 MAC 位址：SGW 的 MAC 位址。
- 外層來源 IP 位址：eNodeB 的 IP 位址。
- 外層目標 IP 位址：SGW 的 IP 位址。
- 內層來源 MAC 位址：手機，即 UE 的 MAC 位址。
- 內層目標 MAC 位址：閘道 PGW 上面的隧道端點的 MAC 位址。
- 內層來源 IP 位址：UE 的 IP 位址。
- 內層目標 IP 位址：SLB 的公網 IP 位址。

隧道在 SGW 時，切換了一個隧道——從 SGW 到 PGW 的隧道，因而網路封包的格式如下。

- 外層來源 MAC 位址：SGW 的 MAC 位址。
- 外層目標 MAC 位址：PGW 的 MAC 位址。
- 外層來源 IP 位址：SGW 的 IP 位址。
- 外層目標 IP 位址：PGW 的 IP 位址。
- 內層來源 MAC 位址：手機，即 UE 的 MAC 位址。
- 內層目標 MAC 位址：閘道 PGW 上面的隧道端點的 MAC 位址。
- 內層來源 IP 位址：UE 的 IP 位址。
- 內層目標 IP 位址：SLB 的公網 IP 位址。

在 PGW 的隧道端點將網路封包解出來並轉發出去時，一般會在 PGW 出外部網路的路由器上部署 NAT 服務，將手機的 IP 位址轉為公網 IP 位址，當請求傳回時，再 NAT 回來。

在 PGW 之後，網路封包相當於做了一次「歐洲十國遊」型的轉發，格式如下。

- 來源 MAC 位址：PGW 出口的 MAC 位址。
- 目標 MAC 位址：NAT 閘道的 MAC 位址。
- 來源 IP 位址：UE 的 IP 位址。
- 目標 IP 位址：SLB 的公網 IP 位址。

在 NAT 閘道，網路封包相當於做了一次「玄奘西遊」型的轉發，格式如下。

- 來源 MAC 位址：NAT 閘道的 MAC 位址。
- 目標 MAC 位址：A2 路由器的 MAC 位址。
- 來源 IP 位址：UE 的公網 IP 位址。
- 目標 IP 位址：SLB 的公網 IP 位址。

出了 NAT 閘道，就從核心網路到達了網際網路，上述過程如圖 9-8 所示。在網路世界，電信業者的網路被稱為自治系統（Autonomous Sustem，AS）。每個自治系統都有邊界路由器，透過它和外面的世界建立聯繫。

對雲端平台來講，這種自治系統有多個連接可以連接到其他的自治系統，所以被稱為 Multihomed AS（多介面自治系統）。但是大多數平台拒絕幫其他的自治系統傳輸網路封包，例如一些大公司的網路。對於電信業者這種自治系統來説，它有多個連接可以連接到其他的自治系統，並且可以幫助其他的自治系統傳輸封包，所以可以被稱為 Transit AS（轉送自治系統），例如骨幹。

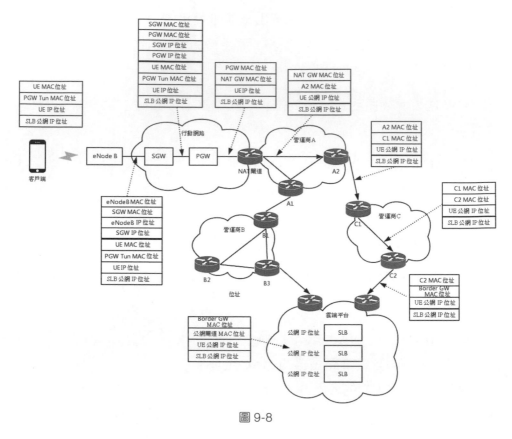

圖 9-8

如何從出口的電信業者到達雲端平台的邊界路由器呢？路由器之間需要透過 BGP 實現，BGP 又分為兩種，eBGP 和 iBGP。自治系統間的邊界路由器之間使用 eBGP 廣播路由。

內部網路也需要存取其他的自治系統，邊界路由器如何將 BGP 學習到的路由匯入內部網路呢？透過執行 iBGP，可以使內部的路由器找到到達外網目的地最方便的邊界路由器。

網站 SLB 的公網 IP 位址早已透過雲端平台的邊界路由器讓全網都知道了。於是這個下單的網路封包選擇的下一次轉發是 A2，即將 A2 的 MAC 位址放在目標 MAC 位址中。

到達 A2 之後,從路由表中找到下一次轉發是路由器 C1,於是將目標 MAC 位址換成 C1 的 MAC 位址。到達 C1 之後,從路由表中找到下一次轉發是 C2,將目標 MAC 位址設定為 C2 的 MAC 位址。到達 C2 後,從路由表中找到下一次轉發是雲端平台的邊界路由器,於是將目標 MAC 位址設定為雲端平台邊界路由器的 MAC 位址。

你會發現,這一路,都是只換 MAC 位址,不換目標 IP 位址,這就是所謂下一次轉發的概念。

下單的網路封包會由雲端平台的邊界路由器轉發進來,經過核心交換、匯聚交換,到達外網閘道節點上的 SLB 的公網 IP 位址。

我們可以看到,手機到 SLB 的公網 IP 位址是一個點對點的連接,連接的過程中發送了很多網路封包。所有這些網路封包,無論是進行 TCP 三次驗證,還是 HTTPS 的金鑰交換,都要經過十分複雜的過程才能到達 SLB,當然每個網路封包走的路徑不一定一致。

網路封包走在這條複雜的道路上,很可能一不小心就丟了,這時就需要借助 TCP 的機制重新發送。

既然 TCP 要對網路封包進行重傳,就需要維護一個 Sequence Number(序號),看哪些網路封包到了,哪些沒到,哪些需要重傳,傳輸的速度應該控制在多少,這就是 TCP 的滑動視窗協定,如圖 9-9 所示。

整個 TCP 的發送,一開始會協商一個 Sequence Number,從這個 Sequence Number 開始,每個網路封包都有編號。滑動視窗將服務端的網路封包分成以下 4 個部分。

- 已接收,已 ACK,已發給應用層。
- 已接收,已 ACK,未發給應用層。
- 已接收,未 ACK。
- 未接收,尚有空閒的快取區域。

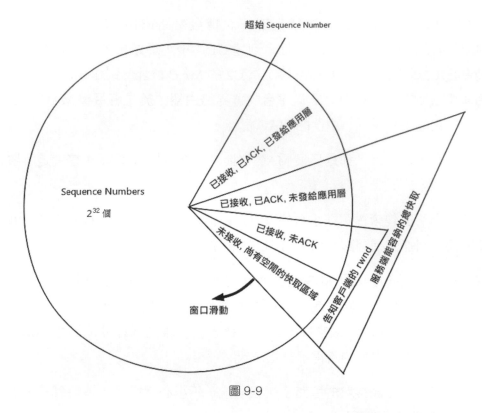

圖 9-9

對於 TCP 層來講，每一個網路封包都有 ACK。ACK 需要從 SLB 將回覆發送到手機端，將上面的那個過程反向來一遍，當然路徑不一定完全一致，可見 ACK 也不是那麼輕鬆的事情。

如果用戶端超過一定的時間沒有收到 ACK，就會重新發送。只有在 TCP層 ACK 過的網路封包，才會發送給應用層，並且只會發送一份。下單的場景下，應用層是 HTTP 層。

你可能會問了，TCP 老是重複發送，會不會導致一個單下了兩遍？是否要求服務端實現冪等？從 TCP 的機制來看是不會的，不需要實現冪等。因為只有收不到 ACK 的網路封包才會重發，網路封包發到服務端，在視窗裡面只會儲存一份，所以在同一個 TCP 連接中，不用擔心重傳會導致二次下單。

但是 TCP 連接會因為某種原因中斷,例如手機訊號不好,這個時候手機就會把所有的動作重新做一遍,建立一個新的 TCP 連接,在 HTTP 層呼叫兩次 RESTful API。這時可能會導致二次下單的情況,因而 RESTful API 需要實現冪等。

ACK 過的網路封包發給應用層之後,TCP 層的快取就空了出來,這會導致圖 9-9 中的大三角,即服務端能夠容納的總快取,整體順時鐘滑動。如果把小的三角形,即服務端告知用戶端的 rwnd 總大小(還沒有完全確認收到的快取部分)都填滿了,就不能再發網路封包了,而且因為之前發送的網路封包沒有確認收到,所以一個都不能扔。

從資料中心進閘道,公網 NAT 成私網

網路封包從手機端經歷千難萬險,終於到了 SLB 的公網 IP 位址所在的公網網路介面。由於 MAC 位址和 IP 位址與之相比對,因而網路介面將網路封包收了進來。

如圖 9-10 所示,虛擬閘道節點的公網網路介面上會有一個 NAT 規則,將公網 IP 位址轉為 VPC 裡面的私網 IP 位址,這個私網 IP 位址就是 SLB 的 HAProxy 所在的虛擬機器的私網 IP 位址。

當然為了承載比較大的傳輸量,虛擬閘道節點會有多個,實體網路會將流量分發到不同的虛擬閘道節點。同樣 HAProxy 也會是一個大的叢集,虛擬閘道會選擇在某個負載平衡節點將某個請求分發給它,負載平衡節點之後是 Controller 層,也是部署在虛擬機器裡面的。

當網路封包裡面的目標 IP 位址變成私網 IP 位址之後,虛擬路由會尋找路由規則,將網路封包從下方的私網網路介面發出來。這時網路封包的格式如下。

■ 來源 MAC 位址:閘道的 MAC 位址。

- 目標 MAC 位址：HAProxy 所在虛擬機器的 MAC 位址。
- 來源 IP 位址：UE 的公網 IP 位址。
- 目標 IP 位址：HAProxy 所在虛擬機器的私網 IP 位址。

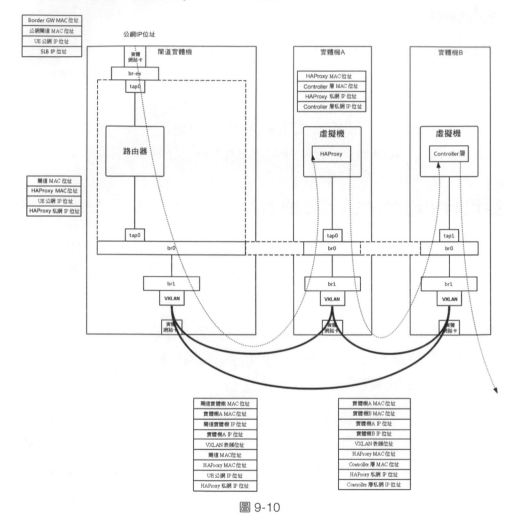

圖 9-10

進入隧道打標籤，RPC 遠端呼叫下單

在虛擬路由節點上，也會有 OVS 將網路封包封裝在 VXLAN 隧道裡，VXLAN ID 就是給租戶建立 VPC 時分配的。網路封包的格式如下。

- 外層來源 MAC 位址：閘道實體機的 MAC 位址。
- 外層目標 MAC 位址：實體機 A 的 MAC 位址。
- 外層來源 IP 位址：閘道實體機的 IP 位址。
- 外層目標 IP 位址：實體機 A 的 IP 位址。
- 內層來源 MAC 位址：閘道的 MAC 位址。
- 內層目標 MAC 位址：HAProxy 所在虛擬機器的 MAC 位址。
- 內層來源 IP 位址：UE 的公網 IP 位址。
- 內層目標 IP 位址：HAProxy 所在網路虛擬機器的私網 IP 位址。

在實體機 A 上，OVS 會將網路封包從 VXLAN 隧道中解出，發給 HAProxy 所在的虛擬機器。HAProxy 所在的虛擬機器發現 MAC 位址比對、目標 IP 位址比對，就根據 TCP 通訊埠，將網路封包發給 HAProxy 處理程序。因為 HAProxy 在監聽這個 TCP 通訊埠，所以 HAProxy 就是這個 TCP 連接的服務端，用戶端是手機。對於 TCP 的連接狀態、滑動視窗等，都是在 HAProxy 上維護的。

在這裡 HAProxy 是一個四層負載平衡，即它只解析到 TCP 層，裡面的 HTTP 它不關心，只會將請求轉發給後端的多個 Controller 層中的一個。

HAProxy 發出去的網路封包就會認為 HAProxy 是用戶端，而看不到手機端。網路封包格式如下。

- 來源 MAC 位址：HAProxy 所在虛擬機器的 MAC 位址。
- 目標 MAC 位址：Controller 層所在虛擬機器的 MAC 位址。
- 來源 IP 位址：HAProxy 所在虛擬機器的私網 IP 位址。
- 目標 IP 位址：Controller 層所在虛擬機器的私網 IP 位址。

當然這個網路封包發出去之後，還是會被實體機上的 OVS 放入 VXLAN 隧道裡，格式如下。

- 外層來源 MAC 位址：實體機 A 的 MAC 位址。

- 外層目標 MAC 位址：實體機 B 的 MAC 位址。
- 外層來源 IP 位址：實體機 A 的 IP 位址。
- 外層目標 IP 位址：實體機 B 的 IP 位址。
- 內層來源 MAC 位址：HAProxy 所在虛擬機器的 MAC 位址。
- 內層目標 MAC 位址：Controller 層所在虛擬機器的 MAC 位址。
- 內層來源 IP 位址：HAProxy 所在虛擬機器的私網 IP 位址。
- 內層目標 IP 位址：Controller 層所在虛擬機器的私網 IP 位址。

在實體機 B 上，OVS 會將網路封包從 VXLAN 隧道裡面解出來，發給 Controller 層所在的虛擬機器。Controller 層所在的虛擬機器發現 MAC 位址比對、目標 IP 位址比對，就根據 TCP 通訊埠，將網路封包發給 Controller 層的處理程序，因為 Controller 層在監聽這個 TCP 通訊埠。

在 HAProxy 和 Controller 層之間，維護一個 TCP 的連接。

Controller 層收到網路封包之後，會關心 HTTP 裡面是什麼，於是解開 HTTP 的網路封包，發現是一個 POST 請求，內容是下單購買一個課程。

下單扣減庫存、優惠券，資料入庫傳回成功

下單是一個複雜的過程，因而常常在組合服務層會有一個專門管理下單的 服務，Controller 層會透過 RPC 呼叫這個組合服務層。

假設我們使用的是 Dubbo，則 Controller 層需要讀取註冊中心，將下單服 務的處理程序清單拿出，選出一個來呼叫。Dubbo 中預設的 RPC 協定是 Hessian2。Hessian2 將下單的遠端呼叫序列化為二進位進行傳輸。

Netty 是一個非阻塞的以事件為基礎的網路傳輸架構。Controller 層和下單 服務之間使用了 Netty 的網路傳輸架構。有了 Netty，就不用自己撰寫複雜 的非同步 socket 程式了。Netty 使用的是 3.4 節中提到的專案小組支撐多個 專案（I/O 多工，從派人盯著到有事通知）的方式。

Netty 在 socket 這一層工作，發送的網路封包以 TCP 為基礎。在 TCP 的下層，還需要封裝上 IP 表頭和 MAC 標頭。如果跨實體機通訊，需要封裝在外層的 VXLAN 隧道裡。當然底層的這些封裝 Netty 都不感知，它只要做好非同步通訊即可。

在 Netty 的服務端，即下單服務中，收到請求後，先用 Hessian2 的格式解壓縮。然後將請求分發到執行緒中進行處理，在執行緒中會呼叫下單的業務邏輯。

下單的業務邏輯比較複雜，常常要呼叫基礎服務層裡面的庫存服務、優惠券服務等，將多個服務呼叫完畢才算下單成功。下單服務呼叫庫存服務和優惠券服務時，也是透過 Dubbo 的架構在註冊中心拿到庫存服務和優惠券服務的清單，然後選一個呼叫。

呼叫時統一使用 Hessian2 進行序列化，使用 Netty 進行傳輸，底層如果跨實體機，仍然需要透過 VXLAN 封裝和解封裝。

本節前面説明過 API 冪等實現的問題。如果扣減庫存時僅考慮誰呼叫誰減一的話，就會發生扣減庫存時因為一次呼叫失敗而多次呼叫的情況（這裡指的不是 TCP 多次重試，而是應用層呼叫的多次重試），進而導致庫存扣減多次的情況。

這裡常用的方法是使用 CAS（Compare and Set，樂觀鎖）。CAS 要考慮 3 個方面，目前的庫存數、預期的庫存數和版本，以及新的庫存數。在操作之前，先確認原來的庫存數和版本並將它們儲存下來，真正扣減庫存時，目前執行緒一定要保障本次操作的目前庫存數與我們儲存下來的基準值中的庫存數和版本相比對後，才能將庫存數更新為新值，如果不符合，則説明庫存被其他執行緒搶先操作了（可能同時有其他的執行緒也在扣減庫存，在目前執行緒更新庫存前，已經修改了庫存值和版本），則本執行緒不做任何操作。

這是一種基於狀態而非基於動作的設計，符合 REST 的架構設計原則。這樣的設計適合高平行處理場景。當多個執行緒嘗試使用 CAS 同時更新同一個變數時，只有其中一個執行緒能更新變數的值，其他執行緒都會失敗，失敗的執行緒並不會被暫停，而會被告知它們在這次的競爭中失敗，但可以再次嘗試。

最後，當下單更新到分散式資料庫中後，整個下單過程才算真正告一段落。

經過了上述 10 個過程，下單終於成功了，你是否對這個過程瞭若指掌了呢？如果發現對哪些細節比較模糊，可以回去看一下對應的章節，相信會有更加深入的了解。

至此，我帶著大家透過對下單過程的整理把網路通訊協定的知識都複習了一遍。授人以魚不如授人以漁。下一節，我將帶大家架設一個網路實驗環境，配合實驗來說明理論。

9.4 架設一個網路實驗環境：授人以魚不如授人以漁

網路是一種實驗性很強的學科，就像我經常說的一樣：一看覺得懂，一問就打鼓，一用就糊塗。在本書寫作過程中，我自己也深深體會到了。這個時候，我常常會拿一個現實的環境上手操作一下，抓個封包看看，這樣心裡就會有定論。

《TCP/IP 詳解》實驗環境架設

對於網路方面的書籍，我首推 W. Richard Stevens 和 Kevin R. Fall 所著的 *TCP/IP illustrated*（《TCP/IP 詳解》）。這本書把理論講得深入淺出，還配有大量的實作和封包截取，可以幫助你了解很多晦澀的理論知識。

TCP/IP illustrated 的作者因為工作環境很方便做實驗，才寫出了這樣一本書，而我們一般人學習網路，沒有這個環境應該怎麼辦呢？

時代不同了，現在有更加強大的工具。舉例來說，我們可以用 Docker 來實現多個機器，可以用 Open vSwitch 來實現多個網路。我們甚至不需要一台實體機，只要一台 1 核心 2G 的虛擬機器，就能將這個環境架設起來。

架設這個環境的時候，需要一些指令稿。我把指令稿都放在了 GitHub 裡面，你可以自己取用（在 GitHub 官網搜尋使用者 /popsuper1982 開啟 tcpipillustrated 專案）。

建立一個 Ubuntu 虛擬機器

在筆記型電腦上，用 VirtualBox 建立即可。1 核心 2G 的虛擬機器，隨便一台電腦都能架設起來。

首先，我們先下載一個 Ubuntu 的映像檔。可以從 Ubuntu 官方網站下載，如圖 9-11 所示。

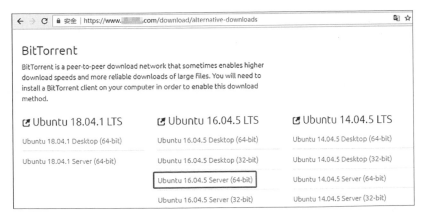

圖 9-11

然後，在 VirtualBox 裡安裝 Ubuntu。安裝過程可以去網路上找一些教學，這裡就不再贅述。

這裡需要説明一下網路的設定。

對於這個虛擬機器，我們建立兩個網路卡，一個是 Host-Only。只有你的
筆記型電腦能夠登入進去，這個網路卡上的 IP 位址也只有在你的筆記型電
腦上有用。這個網路卡的設定比較穩定，用於在 SSH 上做操作。這樣你的
筆記型電腦就可以搬來搬去，在公司裡安裝一半，回家接著安裝另一半都
沒問題，如圖 9-12 所示。

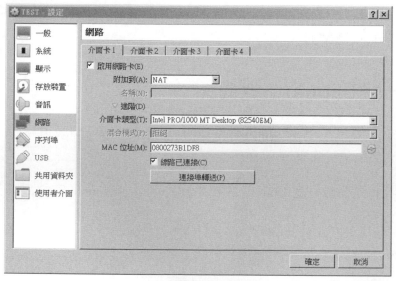

圖 9-12

這裡有一個虛擬的橋接器，這個網路可以在「管理」→「主機網路管理
員」裡面進行設定，頁面如圖 9-13 所示。

在這裡可以虛擬橋接器的 IP 位址，同時啟用一個 DHCP 伺服器，為新建
立的虛擬機器設定 IP 位址。

將另一個網路卡設定為 NAT 網路，用於存取網際網路。設定為 NAT 網路
之後，只要筆記型電腦能上網，虛擬機器就能上網。由於我們在 Ubuntu
裡面要安裝一些東西，所以需要聯網。

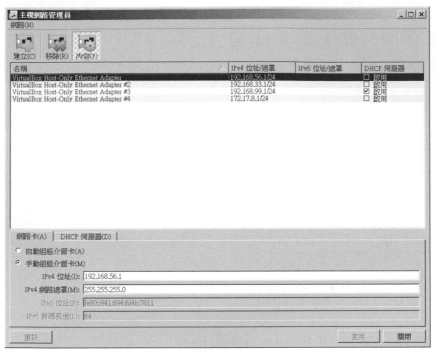

圖 9-13

你可能會問了，這個設定複雜嗎？一點都不複雜。6.1 節講虛擬機器網路時，已經講過，如圖 9-14 所示。

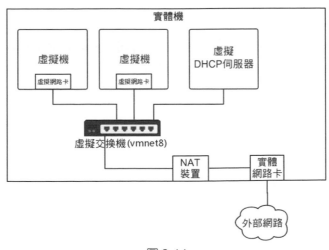

圖 9-14

安裝完 Ubuntu 之後，需要對 Ubuntu 裡面的網路卡進行設定。對於 Ubuntu 來講，網路卡的設定在 /etc/network/interfaces 這個檔案裡面。在本書環境裡，NAT 的網路卡名稱為 enp0s3，Host-Only 的網路卡的名稱為 enp0s8，這些都可以設定為自動設定，程式如下所示。

```
auto lo
iface lo inet loopback

auto enp0s3
iface enp0s3 inet dhcp

auto enp0s8
iface enp0s8 inet dhcp
```

這樣，重新啟動之後，IP 位址就設定好了。

安裝 Docker 和 Open vSwitch

接下來，在 Ubuntu 裡面，在 root 使用者下安裝 Docker 和 Open vSwitch。

你可以按照 Docker 官網上的官方安裝文件來做。我的安裝過程如下所示。

```
apt-get remove docker docker-engine docker.io
apt-get -y update
apt-get -y install apt-transport-https ca-certificates curl software-
properties-common
curl -fsSL https://download.***.com/linux/ubuntu/gpg > gpg
apt-key add gpg
apt-key fingerprint 0EBFCD88
add-apt-repository "deb [arch=amd64] https://download.***.com/linux/ ubuntu
$(lsb_release -cs) stable"
apt-get -y update
apt-cache madison docker-ce
apt-get -y install docker-ce=18.06.0~ce~3-0~ubuntu
```

之後，還需要安裝 Open vSwitch 和 Bridge，程式如下所示。

```
apt-get -y install openvswitch-common openvswitch-dbg openvswitch-switch
python-openvswitch openvswitch-ipsec openvswitch-pki openvswitch-vtep

apt-get -y install bridge-utils

apt-get -y install arping
```

準備一個 Docker 的映像檔

圖 9-15 還原了 *TCP/IP illustrated* 書中的實驗環境,在 *TCP/IP illustrated*
這本書中,很多實驗都是基於這個環境進行的,但是普通使用者怎麼會
有這麼複雜的實驗環境呢?好在我們現在有了容器 Docker 和虛擬交換機
Open vSwitch,用它們就可以在一台 Linux 機器上面架設這樣一個實驗環
境。

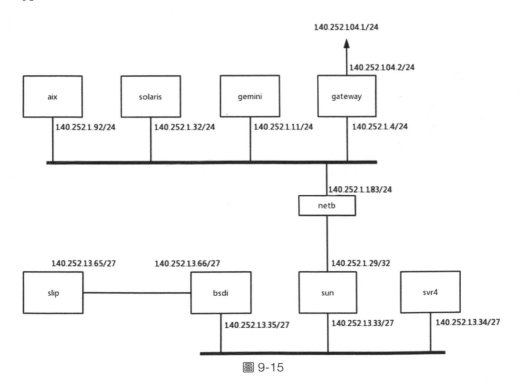

圖 9-15

在每個節點上都建立一個 Docker，對應要有一個 Docker 映像檔。這個映像檔我已經打好了，你可以直接使用，程式如下所示。

```
docker pull hub.c.***.com/liuchao110119163/ubuntu:tcpip
```

當然你也可以自己打這個映像檔。Dockerfile 如下所示。

```
FROM hub.c.***.com/public/ubuntu:14.04
RUN apt-get -y update && apt-get install -y iproute2 iputils-arping net-tools
tcpdump curl telnet iputils-tracepath traceroute
RUN mv /usr/sbin/tcpdump /usr/bin/tcpdump
ENTRYPOINT /usr/sbin/sshd -D
```

啟動整個環境

啟動這個環境比較複雜，指令稿如下。

```
git clone https://***.com/popsuper1982/tcpipillustrated.git
cd tcpipillustrated
docker pull hub.c.***.com/liuchao110119163/ubuntu:tcpip
chmod +x setupenv.sh
./setupenv.sh enp0s3 hub.c.***.com/liuchao110119163/ubuntu:tcpip
```

在 Git 倉庫裡面，有一個檔案 setupenv.sh，可以執行這個指令稿，裡面有兩個參數，一個參數是 NAT 網路卡的名稱，一個是映像檔的名稱。

這樣，整個環境就架設起來了，所有的容器之間都可以 ping 通，而且都可以上網。

不過，上面的指令稿對一些讀者來說可能會有點複雜，我這裡也解釋一下。

首先，每一個節點都啟動一個容器。使用 --privileged=true 方式，網路先不設定 --net none。有兩個二層網路使用 ovs-vsctl 的 add-br 指令，建立兩個橋接器。

pipework 是一個很好的命令列工具，可以將容器連接到兩個二層網路上。

但是圖 9-15 裡有兩個比較特殊的網路，一個是從 slip 到 bsdi 的 P2P 網路，需要建立一個 peer 的兩個網路卡，然後在兩個 Docker 的網路 namespace 裡面各塞進去一個。

關於操作 Docker 的網路 namespace 的方式，我們在 7.1 節中講過 ip netns 指令。

這裡需要注意的是，P2P 網路和下面的二層網路不是同一個網路。P2P 網路的 CIDR 是 140.252.13.64/27，而下面的二層網路的 CIDR 是 140.252.13.32/27。如果按照 /24，它們看起來是一個網路，但是按照 /27 來看就不是了。CIDR 的計算方法 1.3 節曾講過，你可以回去複習一下。

接下來設定從 sun 到 netb 的點對點網路，還是使用 peer 網路卡和 ip netns 指令來進行設定。

這裡有個特殊的地方，netb 不是一個普通的路由器，因為 netb 兩邊是同一個二層網路，所以需要設定 arp proxy。

為了使所有的節點之間實現互通，我們要設定一下路由策略，這裡需要使用 ip route 指令。

- 對於 slip 來講，bsdi 左面 13.66 這個網路介面是閘道。
- 對於 bsdi 和 svr4 來講，如果去外網，sun 下面的網路介面 13.33 是閘道。
- 對於 sun 來講，上面的網路介面 1.29 屬於上面的二層網路，它如果去外網，gateway 下面的網路介面 1.4 就是外網閘道。
- 對於 aix、solaris、gemini 來講，如果去外網，閘道也是 gateway 下面的網路介面 1.4。如果去下面的二層網路，閘道是 sun 上面的網路介面 1.29。

設定完這些，圖 9-15 中的所有的節點都能相互存取了，最後還要解決如何存取外網的問題。

我們還是需要建立一個 peer 網路卡對。一個放在 gateway 裡面，一個放在 gateway 外面。外面的網路卡是去外網的閘道。

在虛擬機器上面，還需要設定一個 iptables 的位址偽裝規則 MASQUERADE，其實就是一個 SNAT。容器的位址外網是不認可的，所以容器裡面要存取外網時，來源位址不能用容器的位址，需要 SNAT 成虛擬機器的位址發出去，回來的時候再 NAT 回來。

設定這個環境很複雜，要用到我們學到的很多知識。如果沒有學習前面那些知識，直接就做這個實驗，你一定會很暈。但是只學理論也不行，要把理論都學過一遍，再做一遍實驗，這才是一個不斷反覆運算、更新知識的過程。

有了這個環境，*TCP/IP illustrated* 裡面的所有實驗都能做了，而且我打的這個 Docker 映像檔裡面，tcpdump 等網路工具也都已經安裝好，你可以「為所欲為」了。

Open vSwitch 的實驗

完成 *TCP/IP illustrated* 書中提到的實驗之後，就能掌握網路程式設計的基礎知識。但是有關資料中心內部，例如 VLAN、VXLAN、STP 等偏運行維護方向的網路技術，學習起來還是會比較困難。好在我們有 Open vSwitch，也可以做大量的實驗。

Open vSwitch 門檻比較高，裡面的概念也非常多，可謂千頭萬緒。不過，根據我多年研究的經驗，這裡面有一個很好的線索，那就是 Open vSwitch 會將自己對於網路的設定儲存在一個本機函數庫裡面。這個函數庫的表結構之間的關係如圖 9-16 所示。

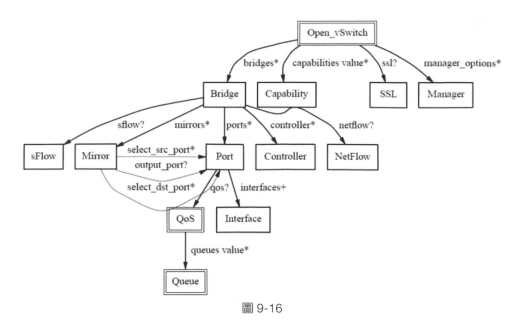

圖 9-16

這個函數庫其實是一個 JSON，如果把這個 JSON 列印出來，就能夠看到更加詳細的特性，如圖 9-17 所示。按照這些特性一一實驗，可以一個一個把 Open vSwitch 各個特性都掌握。

這裡面最重要的概念就是橋接器。橋接器上會有路由表控制網路封包的處理過程，會有控制器下發路由表；還會有多個通訊埠，可以對通訊埠進行流量控制。通訊埠可以設定 VLAN，也可以包含多個網路卡，可以做綁定。網路卡可以設定名稱為 GRE 和 VXLAN。

我寫過一個 Open vSwitch 的實驗教學，也放在了我的 GitHub 裡面。這裡面有幾個比較重要的實驗，你可以看一看。

- 實驗一：檢視 Open vSwitch 的架構。我們在講 Open vSwitch 時，提過 Open vSwitch 的架構，在這個實驗中，我們可以檢視 Open vSwitch 的各個模組以及啟動的參數。
- 實驗五：設定使用 OpenFlow Controller，體驗一下社區物業在監控室裡面控管整個社區道路的感覺。

- 實驗八：測試 Port 的 VLAN 功能。看一下 VLAN 隔離究竟是什麼樣的。

- 實驗十：QoS（Quality of Service，服務品質）功能。體驗一下如何使用 HTB（Hierarchical Token Bucket，分層權杖桶規則）進行網路卡限流。

- 實驗十一：GRE 和 VXLAN 隧道功能，看虛擬網路如何進行租戶隔離。

- 實驗十五：對路由表的操作，體驗路由表隨心所欲地對網路封包進行處理。

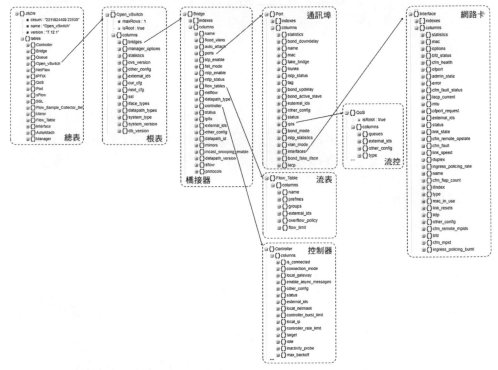

圖 9-17

關於整個環境的架設就講到這裡了。

其實到這裡，對於網路世界的探索才剛剛開始，只有經過你自己動手和思考產生的內容，才是真正屬於你的知識！開啟你的電腦，上手去實驗吧！